# 建筑材料

## （第二版）

主编 王海军

U0273083

高等教育出版社·北京

内容提要

本书按照国家对高职高专教育培养技能型高素质人才的要求，力求简明、实用、突出职业教育的特点，注重提高学生职业基本素质和实践技能的培养。

全书分为建筑材料的基本性质、气硬性无机胶凝材料、水泥、建筑砂浆、混凝土、建筑钢材、墙体及门窗材料、建筑装饰材料、沥青及沥青混合料、防水及保温材料、建筑材料试验等内容。

本书可作为土建类相关专业建筑材料课程教材，同时也可供从事建筑行业的工程技术人员参考。

与本书配套的数字课程已在"智慧职教"（www.icve.com.cn）平台上线，学习者可登录网站进行在线学习；也可通过扫描书中二维码观看部分资源，详见智慧职教服务指南。

授课教师如需本书配套的教学课件资源，可发送邮件至邮箱 gztj@pub.hep.cn 索取。

## 图书在版编目（CIP）数据

建筑材料/王海军主编. -- 2版. -- 北京：高等教育出版社，2021.1
ISBN 978-7-04-055375-8

Ⅰ.①建… Ⅱ.①王… Ⅲ.①建筑材料 – 高等职业教育 – 教材 Ⅳ.① TU5

中国版本图书馆 CIP 数据核字（2021）第 000348 号

| | | | | | | | |
|---|---|---|---|---|---|---|---|
| 策划编辑 | 温鹏飞 | 责任编辑 | 温鹏飞 | 封面设计 | 张 志 | 版式设计 | 徐艳妮 |
| 插图绘制 | 于 博 | 责任校对 | 胡美萍 | 责任印制 | 田 甜 | | |

| | | | |
|---|---|---|---|
| 出版发行 | 高等教育出版社 | 网 址 | http://www.hep.edu.cn |
| 社 址 | 北京市西城区德外大街4号 | | http://www.hep.com.cn |
| 邮政编码 | 100120 | 网上订购 | http://www.hepmall.com.cn |
| 印 刷 | 北京鑫海金澳胶印有限公司 | | http://www.hepmall.com |
| 开 本 | 850mm×1168mm 1/16 | | http://www.hepmall.cn |
| 印 张 | 20.5 | 版 次 | 2016 年 5 月第 1 版 |
| 字 数 | 510千字 | | 2021 年 1 月第 2 版 |
| 购书热线 | 010-58581118 | 印 次 | 2021 年 1 月第 1 次印刷 |
| 咨询电话 | 400-810-0598 | 定 价 | 58.00元 |

本书如有缺页、倒页、脱页等质量问题，请到所购图书销售部门联系调换
版权所有　侵权必究
物 料 号　55375-00

基于"智慧职教"开发和应用的新形态一体化教材，素材丰富、资源立体，教师在备课中不断创造，学生在学习中享受过程，新旧媒体的融合生动演绎了教学内容，线上线下的平台支撑创新了教学方法，可完美打造优化教学流程、提高教学效果的"智慧课堂"。

"智慧职教"是由高等教育出版社建设和运营的职业教育数字教学资源共建共享平台和在线教学服务平台，包括职业教育数字化学习中心（www.icve.com.cn）、职教云(zjy2.icve.com.cn)和职教云学生端（APP）三个组件。其中：

● 职业教育数字化学习中心为学习者提供了包括"职业教育专业教学资源库"项目建设成果在内的大规模在线开放课程的展示学习。

● 职教云实现学习中心资源的共享，可构建适合学校和班级的小规模专属在线课程(SPOC)教学平台。

● 云课堂是对职教云的教学应用，可开展混合式教学，是以课堂互动性、参与感为重点贯穿课前、课中、课后的移动学习 APP 工具。

"智慧课堂"具体实现路径如下：

**1. 基本教学资源的便捷获取**

职业教育数字化学习中心为教师提供了丰富的数字化课程教学资源，包括与本书配套的微课、视频、教学课件、拓展资源等。未在 www.icve.com.cn 网站注册的用户，请先注册。用户登录后，在首页"高教社专区"频道"数字课程"子频道搜索本书对应课程"建筑材料"，即可进入课程进行在线学习或资源下载。

**2. 个性化 SPOC 的重构**

教师若想开通职教云 SPOC 空间，可在 zjy2.icve.com.cn，申请开通教师账号，审核通过后，即可开通专属云空间。教师可根据本校的教学需求，通过示范课程调用及个性化改造，快捷构建自己的 SPOC，也可灵活调用资源库资源和自有资源新建课程。

**3. 职教云学生端的移动应用**

职教云学生端对接职教云课程，是"互联网 +"时代的课堂互动教学工具，支持无线投屏、手势签到、随堂测验、课堂提问、讨论答疑、头脑风暴、电子白板、课业分享等，帮助激活课堂，教学相长。

| 序号 | 视频名称 | 学习情境 | 页码 | 序号 | 视频名称 | 学习情境 | 页码 |
|---|---|---|---|---|---|---|---|
| 1 | 建筑材料的分类与结构 | 1 | 2 | 28 | 塑钢门窗 | 7 | 164 |
| 2 | 建筑材料的微观结构 | 1 | 3 | 29 | 石材加工及堆放 | 8 | 169 |
| 3 | 建筑材料的亲水性与憎水性 | 1 | 8 | 30 | 陶瓷的分类 | 8 | 174 |
| 4 | 气硬性无机胶凝材料 | 2 | 20 | 31 | 釉面内墙砖及其选择 | 8 | 175 |
| 5 | 石膏的制备及凝结硬化 | 2 | 28 | 32 | 通体砖 | 8 | 176 |
| 6 | 石膏板的分类 | 2 | 31 | 33 | 建筑玻璃 | 8 | 183 |
| 7 | 水泥凝结时间的测定 | 3 | 46 | 34 | 点式玻璃幕墙构造 | 8 | 186 |
| 8 | 水泥安定性实验——试饼法 | 3 | 46 | 35 | 装饰玻璃 | 8 | 192 |
| 9 | 水泥安定性试验——雷氏夹法 | 3 | 46 | 36 | 玻璃砖墙选材及砌筑 | 8 | 199 |
| 10 | 建筑砂浆 | 4 | 63 | 37 | 人造板材 | 8 | 206 |
| 11 | 砌筑砂浆的流动性 | 4 | 67 | 38 | 实木复合地板安装 | 8 | 213 |
| 12 | 内墙一般抹灰施工 | 4 | 76 | 39 | 沥青延度试验 | 9 | 228 |
| 13 | 混凝土的制备 | 5 | 86 | 40 | 沥青软化点试验 | 9 | 228 |
| 14 | 混凝土的组成 | 5 | 86 | 41 | 防水卷材铺贴 | 10 | 250 |
| 15 | 砂的筛分试验 | 5 | 90 | 42 | 负压筛析法 | 试验 | 266 |
| 16 | 混凝土技术性质 | 5 | 95 | 43 | 水泥细度试验手工筛析法 | 试验 | 268 |
| 17 | 混凝土坍落度试验 | 5 | 96 | 44 | 水泥标准稠度用水量测定 | 试验 | 269 |
| 18 | 钢筋的抗拉性能 | 6 | 111 | 45 | 水泥稠度试验代用法 | 试验 | 270 |
| 19 | 钢筋抗拉演示 | 6 | 112 | 46 | 雷氏法测水泥安定性试验 | 试验 | 272 |
| 20 | 钢筋冷弯试验 | 6 | 116 | 47 | 砂的表观密度试验 | 试验 | 279 |
| 21 | 钢筋的冷拉时效 | 6 | 120 | 48 | 砂的筛分 | 试验 | 281 |
| 22 | 钢筋调直 | 6 | 120 | 49 | 坍落度试验 | 试验 | 285 |
| 23 | 烧结砖砌筑 | 7 | 149 | 50 | 钢筋拉伸试验 | 试验 | 295 |
| 24 | 混凝土空心砖砌筑 | 7 | 153 | 51 | 钢筋拉伸 | 试验 | 296 |
| 25 | 石膏板分类 | 7 | 157 | 52 | 钢筋的冷弯试验 | 试验 | 300 |
| 26 | 铝合金推拉窗构造 | 7 | 163 | 53 | 沥青延度试验 | 试验 | 306 |
| 27 | 铝合金平开窗 | 7 | 164 | 54 | 沥青软化点试验 | 试验 | 308 |

# 第二版前言

本书是高等职业教育新形态一体化教材，在沿用第一版基本结构的基础上，对书中不足部分进行了修订，同时补充和更新了部分内容，如链接的规范及国家专业标准资源均更新为现行最新规范及标准，便于读者查找使用。

1. 本版依据职业类院校建筑工程技术专业建筑材料课程标准的要求，去除了上一版的陈旧知识点，添加了新知识点。鉴于建筑材料的发展时效性，对每个情境配套的资源进行了更新。

2. 基于我国近几年建筑行业的飞速发展，在保持原有课程体系的同时，本版教材更注重行业发展现状和目前教学的紧密结合，在教材更新中更多地融入了最新教学经验和生产实践结合的内容。

3. 本书所有数字资源均可以通过登录"智慧职教"网站或者扫描书中的二维码观看，教师也可以通过"职教云"进行在线授课、共享资源，在本书已有资源的基础上增加自己的资源以方便教学。

本书由内蒙古建筑职业技术学院王海军主编，内蒙古建筑职业技术学院王丽、曹雅娴、马丽华、李晔参编。王海军编写项目5、7、8、12；王丽编写项目4、6；曹雅娴编写项目3、9；马丽华编写项目2、13；李晔编写项目1。参与编写的人员还有内蒙古建筑职业技术学院赵巾贤（文稿）、孙武斌、刘建瑞、马维华（试验操作）、宋伟（动画制作）、赵铁峰（视频录制、剪辑）。

本书在编写过程中参考引用了大量文献资料，也得到了专家和高等教育出版社的很多帮助，在此深表感谢！由于编者水平和时间的限制，不妥与疏漏在所难免，诚恳希望广大读者批评指正！

编　者
2020 年 6 月

# 第一版前言

本书按照国家对高职高专教育培养技能型高素质人才的要求，考虑到建筑业的不断飞速发展，根据当前高职学生学习知识的特点，加大了图像、影音等媒介载体，使本教材更适合高职学生学习，也更贴近市场实际，能为学生今后的专业学习奠定更为坚实的基础。本书特色如下：

1. 立足专业，紧贴大纲，简明扼要，针对性强。本书依据职业类院校建筑工程技术专业建筑材料课程标准的要求，对原有材料课程内容重新进行了编排，去除陈旧知识点，增加新知识点，将建筑材料课程划分为若干个学习项目，每个项目明确了学习任务、学习目标。

2. 密切联系生产实际和行业动态。在保持传统课程体系的同时，本书通过对比、引注、拓展资源等，将原本文字性的、生硬难懂的知识以更为生动易懂的方式表现出来，也为学习者将来工作实现零距离对接创造前提条件。

3. 本书配有网络数字课程配套，登录"智慧职教"网站可以在线观看授课视频、动画、PPT演示文稿、图片、电子教材，并能在线自测和教师互动学习等。部分资源可通过扫描教材中的二维码学习。

本书由内蒙古建筑职业技术学院王海军、王丽、曹雅娴、马丽华、李晔编写，由王海军任主编。编写分工为：王海军编写学习情境5、7、8、10；王丽编写学习情境4、6；曹雅娴编写学习情境3、9（李哲校对）；王海军、马丽华编写学习情境2及试验；李晔编写学习情境1。同时，参与本书相关工作的人员还有赵巾贤（微课），王婷婷（演示文稿），孙武斌、刘建瑞、马维华（试验操作），宋伟（动画），张惺（校对），赵铁峰（视频录制、剪辑）。

本书在编写过程中参考引用了大量文献资料，也得到了专家和高等教育出版社的很多帮助，在此深表感谢！由于编者水平和时间的限制，不妥与疏漏在所难免，诚恳希望广大读者批评指正！

编　者
2016 年 3 月

# 目　录

# 建筑材料的基本性质

本学习情境主要内容包括建筑材料基本组成、分类与结构、物理性质、热工性质、力学性质及其应用等。通过本学习情境的学习，读者应掌握建筑材料的组成及其基本性质，熟悉建筑材料的分类与结构。本学习情境的教学重点包括建筑材料的分类及建筑材料的物理性质、力学性质等基本性质。教学难点包括建筑材料物理性质及力学性质。

## 项目 1　建筑材料的组成、分类与结构

### 任务　建筑材料的组成、分类与结构

| 任务导入 | 随着现代建筑日新月异的发展，对建筑材料的要求也越来越高了，新型建筑材料层出不穷。本任务主要学习建筑材料的组成、分类与结构。 |
| --- | --- |
| 任务目标 | 主要掌握建筑材料的基本概念及其分类与结构，熟悉了解建筑材料的基本组成。 |

## 一、建筑材料的概念

一般建筑材料是指用于建筑和土木工程领域的各种材料的总称，简称"建材"。狭义上的建筑材料是指土建工程中所用材料，如水泥、钢材、木材、玻璃、涂料、石材等，如图 1-1 所示。广义上的建筑材料指所有用于建筑物施工的原材料、半成品和各种构配件、零部件，如图 1-2 所示。

钢材　　　　　　　装饰石材材料
图 1-1　建筑材料

图 1-2　混凝土

## 二、建筑材料的基本组成

建筑材料的组成包括化学组成和矿物组成。

（1）材料的化学组成是指构成材料的基本化合物或化学元素的种类与数量。材料的化学组成决定着材料的化学性质，影响其物理性质和力学性质。如碳素钢随含碳量的增加，其强度、硬度、冲击韧性将发生变化。另外，钢材的锈蚀、材料的可燃性和耐火性、木材的腐蚀、混凝土的碳化及受到酸碱盐类物质的侵蚀等都是由材料的化学组成决定的。

（2）材料的矿物组成主要是指构成材料的矿物种类和数量，决定着材料的许多重要性质。材料中含有特定的晶体结构、特定物理力学性能的组织结构称为矿物。无机非金属材料是由不同的矿物构成的，相同的化学组成，材料的性质却不尽相同，这是由于矿物的组成不同所致。例如，硅酸盐类水泥的主要矿物组成为硅酸钙、铝酸钙、铁铝酸钙等，决定了水泥易水化成碱性凝结体，并具有凝结硬化的性能；若提高硅酸盐水泥中硅酸三钙的含量，则水泥的硬化速度和强度都将提高。

## 三、建筑材料的分类

建筑材料的种类繁多，而且在建筑物中起的作用也不尽相同，因此可以从不同的角度对其进行分类，最常用的分类方法是按材料的化学成分分类，可分为无机材料、有机材料、复合材料，如表 1-1 所示。

表 1-1 建筑材料按化学成分分类

| 分类 | | | 材料实例 |
|---|---|---|---|
| 无机材料 | 金属材料 | 黑色金属 | 钢、铁、不锈钢等 |
| | | 有色金属 | 铝、铜等及其合金 |
| | 非金属材料 | 天然石材 | 砂、石及各种石料制品 |
| | | 烧土制品 | 砖、瓦、陶瓷、玻璃等 |
| | | 胶凝材料及制品 | 石膏、石灰、水泥、水玻璃等 |
| | | 混凝土及硅酸盐制品 | 混凝土、砂浆及硅酸盐制品 |
| | | 无机纤维材料 | 玻璃纤维、矿物棉等 |
| 有机材料 | 沥青材料 | | 石油沥青、煤沥青、沥青制品 |
| | 高分子材料 | | 塑料、涂料、胶黏剂、合成橡胶等 |
| | 植物质材料 | | 木材、竹材等 |
| 复合材料 | 无机非金属与有机材料复合 | | 聚合物混凝土、沥青混合料、玻璃钢等 |
| | 金属材料与无机非金属材料复合 | | 钢筋混凝土、钢纤维混凝土、钢管混凝土等 |
| | 金属材料与有机材料复合 | | PVC 钢板、有机涂层铝合金板、轻质金属夹芯板等 |

## 四、建筑材料的结构

结构是指从原子、分子水平直至宏观可见的各个层次的状态。一般可分为三个结构层次：即微观结构、细观结构（亚微观结构）和宏观结构，如表 1-2 所示。

图片资源
建材的结构形式

表 1-2 建筑材料的结构形式

| 材料的分类与定义 | | | 材料实例 |
|---|---|---|---|
| 细观结构 | | 只能针对具体的材料进行分类 | 混凝土内部的微裂缝 |
| 微观结构 | 晶体 | 组成物质的微观粒子在空间的排列有确定的几何位置关系 | 金属材料的钢、铝合金；非金属材料的石膏等 |
| | 玻璃体 | 组成物质的微观粒子在空间的排列呈无序混沌状态 | 粉煤灰、普通玻璃 |
| | 胶体 | 通常是极细微的固体颗粒均匀分布在液体中形成 | 气硬性胶凝材料如水玻璃 |

微课扫一扫
建筑材料的微观结构

续表

| 材料的分类与定义 | | | 材料实例 |
|---|---|---|---|
| 宏观结构 | 按孔隙特征 | 致密结构 | 金属、玻璃、塑料 |
| | | 微孔结构 | 石膏制品 |
| | | 多孔结构 | 加气混凝土 |
| | 按构造特征 | 堆积结构 | 混凝土、砂浆 |
| | | 纤维结构 | 木材、石棉 |
| | | 层状结构 | 胶合板、塑料贴面板 |
| | | 散粒结构 | 砂、石子、粉煤灰 |

# 项目 2    建筑材料的物理性质

## 任务 1    密度、表观密度与堆积密度

| 任务导入 | 材料在不同状态下的体积与质量之间的关系如何呢？本任务主要学习建筑材料的密度、表观密度与堆积密度之间的关系。 |
|---|---|
| 任务目标 | 主要掌握建筑材料的密度、表观密度与堆积密度的概念以及它们之间的关系。 |

### 一、密度

**演示文稿**
建筑材料的物理性质

密度 $\rho$ 是指材料的质量与体积之比，即：

$$\rho = \frac{m}{V} \tag{1.1}$$

式中    $\rho$——密度，$g/cm^3$ 或 $kg/m^3$；

**注：** 工程中，直接用排水法测得的粉末体积，称为材料在绝对密实状态下的体积。

$m$——干燥材料的质量，g 或 kg；

$V$——材料在绝对密实状态下的体积，即材料体积内固体物质的实体积，$m^3$ 或 $cm^3$。

除了钢材和玻璃等少数材料外，建筑工程中认为建筑材料都含有一定的孔隙，因此绝对密实状态下的体积不包括材料内部孔隙在内的体积。在密度测定中，应把含有孔隙的材料磨成细粉后测试，如砖、石等材料。任何材料其密度是唯一的，是一个常数。

### 二、表观密度

材料在自然状态下，单位体积的质量称为材料的表观密度 $\rho_0$，即：

$$\rho_0 = \frac{m_0}{V_0} \qquad (1.2)$$

式中　$\rho_0$——材料的表观密度，$g/cm^3$ 或 $kg/m^3$；

　　　$m_0$——在自然状态下材料的质量，g 或 kg；

　　　$V_0$——材料在自然状态下的体积，或称表观体积，$m^3$ 或 $cm^3$，包括固体物质所占体积 $V$、开口孔隙体积体积 $V_C$ 和闭口孔隙体积 $V_B$，如图 1-3 所示。

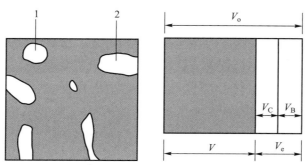

图 1-3　含孔隙材料体积组成示意图
1—闭孔；2—开孔

　　材料的自然状态体积（包含孔隙在内），当开口孔隙含有水分时，其质量会产生变化，因此会影响材料的表观密度。材料在烘干至恒重状态下测定的表观密度称为干密度。一般测试表观密度时，以干密度为准，而含水状态下测定的表观密度，必须注明含水情况。

### 三、堆积密度

　　散粒材料在自然状态下，单位体积的质量称为材料的堆积密度 $\rho_0'$，即：

$$\rho_0' = \frac{m_0'}{V_0'} \qquad (1.3)$$

式中　$\rho_0'$——散粒材料堆积密度，$kg/m^3$；

　　　$m_0'$——散粒材料的质量，g 或 kg；

　　　$V_0'$——散粒材料的堆积体积（图 1-4），$cm^3$ 或 $m^3$。

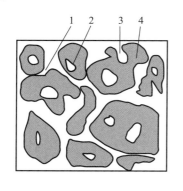
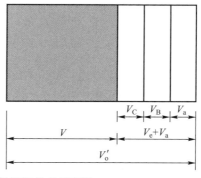

图 1-4　散粒材料堆积状态示意图
1—颗粒间的空隙；2—颗粒的闭口孔隙；3—颗粒的开口孔隙；4—颗粒中的固体物质

注：散粒材料指粉料和粒料。

注：散粒材料的堆积密度不唯一，与其含水状态及材质有关。

一般测定材料的堆积密度时，材料的质量指填充在一定容器内的材料质量，而堆积体积是指堆积容器的体积。因此材料的堆积体积既包含颗粒的体积，又包含有颗粒之间的空隙体积。在建筑工程中，计算材料和构件的自重、材料的用料，以及计算配料、运输台班和堆放场地时，经常要用到材料的密度、表观密度和堆积密度等数据。表 1-3 列出了常用建筑工程材料的密度、表观密度和堆积密度。

表 1-3　常用建筑工程材料的密度、表观密度和堆积密度

| 材料名称 | 密度 / ( g/cm³ ) | 表观密度 / ( kg/m³ ) | 堆积密度 / ( kg/m³ ) |
|---|---|---|---|
| 钢 | 7.85 | 7 850 | — |
| 花岗岩 | 2.60~2.90 | 2 500~2 800 | — |
| 碎石 | 2.50~2.80 | 2 400~2 750 | 1 400~1 700 |
| 砂 | 2.50~2.80 | 2 400~2 750 | 1 450~1 700 |
| 黏土 | 2.50~2.70 | — | 1 600~1 800 |
| 水泥 | 2.80~3.20 | — | 1 250~1 600 |
| 烧结普通砖 | 2.50~2.70 | 1 600~1 900 | — |
| 烧结空心砖（多孔砖） | 2.50~2.70 | 800~1 480 | — |
| 红松木 | 1.55 | 380~700 | — |
| 泡沫塑料 | | 20~50 | — |
| 普通混凝土 | 2.50~2.90 | 2 100~2 600 | — |

## 任务 2　材料的密实度和孔隙率

| **任务导入** | 　材料的很多性能与其内部的孔隙结构都有关，本任务主要学习材料的密实度和孔隙率。 |
|---|---|
| **任务目标** | 　主要掌握材料的密实度、孔隙率的概念以及它们之间的关系。 |

### 一、密实度

授课视频
材料的密实度和
孔隙率

材料体积内被固体物质所充实的程度称为材料的密实度 $D$，即固体体积占总体积的百分率，其计算公式：

$$D = \frac{V}{V_0} \times 100\% = \frac{\rho_0}{\rho} \times 100\% \tag{1.4}$$

式中　$D$——材料的密实度，%；

　　　$V$——材料中固体物质的体积，$m^3$ 或 $cm^3$；

$V_0$——在自然状态下的材料体积，包括内部孔隙体积，$m^3$ 或 $cm^3$；

$\rho_0$——材料的表观密度，$g/cm^3$ 或 $kg/m^3$；

$\rho$——材料的密度，$g/cm^3$ 或 $kg/m^3$。

## 二、孔隙率

孔隙率指材料体积内孔隙体积占总体积的百分率，即：

$$P = \frac{V_0 - V}{V_0} \times 100\% = \left(1 - \frac{V}{V_0}\right) \times 100\% = \left(1 - \frac{\rho_0}{\rho}\right) \times 100\% = 1 - D \qquad (1.5)$$

式中　$P$——材料的孔隙率，%。

即　　　　　　　　　　　　　　$D + P = 1$

孔隙率的大小反映了材料的致密程度。材料的很多性能（如强度、吸水性、耐久性、导热性等）均与此有关，此外，还与材料内部孔隙的结构（包括孔隙的数量、形状、大小、分布以及连通与封闭等）有关。材料内部孔隙既有连通和封闭之分，其本身又有粗细之分，粗细不同的孔隙结构吸水程度有难易之分，因此说孔隙结构和孔隙率对材料的表观密度、强度、吸水率、抗渗性、抗冻性及声、热、绝缘等性能有很大的影响。

### 【例 1-1】

某标准砖墙经测试其密度 $\rho = 2.7g/cm^3$，表观密度 $\rho_0 = 1\ 750\ kg/m^3$，问该砖的孔隙率和密实度各为多少？

**解：**（1）根据式（1.5）计算砖的孔隙率如下：

$$P = \left(1 - \frac{\rho_0}{\rho}\right) \times 100\% = \left(1 - \frac{1.75}{2.7}\right) \times 100\% = 35.2\%$$

（2）计算砖墙的密实度。

因 $D + P = 1$，所以 $D = 1 - P = 64.8\%$

## 任务 3　散粒材料的填充率与空隙率

| | |
|---|---|
| **任务导入** | 混凝土是建筑材料中必不可少的一种材料，计算其级配和砂率的依据是什么呢？本任务主要学习散粒材料的填充率与空隙率。 |
| **任务目标** | 主要掌握散粒材料的填充率与空隙率的概念以及它们的计算方法。 |

### 一、填充率

散粒材料在堆积体积下，其颗粒的填充程度称为填充率，即：

$$D' = \frac{V_0}{V_0'} \times 100\% = \frac{\rho_0'}{\rho_0} \times 100\% \qquad (1.6)$$

式中　$D'$——散粒材料在堆积状态下的填充率，%。

注：空隙率的大小表征散粒材料间互相填充的致密程度，空隙率可为控制混凝土骨料级配与计算砂率的依据。

## 二、空隙率

散粒材料在堆积状态下，颗粒之间的空隙体积所占的比例称为空隙率，即：

$$P' = \frac{V_0' - V}{V_0'} \times 100\% = \left(1 - \frac{V}{V_0'}\right) \times 100\% = \left(1 - \frac{\rho_0'}{\rho}\right) \times 100\% = 1 - D' \times 100\% \qquad (1.7)$$

式中　$P'$——散粒材料在堆积状态下的空隙率，%。

## 任务 4　建筑材料与水有关的性质

| | |
|---|---|
| 任务导入 | 在建筑工程中，绝大多数建筑物在不同程度上都要与水接触，水与建筑材料接触后，将会出现不同的物理和化学变化。本任务主要学习建筑材料与水有哪些有关的性质。 |
| 任务目标 | 主要掌握建筑材料亲水性、憎水性的区别，了解材料吸水性、吸湿性的概念，以及影响材料抗渗性、抗冻性、耐久性的因素。 |

### 一、亲水性、憎水性

材料在空气中与水接触时，能被水湿润的特性成为亲水性，有这种特性的材料称为亲水性材料；材料在空气中与水接触时，不能被水湿润的特性称为憎水性，具有此种特性的材料称为憎水性材料，如表 1-4 所示为这两种材料的一览表，图 1-5 所示为亲水性材料——烧结砖，图 1-6 所示为憎水性材料——石蜡。

微课扫一扫
建筑材料的亲水性与憎水性

表 1-4　亲水性与憎水性材料一览表

| 性质类别 | 亲水性 | 憎水性 |
|---|---|---|
| 建筑材料 | 混凝土、木材、砖等 | 沥青、石蜡、塑料等 |

图片资源
亲水性与憎水性材料

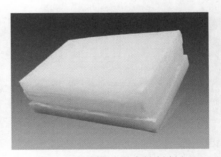

图 1-5　烧结砖（亲水性材料）　　　图 1-6　石蜡（憎水性材料）

建筑材料的亲水性与憎水性一般用湿润边角值 $\theta$ 来判定，如图 1-7、图 1-8 所示。一般认为：当 $\theta \leqslant 90°$ 时，此种材料为亲水性材料；当 $\theta > 90°$ 时，此种材料为憎水性材料。

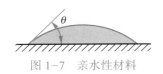

图 1-7  亲水性材料

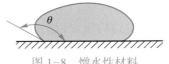

图 1-8  憎水性材料

注：当液滴与固体在空气中接触且达到平衡时，从固、液、气的三相界面的交点处，沿着液滴表面作切线，此切线与材料和水接触面的夹角称为湿润边角。

## 二、材料的含水状态与吸水性、吸湿性

（1）亲水性材料的含水状态分为四种，分别是：

绝干状态：材料的孔隙中不含水分或含水极微。

气干状态：材料的孔隙中含水时其相对湿度与大气湿度相平衡。

饱和面干状态：材料表面无水，而孔隙中充满水并达到饱和。

表面湿润状态：材料不仅孔隙中含水饱和，而且表面上被水润湿附有一层水膜。

当然，除了这四种状态之外，材料还可以处于两种基本状态之间的过渡状态。

（2）吸水性指的是材料与水接触吸收水分的性质，其大小用吸水率 $W$ 表示，即：

$$W = \frac{m_1 - m}{m} \times 100\% \qquad (1.8)$$

式中　$W$——材料的质量吸水率，%；

$m$——材料在绝干状态下的质量，g；

$m_1$——材料吸水饱和状态下的质量，g。

$W$ 称为质量吸水率，有时也用体积吸水率来表示材料的吸水性。材料吸入水分的体积占干燥材料自然状态下体积的百分率称为体积吸水率。材料的吸水性不仅与其亲水性及憎水性有关，还与其孔隙率及孔隙结构特征有关，如表 1-5 所示。孔隙率越高，吸水性越强。

注：这里的计算公式中质量 $m$ 是指在绝干状态下的质量，注意计算中容易混淆。

表 1-5　材料的孔隙结构吸水能力及吸水率的对比

| 孔隙结构 | 封闭孔隙 | 粗大开口孔隙 | 细微开口孔隙 | |
|---|---|---|---|---|
| 吸水能力 | 水分不易进入 | 易吸满水分 | 吸水能力最强 | |
| 材料名称 | 致密岩石 | 普通混凝土 | 普通烧结黏土砖 | 木材及多孔轻质材料 |
| 吸水率 /% | 0.50~0.70 | 2.00~3.00 | 8.00~16.00 | >100 |

（3）吸湿性指的是材料在潮湿空气中吸收水分的性质，一般用含水率表示，即：

$$w = \frac{m_含 - m}{m} \times 100\% \qquad (1.9)$$

式中　$w_含$——材料的含水率，%；

$m$——材料在绝干状态下的质量，g；

$m_含$——材料含水时的质量，g。

材料的吸湿性随空气湿度大小而变化。干燥材料在潮湿环境中能吸收水分，而潮湿材料在干燥环境中能放出水分，最终与空气湿度达到平衡。大多数材料在常温下都含有一部分水分，这部分水分的质量占材料干燥质量的百分率称为材料的含水

注：吸水性指材料在水中吸收水分的性质，而吸湿性指材料在潮湿的空气中吸收水分的性质。

率。与空气湿度达到平衡时的含水率称为平衡含水率。材料的吸湿性与其强度、变形有关，比如木材结构吸湿以后其尺寸形状会发生变化，进而使其强度降低；保温材料吸湿以后其保温性能也会有所降低。因此选用材料时，必须考虑吸湿性对其性能的影响，并采取相应的防护措施。

**【例 1-2】**

某标准砖砌墙绝干状态时的质量为 2.06 kg，气干状态时的质量为 2.16 kg，饱和面干状态时的质量为 2.26 kg，湿润状态时的质量为 2.40 kg，问该砖墙的吸湿率（用含水率表示）和吸水率分别是多少？

**解：**（1）根据式（1.9）计算砖墙的吸湿率（用含水率表示）如下：

$$w = \frac{m_{含} - m}{m} \times 100\% = \frac{2.16 - 2.06}{2.06} \times 100\% = 4.9\%$$

（2）根据式（1.8）计算砖墙的吸水率如下：

$$w = \frac{m_1 - m}{m} \times 100\% = \frac{2.26 - 2.06}{2.06} \times 100\% = 9.7\%$$

### 三、耐水性、抗渗性、抗冻性

**注：** 某些工程中，软化系数的大小作为选择材料的重要依据。

（1）**耐水性：** 材料长期在饱和水的作用下不破坏的性质称为耐水性。材料的耐水性常用软化系数 $K_R$ 表示，即：

$$K_R = \frac{f_{sat}}{f_d} \tag{1.10}$$

式中　$K_R$——材料的软化系数；

　　　$f_{sat}$——材料在吸水饱和状态下的极限抗压强度，MPa；

　　　$f_d$——材料在绝干状态下的极限抗压强度，MPa。

由上式可知，$K_R$ 值的大小表明材料浸水后强度降低的程度。当水分进入材料内部后，减弱了材料微粒间的结合力，其强度会有所下降，如黏土等材料含有易于被软化的物质，将会更严重。表 1-6 所示为一些结构所用材料的软化系数对比情况。

表 1-6　建筑结构所用材料的软化系数对比情况

| 结构类别 | 次要结构或受潮较轻的结构 | 受水浸泡或长期处于潮湿环境的结构 | 特殊情况 | 耐水性材料 |
|---|---|---|---|---|
| 软化系数 $K_R$ | ≥ 0.75 | ≥ 0.85 | $K_R$ 应当更高 | > 0.8 |

**【例 1-3】**

某地基基础材料其含水率与空气相对湿度平衡时的极限抗压强度为 46 MPa，绝对干燥时的极限抗压强度为 53 MPa，吸水饱和时的极限抗压强度为 49 MPa，该材料是否可作为耐水性材料？

**解：** 能否作为耐水性材料主要看其软化系数的大小，根据公式（1.10）计算如下：

$K_R = \dfrac{f_{sor}}{f_d} = \dfrac{49}{53} = 0.92 > 0.8$，因此可以作为耐水性材料。

（2）抗渗性：材料在压力水的作用下，抵抗渗透的性质称为抗渗性。材料的抗渗性一般用渗透系数 $K$ 表示，即：

$$K = \frac{Qd}{AtH} \qquad (1.11)$$

式中　$K$——渗透系数，cm/h；

　　　$Q$——渗水总量，$cm^3$；

　　　$d$——试件厚度，cm；

　　　$A$——渗水面积，$cm^2$；

　　　$t$——渗水时间，h；

　　　$H$——静水压力水头，cm；

注：渗透系数越大，材料的抗渗性越差。

抗渗性也可用抗渗等级 $P$ 表示，即规定的试件在标准试验条件下所能承受的最大水压力，MPa 来确定。

$$P = 10H - 1 \qquad (1.12)$$

式中　$P$——抗渗等级；

　　　$H$——试件开始渗水时的水压力，MPa。

（3）抗冻性：材料在吸水饱和状态下，抵抗多次冻融循环的性质称为抗冻性，用抗冻等级 Fn 表示，如混凝土抗冻等级 F15 表示其所承受的最大冻融次数是 15 次（在 -15 ℃的温度冻结后，再在 20 ℃的水中融化，为一次冻融循环）。材料的抗冻等级分为 F15、F25、F50、F100、F200 等。

注：不是只有在冰冻地区才考虑和检测材料的抗冻性，抗冻等级是衡量材料耐久性的指标。

冰冻的破坏作用主要由于材料中含水，水在结冰时体积会膨胀，从而对孔隙产生压力使孔壁开裂。冰融次数越多，对材料的破坏越严重。一般来说孔隙率小的材料，如封闭孔隙含量越多，抗冻性越高。影响材料抗冻性的因素很多，主要有：材料的孔隙率、孔隙特征、吸水率及降温速度等。如在路桥工程中，处于水位范围内的材料，在冬季时材料反复受到冰融循环作用，如图 1-9 所示为结构冻胀破坏图，因此抗冻性是路桥工程中重要的考察技术指标。

图 1-9　冻胀破坏实图

## 任务 5　建筑材料的热工性质

| 任务导入 | 　　现代建筑物在实用安全经济等各方面的要求也越来越高，给人们带来了更加舒适的环境。而建筑物的冷暖的变化与材料的冷暖性质有着十分重要的联系。本任务主要学习建筑材料有哪些热工性质。 |
| --- | --- |
| 任务目标 | 　　主要掌握建筑材料的导热性、比热及热容量的概念，以及材料耐燃性、耐火性的区别。 |

## 一、导热性

热量在材料中传导的性质称为导热性。材料的导热能力用导热系数 $\lambda$ 表示，即：

$$\lambda = \frac{Qd}{(t_1 - t_2)AZ} \qquad (1.13)$$

式中　$\lambda$——导热系数，W/(m·K)；

　　　$Q$——传导热量，J；

　　　$d$——材料厚度，m；

　$t_1 - t_2$——材料两侧温度差，K；

　　　$A$——材料传热面积，$m^2$；

　　　$Z$——传热时间，t。

由上式可知，$\lambda$ 值越小，材料的绝热性能越好。通常将导热系数 $\lambda \leqslant 0.175$ W/(m·K) 的材料称为绝热材料。常见材料的热工性质指标如表 1-7 所示。

表 1-7　常见材料的热工性质指标

| 材料 | 导热系数 /［W/(m·K)］ | 比热 /［J/(g·K)］ |
|---|---|---|
| 铜 | 270 | 0.38 |
| 钢 | 55 | 0.46 |
| 花岗岩 | 2.9 | 0.80 |
| 普通混凝土 | 1.8 | 0.88 |
| 普通烧结砖 | 0.55 | 0.84 |
| 横纹松木 | 0.15 | 1.63 |
| 泡沫塑料 | 0.03 | 1.30 |
| 冰 | 2.20 | 2.05 |
| 水 | 0.6 | 4.19 |
| 空气 | 0.025 | 1.00 |

影响材料导热系数的主要因素有：材料的化学成分及其分子结构、表观密度、孔隙率及孔隙的性质和大小、湿度、温度等状况。静止空气的导热系数很小，所以，一般材料的孔隙率越大，其导热系数越小（粗大而贯通孔隙除外）；而比如水、冰的导热系数远大于空气的导热系数，材料受潮或冻结后，其导热系数会增大。因此，在结构设计和施工中，应采取相应措施，使保温材料处于干燥状态，以发挥其保温作用。

## 二、比热及热容量

材料在受热时吸收热量，冷却时放出热量，吸收或放出的热量计算公式：

$$Q = Cm(t_2 - t_1) \qquad (1.14)$$

式中　$Q$——材料吸收或放出的热量，J；

$C$——材料的比热，J/（g·K）；

$m$——材料的质量，g；

$t_2 - t_1$——材料受热或冷却前后的温度差，K。

比热 $C$ 与材料质量 $m$ 的乘积称为材料的热容量。热容量较大，导热系数较小的材料是良好的绝热材料。

### 三、耐燃性

建筑物失火时，材料经受高温与火的作用而不破坏，强度不严重降低的性能，称为材料的耐燃性。

根据耐燃能力的强弱，材料可分为不燃烧类，如普通石材、混凝土、砖等；难燃烧类，如经过防火处理的木材、塑料等；燃烧类，如常见的木材、塑料等。

### 四、耐火性

材料在高温的长期作用下，保持不熔性并能工作的性能称为材料的耐火性。根据耐火能力的强弱，材料可分为耐火材料，如硅砖、镁砖等；难熔材料，如难熔黏土砖、耐火混凝土等；易熔材料，如普通混凝土砖等。

按照我国国家标准《建筑设计防火规范》（GB 50016—2014），建筑物的耐火等级分为四级。建筑物的耐火等级是由建筑构件（梁、柱、楼板、墙等）的燃烧性能和耐火极限决定的。一般说来：一级耐火等级建筑是钢筋混凝土结构或砖墙与钢混凝土结构组成的混合结构；二级耐火等级建筑是钢结构屋架、钢筋混凝土柱或砖墙组成的混合结构；三级耐火等级建筑物是木屋顶和砖墙组成的砖木结构；四级耐火等级是木屋顶、难燃烧体墙壁组成的可燃结构。特别注意的是区别防火等级，它主要是说建筑保温材料，分为 A 级不燃型，B1 级难燃型，B2 级可燃型（也称阻燃型），B3 级易燃型。

此外材料还有声学与光学性质，如吸声性，声能穿透材料和被材料消耗的性质称为材料的吸声性；隔声性，声波在建筑物结构中传播主要是通过空气和固体物质来实现，因而隔声可分为隔空气声和隔固体声。

**拓展资源**
建筑设计防火规范（GB 50016—2014）

注：耐燃的材料不一定耐火，耐火的一般都耐燃。如钢材是非燃烧材料，但其耐火极限仅有 0.25 h，故钢材虽为重要的建筑结构材料，但其耐火性却较差，使用时须进行特殊的耐火处理。

## 项目 3　建筑材料的力学性质

### 任务 1　材料的强度、强度等级和比强度

| | |
|---|---|
| **任务导入** | 某商住楼在施工过程中，需浇筑钢筋混凝土基础，施工单位自己根据设计要求进行了混凝土配合比设计及试验，试问如何确定试验后的混凝土强度是否满足设计要求呢？本任务主要学习材料的强度。 |
| **任务目标** | 主要掌握材料力学性质中强度的概念和它的等级划分，以及材料在受力以后的表现形式及如何计算其内部产生的内力。 |

## 一、材料的强度

材料的力学性质指的是材料在常温、静载作用下的宏观力学性能，是确定各种工程设计参数的主要依据。这些力学性能均需用标准试样在材料试验机上按照规定的试验方法和程序测定，并可同时测定材料的应力 - 应变曲线。

材料在外力（荷载）作用下抵抗破坏的能力称为强度。建筑结构（构件）在外力作用下发生的基本变形主要有四种：拉伸与压缩、剪切、扭转、弯曲变形，对应的材料抵抗这些外力破坏的能力分别称为：抗拉强度、抗压强度、抗弯和抗剪等强度，总称为静力强度，其值可以通过静力试验测定，如图 1-10 所示为电子万能试验机，图 1-11～图 1-14 为上述强度试验示意图，包括试件破坏实图。

  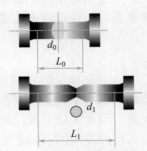

图 1-10　电子万能试验机　　图 1-11　金属材料拉伸试验示意图　　图 1-12　拉伸试件破坏外观图

图 1-13　混凝土抗压试验实图　　　　图 1-14　混凝土立方体试块破坏外观图

材料的拉伸、压缩及剪切为简单受力状态，强度表达式：

$$f = \frac{F}{A} \tag{1.15}$$

式中　$f$——材料强度，MPa；

　　　$F$——材料破坏时的最大载荷，N；

　　　$A$——材料受力截面面积，$mm^2$。

材料受弯时的应力分布通常较为复杂，强度计算公式也不一致。一般是将标准试件放置在两个支点上，在试件中间上方施加载荷，如图 1-15 所示为试件在试验装备上的示意图，图 1-16 为混凝土结构弯曲破坏外观图。对矩形试件，其抗压强度计算公式如下：

$$f_弯 = \frac{3FL}{2bh^2} \tag{1.16}$$

如果试件放置在三支点上，在两个相同载荷下，其抗压强度计算公式：

$$f_弯 = \frac{FL}{bh^2} \tag{1.17}$$

式中　$f_弯$——材料的抗弯强度，MPa；

　　　$F$——材料弯曲破坏时的最大载荷，N；

　　　$L$——两支点之间的距离，mm；

　　$b$、$h$——试件横截面的宽和高，mm。

图 1-15　混凝土结构弯曲试验实图　　　　图 1-16　混凝土结构弯曲破坏外观图

授课视频
建材力学性能

化学成分不同的材料，其抗压强度值也不同。相同的材料，孔隙率及结构特征的不同也会造成强度值不同，如表 1-8 所示为常见的几种材料的强度值。

表 1-8　常见的几种材料的强度值　　　　　　　　　　　　　　　MPa

| 材料种类 | 抗压强度 | 抗拉强度 | 抗弯强度 |
|---|---|---|---|
| 花岗岩 | 100~250 | 5~8 | 10~14 |
| 普通黏土砖 | 5~20 | — | 1.6~4.0 |
| 普通混凝土 | 5~60 | 1~9 | 4.8~6.1 |
| 顺纹松木 | 30~50 | 80~120 | 60~100 |
| 建筑钢材 | 240~1 500 | 240~1 500 | — |

材料的强度一般由破坏性试验测定，和自身的状态以及试验时的各种条件都有关系。对实验结果有重要影响的几个因素，包括以下几点：试件形状与尺寸；试验装置情况；试件表面的平整度；施加荷载的速度；试验时的温湿度。

除此之外，操作人员在实际操作时同样有着重要关系。为了使试验结果比较准确，测定材料的强度必须严格按照统一的标准试验方法进行。

## 二、材料的强度等级

材料在使用过程中按其强度的大小会被划分成几个等级，称之为强度等级，如砂浆的抗压强度分为 M20、M15、M10、M7.5、M5.0、M2.5 6 个等级。

脆性材料主要根据材料的抗压强度划分强度等级；建筑钢材根据材料的抗拉强度划分强度等级。等级的划分对掌握材料的性质、合理选用材料、正确进行设计和施工以及控制工程质量都有重要的意义。

## 三、比强度

比强度是指单位体积质量的材料强度，它等于材料的强度与其表观密度之比，是衡量材料是否轻质、高强的指标。

## 任务 2　材料的其他力学性质

| 任务导入 | 材料在外力作用下除了能有抵抗破坏的能力，还有其他能力。本任务主要学习材料的弹塑性、韧性、硬度等其他性质。 |
| --- | --- |
| 任务目标 | 主要掌握材料力学性质中其他性质的概念，了解这些性质在实际过程中的应用。 |

## 一、材料的弹性和塑性

材料在外力作用下发生变形，当外力消失后，材料能够完全恢复其原来形状和尺寸的性质称为弹性。材料在外力作用下发生变形，当外力消失后，材料不能恢复其原来形状和尺寸，但本身不会产生裂缝的性质称为塑性。**理想塑性材料**：受力很少就能变形，外力消失后能保持所变成的形状，一点不回弹。一般的材料都是弹塑性材料，但是没有理想的弹塑性体材料，只是宏观表现的主要形式不一样。在研究材料的应力应变关系时，分两个阶段。第一阶段为弹性变形，第二阶段为塑性变形。钢材（如弹簧），日常接触到的主要是其弹性阶段；当力很大时，弹簧的变形将不可恢复。土体（如泥巴），日常接触到的主要是其塑性阶段；当外力极其微小时，土体的变形还是可以恢复的。

## 二、材料的脆性和韧性

材料在施加冲击载荷作用下突然破坏，而没有明显的变形的性质称为脆性，如混凝土、砖、石、陶瓷、玻璃等材料。其抗压强度远远大于抗拉强度。

材料在施加冲击载荷作用下能够吸收较大的能量而不被破坏的性质称为韧性，如建筑钢材、木材等属于韧性好的材料。

注：建筑工程中，对于承受冲击荷载和抗震要求的结构，所用材料要考虑冲击韧性。

## 三、材料的硬度、耐磨性

材料局部抵抗硬物压入其表面的能力称为硬度。固体对外界物体入侵的局部抵抗能力，是比较各种材料软硬的指标。不同材料的硬度测定方法不同，如混凝土、钢材、木材的硬度常用钢球压入法测定（布氏硬度）。

耐磨性是材料表面抵抗磨损的能力，硬度大，耐磨性亦强。

建筑材料除了满足物理、力学的功能要求外，还须满足耐久性。材料的耐久性是指材料在各种因素作用下，抵抗破坏保持原有性质的能力。影响耐久性的因素很多，既有材料内在的原因（其组成、构造、性能），还要受到使用条件和自然因素的作用。

此外建筑材料的性质还有装饰性、环保性等。随着社会的发展，人们对室内外居室环境的要求越来越高，美化环境关键取决于建筑材料的装饰性。而减轻材料对环境与人类的危害，与自然生态环境协调、可持续发展，并为人类构造更安全、更舒适、更健康的材料是我们现阶段建筑材料发展的重要科研课题。

注：建筑工程中，用于道路、地面、踏步等部位所用材料要考虑其硬度和耐磨性。

# 学习情境 2

## 气硬性无机胶凝材料

本学习情境主要内容包括气硬性无机胶凝材料的组成及应用；石灰、石膏、水玻璃及菱苦土的制备、凝结机理，技术要求及应用。

通过本学习情境的学习，学生应掌握气硬性无机胶凝材料的应用；石灰、石膏、水玻璃的制备、凝结机理、技术要求及应用；了解菱苦土的制备、凝结机理、技术要求及应用。

本学习情境的重点内容包括石灰、石膏和水玻璃的制备、凝结机理、技术要求及应用；教学难点为石灰、石膏的凝结机理及技术要求。

## 项目 1　石　　灰

### 任务 1　胶凝材料的分类及应用

| 任务导入 | 土木工程中，胶凝材料是基本的材料之一。本任务将学习气硬性无机胶凝材料的分类及应用。 |
|---|---|
| 任务目标 | 掌握胶凝材料的概念；掌握气硬性无机胶凝材料的组成及应用。 |

### 一、胶凝材料的概念

在建筑工程中，能将散粒状材料（石子和砂子等）或块状材料（砖块和砌块等）黏结成整体的材料，统称为胶凝材料。

### 二、胶凝材料的分类

胶凝材料根据其化学组成一般可分为有机胶凝材料和无机胶凝材料。有机胶凝材料指以天然或人工合成高分子化合物为基本成分的胶凝材料，种类较多，主要有沥青和合成树脂等。无机胶凝材料指以无机氧化物或矿物为主要成分的胶凝材料，常用的有各种水泥、石灰、石膏、水玻璃和菱苦土等。

### 三、无机胶凝材料的应用

无机胶凝材料中，水泥属于水硬性胶凝材料，不仅能在空气中凝结和硬化，而且能在水中继续保持和增长强度。因此，它能适用于地上，也能适用于潮湿环境和水中。石灰、石膏、水玻璃和菱苦土属于气硬性胶凝材料，只能在空气中凝结硬化和增长强度，气硬性胶凝材料只能适用于地上和干燥环境中，不宜用于潮湿环境，更不能用于水中。

**演示文稿**
胶凝材料分类及应用

**微课扫一扫**
气硬性无机胶凝材料

注：气硬性胶凝材料只能用于地上和干燥环境。

## 任务 2　石灰的制备及胶凝机理

| | |
|---|---|
| **任务导入** | 石灰（CaO）是传统的气硬性胶凝材料之一。石灰的原料分布广泛、生产工艺简单、成本低廉、并具有良好的建筑性能，因此在土木工程中应用很广泛。 |
| **任务目标** | 掌握石灰的制备原材料；掌握生石灰的质量与煅烧温度和煅烧时间的关系；掌握生石灰熟化概念、熟化特点及熟化的方法；掌握石灰的硬化过程。 |

### 一、石灰的制备

#### 1. 石灰的原材料

制备石灰的主要原料是以碳酸钙为主要成分的石灰石、白云石 [$CaMg(CO_3)_2$]（图 2-1）和白垩（图 2-2），还含有少量的碳酸镁。原材料的产地不同会对石灰的性质产生影响，一般要求原材料中黏土杂质含量小于 8%。除天然原料外，还可以利用化学工业副产品。

#### 2. 石灰的生产

有土窑（图 2-3）、立窑（图 2-4）、竖窑（图 2-5）、回转窑（图 2-6）等生产方式。

图 2-1　白云石（含铁）

图 2-2　白垩（方解石变种）

演示文稿
石灰的制备及胶凝机理

图片资源
石灰原材料

图 2-3　土窑（传统工艺）

图 2-4　立窑（河北省唐山市南石源冶金炉料公司 2002 年 5 月建成投产日产 480 t 的节能型石灰立窑）

图片资源
石灰制备

图 2-5　竖窑（唐山三丰集团 2003 年 10 月投产建成 4×140 m³ 气烧石灰竖窑）

图 2-6　回转窑
（武钢乌龙泉矿日产 600 t 回转窑）

石灰石在立窑中煅烧成生石灰的过程，实际上是碳酸钙的分解过程。石灰石经高温煅烧后分解成氧化钙、氧化镁和二氧化碳气体（氧化钙又称为生石灰，是一种白色或灰色的块状物质）。

$$CaCO_3 \xrightarrow{\text{高温}} CaO + CO_2 \uparrow$$

$$MgCO_3 \xrightarrow{\text{高温}} MgO + CO_2 \uparrow$$

通常将 898 ℃作为碳酸钙的分解温度，温度升高，分解加快。为加速分解过程，石灰窑内煅烧温度可提高至 1 200 ℃，甚至更高。

生石灰的质量与氧化钙（或氧化镁）的含量有很大关系，还与煅烧温度和煅烧时间有直接关系。当温度过低或时间不足时，碳酸钙分解不完全，生成欠火石灰。

注：煅烧温度和煅烧时间不同，产物不同。

由于碳酸钙不溶于水，也无胶结能力，在熟化为石灰膏或消石灰的过程中常作为残渣被废弃，有效利用率降低。当温度正常、时间合理时得到的石灰称为正火石灰，它的活性较强。当煅烧温度提高或时间过长时，将生成颜色较深、块体致密的过火石灰，在工程中，与水反应熟化的速度缓慢，易产生局部体积膨胀，引起崩裂或隆起等现象。

生石灰按加工情况分为建筑生石灰和建筑生石灰粉，《建筑生石灰》（JC/T 479—2013）规定，按生石灰的化学成分，建筑生石灰分为钙质石灰和镁质石灰两类，钙质石灰主要由氧化钙或氢氧化钙组成，而不添加任何水硬性的或火山灰质的材料；镁质石灰主要由氧化钙和氧化镁（MgO > 5%）或氢氧化钙和氢氧化镁组成，而不添加任何水硬性的或火山灰质的材料。

生石灰（图 2-7）通过不同的加工可得到石灰的另外三种产品：

生石灰粉：将生石灰磨细而得到生石灰粉，主要成分为氧化钙（CaO）（图 2-8）。

消石灰粉：生石灰经适量水消化、干燥而得到的粉末，主要成分为氢氧化钙 $[Ca(OH)_2]$，也称为熟石灰（图 2-9）。

石灰膏：将生石灰用过量水（约为生石灰体积的 3~4 倍）消化而得到的可塑性浆体，主要成分为氢氧化钙 $[Ca(OH)_2]$ 和水（图 2-10）。

注：不同加工方法得到不同产品。

图片资源<br>
石灰衍生产品

图 2-7    生石灰

图 2-8    生石灰粉

图 2-9    消石灰粉

图 2-10    石灰膏

## 二、石灰的胶凝机理

### 1. 石灰的熟化

熟化（或称为消化）是一种水化作用，是指生石灰（CaO）加水生成氢氧化钙 $[Ca(OH)_2]$ 的过程。

注：熟化目的是使石灰具有黏性和塑性。

$$CaO + H_2O = Ca(OH)_2 + 64.79 \text{ kJ/mol}$$

生石灰熟化特点：

（1）速度快，放热量大：煅烧良好的 CaO 与水接触几秒内完成反应，且 1 kg 生石灰放热 1 160 kJ。

（2）体积增大：熟化过程中，外观体积可增大 1~2.5 倍。

工程中熟化的方法有两种：

（1）制消石灰粉。工地调制消石灰粉时常采用淋灰法（图 2-11），即每堆放 50 cm 高的生石灰块，淋 60%~80% 的水，直到数层，使之充分消解而又不过湿成团。工厂集中生产的消石灰粉可作为产品销售。

（2）化灰法（图 2-12）：石灰在化灰池中熟化成石灰浆，通过筛网流入储灰坑，石灰浆在储灰坑中沉淀并除去上层水分后形成石灰膏，主要用于拌制石灰砌筑砂浆或抹灰砂浆。为了消除过火石灰的危害，生石灰熟化形成的石灰浆应在储灰坑中放置两周以上，这一过程称为石灰的"陈伏"。"陈伏"期间，石灰浆表面应保有一层水分，隔绝空气，以免碳化。如将生石灰粉磨细后使用，则不需要"陈伏"。消石灰粉一般也需要"陈伏"。

注："陈伏"的目的是消除过火石灰的危害。

图 2-11 淋灰法　　　　图 2-12 石灰消化池

图片资源
石灰熟化方法

**2. 石灰的硬化**

石灰浆在空气中硬化包括结晶和碳化两个同时进行的过程（图 2-13）。

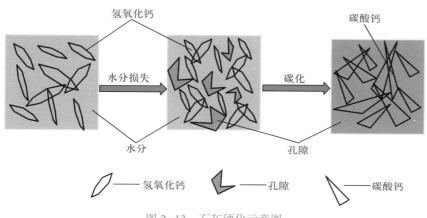

氢氧化钙　　　碳酸钙

水分损失　　碳化

水分　　　　孔隙

▱ —— 氢氧化钙　　◆ —— 孔隙　　◁ —— 碳酸钙

图 2-13 石灰硬化示意图

（1）结晶：是指石灰膏或浆体在干燥过程中，由于水分蒸发或被砌体吸收，氢氧化钙［$Ca(OH)_2$］以晶体形态析出，并产生强度的过程。在此过程中石灰膏或浆体逐渐失去可塑性，但因析出的氢氧化钙晶体数量很少，所以强度不高。

（2）碳化：碳化过程实际上是生成不溶于水的碳酸钙的过程，即氢氧化钙与空气中的二氧化碳反应生成碳酸钙晶体，释放水分并被蒸发。

$$Ca(OH)_2 + CO_2 + nH_2O == CaCO_3\downarrow + (n+1)H_2O$$

空气中的二氧化碳的含量很低，石灰的碳化只发生在与空气接触的表层，碳化过程缓慢。随着时间的延长，表层碳酸钙的厚度会逐渐增加。因此，加快硬化的简易方法是有效通风和提高空气中二氧化碳的浓度。

熟石灰在硬化过程中，水分大量蒸发，会产生干裂现象，所以纯石灰膏不能单独使用。一般需要一定量的集料（如砂子等）和纤维材料（如麻刀、纸筋等）等材料，减少石灰用量的同时加速内部水分蒸发和二氧化碳的渗入，利于硬化。

## 任务 3　石灰的性质、技术要求及应用

| | |
|---|---|
| **任务导入** | 　某学生宿舍内墙面使用石灰砂浆抹面，数月后，墙面上出现了许多不规则的网状裂纹，同时个别部位还发现了突出的放射状裂纹。请分析产生上述现象的原因。 |
| **任务目标** | 　熟练掌握石灰的性质、主要技术要求和用途。 |

授课视频
石灰的技术要求
及用途

演示文稿
石灰的性质、技术要求及应用

动画
石灰技术要求
及用途

**一、石灰的性质**

（1）可塑性和保水性好。生石灰熟化后的石灰浆［主要成分为 $Ca(OH)_2$］是球状细颗粒高度分散的胶体，$Ca(OH)_2$ 表面吸附一层较厚的水膜，降低了颗粒之间的摩擦力，具有良好的可塑性，易摊铺成均匀薄层。在水泥砂浆中掺入石灰浆，可使可塑性显著提高。

（2）硬化慢，强度低，耐水性差。从石灰浆硬化的过程可以看出，由于空气中二氧化碳稀薄，碳化过程缓慢。因生成的 $CaCO_3$ 和 $Ca(OH)_2$ 晶体量少且生成缓慢，硬化强度也不高，按 1∶3 配合比的石灰砂浆 28 d 抗压强度通常只有 0.2～0.5 MPa，受潮后石灰溶解（图 2-14），强度更低，在水中还会溃散。因此，不宜在潮湿环境下使用，也不宜单独用于建筑物基础。

（3）硬化时体积收缩大。石灰在硬化过程中，水分大量蒸发，导致内部毛细管失水收缩，引起显著体积变化，使硬化的石灰浆出现干缩裂纹（图 2-15）。通常施工中掺入砂、纸筋等以节约石灰和减少收缩。

注：石灰砂浆
1∶3 指的是 1 份
石灰，3 份砂，即
砂是石灰的 3 倍。

图 2-14　耐水性差

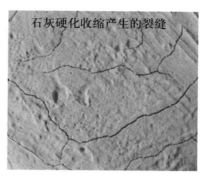

图 2-15　体积收缩大

图片资源
石灰性质

拓展资源
建筑生石灰（JC/T 479—2013）

注：JC/T479-2013代替了JC/T 479-92《建筑生石灰》和JC/T 480-92《建筑生石灰粉》，适用于建筑工程用的（气硬性）生石灰和生石灰粉，不包括水硬性生石灰。其他用途的生石灰也可参考使用。

## 二、石灰的技术要求

根据我国建筑行业标准《建筑生石灰》（JC/T 479—2013）的规定，钙质石灰和镁质石灰根据化学成分的含量每类分为各个等级（表 2-1）。建筑生石灰的化学成分应符合表 2-2 的要求，建筑生石灰的物理性质应符合表 2-3 的要求。根据《建筑消石灰粉》（JC/T 481—2013）的规定，按扣除游离水和结合水后氧化镁和氧化钙的百分含量，将消石灰分为钙质消石灰和镁质消石灰（表 2-4）。建筑消石灰的化学成分应符合表 2-5 的要求，建筑消石灰的物理性质应符合表 2-6 的要求。

表 2-1　建筑生石灰的分类

| 类别 | 名称 | 代号 |
|------|------|------|
| 钙质石灰 | 钙质石灰 90 | CL90 |
| | 钙质石灰 85 | CL85 |
| | 钙质石灰 75 | CL75 |
| 镁质石灰 | 镁质石灰 85 | ML85 |
| | 镁质石灰 80 | ML80 |

标记：生石灰的识别标志由产品名称、加工情况和产品依据标准编号组成。生石灰块在代号后加 Q，生石灰粉在代号后加 QP。

示例：符合 JC/T 479—2013 的钙质生石灰粉 90 标记为

$$CL\ 90—QP\ JC/T\ 479—2013$$

说明：CL——钙质石灰；90——（CaO+MgO）百分含量；QP—粉状；JC/T 479—2013——产品依据标准。

表 2-2　建筑生石灰的化学成分　　　　　　　　　　　　　　%

| 产品名称 | （氧化钙 + 氧化镁）（CaO+MgO） | 氧化镁（MgO） | 二氧化碳（CO₂） | 三氧化硫（SO₃） |
|------|------|------|------|------|
| CL 90—Q<br>CL 90—QP | ≥90 | ≤5 | ≤4 | ≤2 |
| CL 85—Q<br>CL 85—QP | ≥85 | ≤5 | ≤7 | ≤2 |

续表

| 产品名称 | （氧化钙＋氧化镁）（CaO+MgO） | 氧化镁（MgO） | 二氧化碳（$CO_2$） | 三氧化硫（$SO_3$） |
|---|---|---|---|---|
| CL 75—Q<br>CL 75—QP | ≥75 | ≤5 | ≤12 | ≤2 |
| ML 85—Q<br>ML 85—QP | ≥85 | >5 | ≤7 | ≤2 |
| ML 80—Q<br>ML 80—Q | ≥80 | >5 | ≤7 | ≤2 |

表 2-3　建筑生石灰的物理性质

| 名称 | 产浆量／（$dm^3$/10 kg） | 细度 | |
|---|---|---|---|
| | | 0.2 mm 筛余量／% | 90 μm 筛余量／% |
| CL 90—Q<br>CL 90—Q | ≥26<br>— | —<br>≤2 | —<br>≤7 |
| CL 85—Q<br>CL 85—QP | ≥26<br>— | —<br>≤2 | —<br>≤7 |
| CL 75—Q<br>CL 75—QP | ≥26<br>— | —<br>≤2 | —<br>≤7 |
| ML 85—Q<br>ML 85—QP | —<br>— | —<br>≤2 | —<br>≤7 |
| ML 80—Q<br>ML 80—Q | —<br>— | —<br>≤7 | —<br>≤2 |

表 2-4　建筑消石灰的分类（JC/T 481—2013）

| 类别 | 名称 | 代号 |
|---|---|---|
| 钙质消石灰 | 钙质消石灰 90 | HCL90 |
| | 钙质消石灰 85 | HCL85 |
| | 钙质消石灰 75 | HCL75 |
| 镁质消石灰 | 镁质消石灰 85 | HML85 |
| | 镁质消石灰 80 | HML80 |

标记：消石灰的识别标志由产品名称和产品依据标准编号组成。
示例：符合 JC／T 481—2013 的钙质消石灰 90 标记为
HCL90 JC／T 481—2013
说明：HCL——钙质消石灰；90——（CaO+MgO）百分含量；JC／T 479—2013——产品依据标准。

拓展资源
建筑消石灰 JC/T 481—2013

表 2-5　建筑消石灰的化学成分　　　　　　　%

| 产品名称 | （氧化钙＋氧化镁）（CaO+MgO） | 氧化镁（MgO） | 三氧化硫（$SO_3$） |
|---|---|---|---|
| HCL 90<br>HCL 85<br>HCL 75 | ≥90<br>≥85<br>≥75 | ≤5 | ≤2 |

续表

| 产品名称 | （氧化钙 + 氧化镁）（CaO+MgO） | 氧化镁（MgO） | 三氧化硫（SO₃） |
|---|---|---|---|
| HML 85 | ≥85 | >5 | ≤2 |
| HML 80 | ≥80 | | |

注：表中数值以试样扣除游离水和结合水后的干基为基准。

表 2-6　建筑消石灰的物理性质　　　　　%

| 名称 | 游离水 | 细度 | | 安定性 |
|---|---|---|---|---|
| | | 0.2 mm 筛余量 | 90 μm 筛余量 | |
| HCL 90 | ≤2 | ≤2 | ≤7 | 合格 |
| HCL 85 | | | | |
| HCL 80 | | | | |
| HML 85 | | | | |
| HML 80 | | | | |

### 三、石灰的应用

石灰在建筑上用途很广，主要用于以下几个方面：

1. 石灰乳和砂浆

消石灰粉或石灰膏中掺入大量的水搅拌稀释，成为石灰乳，主要用于内墙和顶棚的刷白，我国农村也用于外墙。调入少量磨细粒化高炉矿渣或粉煤灰，可提高粉刷层的防水性。调入聚乙烯醇、干酪素、氯化钙和明矾，可减少涂层粉化现象。调入各色耐碱颜料，可获得更好的装饰效果。

石灰具有良好的可塑性和黏结性，常用来配置石灰砂浆和混合砂浆，用于砌筑和抹灰工程。

2. 石灰土和三合土

将消石灰粉或生石灰粉与黏土的拌合物称为石灰土，若再加入砂石和碎砖、炉渣等即为三合土。石灰土和三合土在夯实或压实后，可用作墙体、建筑物基础、路面和地面的垫层或简易地面。石灰常占灰土总量的 10%～30%，即一九、二八及三七灰土。石灰含量高，强度和耐水性将降低。

> 注：熟石灰粉的主要用途是拌制石灰土和三合土。

3. 硅酸盐制品

磨细生石灰（或消石灰粉）和硅质材料（如粉煤灰、粒化高炉矿渣、煤矸石等）加水拌和，必要时加入少量石膏，经成形、蒸养或蒸压养护等工序而成的建筑材料，统称为硅酸盐制品。

硅酸盐制品的主要水化产物是水化硅酸钙，反应式如下：

$$Ca(OH)_2 + SiO_2 + H_2O = CaO \cdot SiO_2 \cdot 2H_2O$$

硅酸盐制品按其密实程度分为密实（有集料）和多孔（加气）两类，前者可生产墙板、砌块及砌墙砖（如灰砂砖），后者用于生产加气混凝土制品（如砌块）。

**4. 碳化石灰板**

碳化石灰板是在磨细生石灰中掺入玻璃纤维、植物纤维或轻质骨料（如矿渣等），加水强制搅拌，成形后，用二氧化碳人工碳化 12～24 h 后而成的一种轻质板材。为了减轻质量并提高碳化效果，多制成空心板或多孔板，这种板材能锯、能钉，常用作建筑物的非承重内隔墙、天花板等。

# 项目 2　石　　膏

## 任务 1　石膏的制备及胶凝机理

| 任务导入 | 石膏是以硫酸钙（$CaSO_4$）为主要成分的气硬性胶凝材料之一。因原材料丰富、建筑性能优良及制作工艺简单，近年来石膏板、建筑饰面板等石膏制品成为应用广泛的建筑新型材料之一。 |
| --- | --- |
| 任务目标 | 掌握石膏的制备，掌握建筑石膏的凝结硬化特点。 |

微课扫一扫
石膏的制备及凝结硬化

### 一、石膏的制备

**1. 生产石膏的原材料**

生产石膏胶凝材料的主要原料有天然二水石膏（又称为生石膏、软石膏，图 2-16）、天然无水石膏，也可采用化工石膏（如磷石膏、氟石膏等）、脱硫石膏（图 2-17）。

图 2-16　生石膏　　　　　图 2-17　脱硫石膏

演示文稿
石膏的制备及胶凝机理

图片资源
石膏制备原材料

**2. 石膏的生产**

生产石膏的主要原料是天然二水石膏（$CaSO_4 \cdot 2H_2O$），生产工序主要是低温煅烧、脱水和粉磨。二水石膏在加热时随温度和压力条件不同，所得产物的结构和性能各不相同。

注：加热温度和压力不同，产物结构和性能不同。

（1）建筑石膏（β 型半水石膏）。在常压下温度达到 107～170 ℃时，二水石膏脱水变成 β 型半水石膏（即建筑石膏，又称熟石膏），反应式为

$$CaSO_4 \cdot 2H_2O \xrightarrow{107\sim170\ ℃} CaSO_4 \cdot \frac{1}{2}H_2O + 1\frac{1}{2}H_2O$$

（2）高强石膏（α 型半水石膏）。二水石膏在 0.13 MPa 蒸汽压和 125 ℃条件下，制成晶体短粗、需水量较小、强度较高的 α 型半水石膏，也称为高强石膏，反应式为

$$CaSO_4 \cdot 2H_2O \xrightarrow{125\ ℃,\ 0.13\ MPa} CaSO_4 \cdot \frac{1}{2}H_2O + 1\frac{1}{2}H_2O$$

加热温度当高于 400 ℃时，完全失去水分，形成水溶性硬石膏，也称为死烧石膏，它难溶于水，加入硫酸盐、石灰、粒化高炉矿渣等激发剂，混合磨细后重新具有水化硬化能力，称为无水石膏水泥（或称硬石膏水泥）。当温度高于 800 ℃时，部分石膏分解出 CaO，得到高温煅烧石膏，水化硬化后具有较高强度和抗水性。

石膏的品种虽然很多，但是在建筑上应用最多的是建筑石膏。

### 二、建筑石膏的凝结硬化

#### 1. 建筑石膏的水化

建筑石膏的水化是指建筑石膏加水拌和后与水反应生成二水硫酸钙的过程，反应式为

$$CaSO_4 \cdot \frac{1}{2}H_2O + 1\frac{1}{2}H_2O = CaSO_4 \cdot 2H_2O$$

#### 2. 建筑石膏的凝结硬化

建筑石膏与水拌和后最初形成流动的可塑性凝胶体，并很快形成饱和溶液，溶液中的半水石膏与水反应生成二水石膏。随着浆体中水分因水化和蒸发而不断减少，浆体变稠失去流动性，可塑性也下降，表现为石膏的"凝结"。随着水化和水分的继续蒸发，胶体颗粒逐渐凝聚成晶体并不断长大、共生和相互交错，从而产生强度，即建筑石膏的"硬化"。实际上，水化和凝结是相互交错而又连续进行的，如图 2-18 所示，特点如下：

注：建筑石膏凝结硬化：胶体—饱和溶液—凝结—硬化。

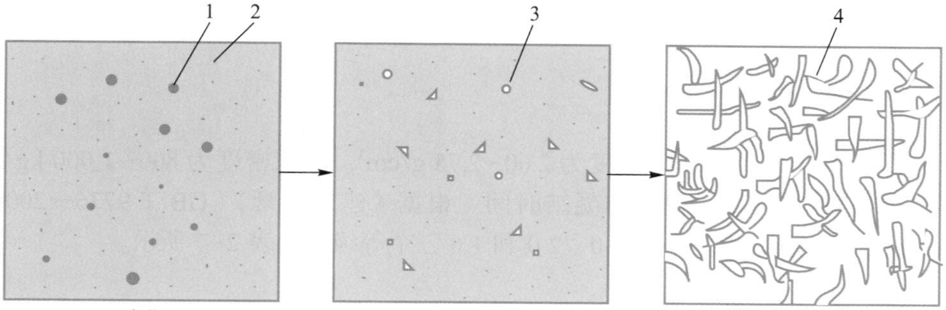

图 2-18　建筑石膏凝结硬化示意图

1—半水石膏；2—二水石膏胶体微粒；3—二水石膏晶体；4—交错的晶体

（1）硬化速度快。水化过程一般为 7～12 min，凝结硬化过程需要 20～30 min。在室内自然干燥条件下，一星期左右完全硬化。所以根据施工需要，往往加入适量的缓凝剂。

（2）体积微膨胀。石灰等胶凝材料硬化时往往产生收缩，而建筑石膏产生约

1%的体积膨胀，这使得石膏制品表面光滑饱满，棱角清晰，干燥时不开裂，可用于修补。

（3）硬化后孔隙率大，体积密度小，强度低。建筑石膏在使用过程中，为获得良好的可塑性，通常加水量可达 60%~80%。石膏凝结过程中，多余水分蒸发，在内部形成大量孔隙，孔隙率高达 50%~60%。建筑石膏属于轻质材料，强度低，体积密度小，吸湿性能较好。

（4）加工性能好。石膏制品可锯、可刨、可钉、可打眼。

（5）隔热性、吸声性、防火性能良好。石膏硬化后孔隙率高，导热系数小，具有良好的绝热能力和较强的吸声性能。建筑石膏制品在遇火灾时，主要成分二水石膏中的结晶水蒸发并吸收热量，并在表面形成蒸汽幕和脱水物隔热层，能有效阻止火势蔓延。

（6）耐水性和抗冻性差。建筑石膏吸湿性、吸水性大，在潮湿环境中，晶粒间结合力削弱，强度将下降。在水中，甚至会溶解溃散，耐水性差。另外，石膏制品受冻后会产生崩裂，抗冻性差。因此，石膏制品不宜用于潮湿部位。为提高其耐水性，可加入适当防水剂或掺入适量粉煤灰、水泥等水硬性材料，改善其孔隙状态和孔壁的憎水性。

## 任务 2　石膏的技术要求及应用

| 任务导入 | 现有某小型酒店内墙面要求采用石膏砂浆抹平，纸面石膏板吊顶，主入口处要求有一定面积的装饰浮雕且有四尊建筑石膏雕塑。请根据所给装饰要求，掌握建筑石膏的应用。 |
| --- | --- |
| 任务目标 | 掌握石膏的技术要求及应用。 |

### 一、建筑石膏的技术要求

建筑石膏为白色粉末，密度为 2.60~2.75 g/cm³，堆积密度为 800~1 000 kg/m³。技术要求主要有强度、细度和凝结时间。根据《建筑石膏》（GB/T 9776—2008），按 2 h 强度（抗折强度）分为 3.0、2.0 和 1.6 三个等级，如表 2-7 所示。

表 2-7　建筑石膏物理力学性能

| 等级 | | 3.0 | 2.0 | 1.6 |
| --- | --- | --- | --- | --- |
| 2 h 强度 /MPa | 抗折强度，≥ | 3.0 | 2.0 | 1.6 |
| | 抗压强度，≥ | 6.0 | 4.0 | 3.0 |
| 细度 /% | 0.2 mm 方孔筛筛余，≤ | 10 | | |

演示文稿
石膏的技术要求
及应用

授课视频
石膏的技术要求
及应用

续表

| 凝结时间 /min | 初凝时间，≥ | 3 |
| --- | --- | --- |
| | 终凝时间，≤ | 30 |

拓展资源
建筑石膏（GB/
T 9776—2008）

## 二、建筑石膏的应用

（1）室内抹灰及粉刷。建筑石膏加入水和砂子可以配成石膏砂浆，用于内墙面抹平。石膏砂浆不仅能够调节室内空气湿度，还具有良好的隔声防火性能。在建筑石膏中加入水和适量外加剂，调制成涂料，可粉刷内墙面。

（2）石膏板。石膏板是以建筑石膏为主要原料的一种板材。主要作为装饰吊顶、隔板和隔声防火材料等使用，包括石膏装饰板、空心石膏板等（图 2-19、图 2-20）。

（3）建筑石膏制品。在建筑石膏中加入少量纤维增强材料，也可加入颜料，制成不同形状、色彩丰富的建筑装饰制品。主要有装饰板、装饰吸声板、装饰线角、装饰浮雕壁画等，通常用于公用建筑或住宅的墙面和顶棚的装饰（图 2-21~ 图 2-23）。

微课扫一扫
石膏板的分类

注：建筑石膏存储一般不宜超过三个月。

图 2-19　纸面石膏板

图 2-20　石膏砌块

图 2-21　石膏制品

图 2-22　石膏吊顶一

图 2-23　石膏吊顶二

图片资源
石膏应用

建筑石膏在运输和储存中，注意防雨、防潮，储存期一般不宜超过三个月，超过三个月，强度将会下降。

# 项目3 水 玻 璃

## 任务1 水玻璃的生产及凝结机理

| 任务导入 | 水玻璃俗称泡花碱，分子式为 $R_2O \cdot nSiO_2$。根据含碱金属氧化物不同，常有硅酸钠水玻璃（$Na_2O \cdot nSiO_2$）、硅酸钾水玻璃（$K_2O \cdot nSiO_2$）和硅酸锂水玻璃（$Li_2O \cdot nSiO_2$），建筑工程中主要使用的是硅酸钠水玻璃；钾水玻璃和锂水玻璃虽然性能优于钠水玻璃，但其价格昂贵，较少使用。优质纯净水玻璃是无色透明黏稠液体，溶于水，含有杂质时呈淡黄色或青灰色。水玻璃分子式中的 $n$ 为水玻璃的模数，代表着 $R_2O$ 和 $SiO_2$ 的分子数比，$n$ 值越大，水玻璃的黏性和强度越高，但水溶性下降。建筑工程中常用模数为 2.6~2.8。 |
| --- | --- |
| 任务目标 | 掌握水玻璃的制备及凝结硬化机理。 |

### 一、水玻璃的生产

演示文稿
水玻璃的生产及
凝结机理

水玻璃通常采用石英粉（$SiO_2$）加纯碱（$Na_2O$）在 1 300~1 400 ℃的高温下煅烧成固体水玻璃（图2-24），然后在热水中溶解制得液体水玻璃产品（图2-25），反应式为

$$Na_2O + nSiO_2 = Na_2O \cdot nSiO_2$$

授课视频
水玻璃的生产及
凝结机理

图片资源
水玻璃

图2-24 固体水玻璃

图2-25 水淬水玻璃

### 二、水玻璃的凝结固化

注：水玻璃凝结
固化：碳化和脱
水结晶

水玻璃在空气中吸收二氧化碳生成无定形硅胶，并逐渐脱水干燥硬化，反应式如下：

$$Na_2O \cdot nSiO_2 + mH_2O + CO_2 = Na_2O + nSiO_2 \cdot mH_2O$$

因空气中二氧化碳含量很低，凝结硬化过程缓慢，可加热水玻璃或在其中加入硅酸氟钠，加速硅酸凝胶的析出。硅酸凝胶的适用量为水玻璃质量的 12%~15%，

如果掺入量过少，硬化速度慢且强度低。掺入量过多，又会凝结速度过快，不便于施工操作。因此，在使用时要根据温度、湿度等严格控制固化剂掺入量。

## 任务 2　水玻璃的性质及应用

| 任务导入 | 某中学实验楼地基要求加固，化学实验室地面要求耐酸耐碱。请根据所给给定要求，掌握建筑水玻璃的应用。 |
|---|---|
| 任务目标 | 掌握水玻璃的性质及应用。 |

### 一、水玻璃的性质

（1）具有良好的黏结力。水玻璃硬化后的主要成分是固体和硅凝胶，具有良好的黏结力。

（2）耐酸性、耐热性好。水玻璃可以抵抗除氢氟酸（HF）、热磷酸和高级脂肪酸以外的几乎所有的有机酸和无机酸。水玻璃的耐热性主要取决于骨料的耐热度，当加入耐热耐火骨料配成水玻璃砂浆和混凝土时，耐热度可达 1 000 ℃。

（3）耐碱性、耐水性差。因 $Na_2O \cdot nSiO_2$ 和 $Na_2CO_3$ 溶于水且溶于碱，故水玻璃耐水性差且不宜在碱性环境下使用。

演示文稿
水玻璃的性质及应用

### 二、水玻璃的应用

（1）涂刷或浸渍材料表面，提高其抗风化能力。用水玻璃涂刷或浸渍多孔材料时，会在材料表面形成 $SiO_2$ 膜，提高其抗水性和抗风化能力。但不能用以涂刷和浸渍石膏制品，因二者会反应生成硅酸钠结晶，造成石膏制品的胀裂。

（2）加固土层。将水玻璃和氯化钙溶液交替注入土层中，两种溶液迅速反应生成硅胶和硅酸钙凝胶，起到胶结和填充孔隙的作用，提高土层的强度和承载能力，常用于粉土、砂土和填土的地基加固，这种方法也称为双液注浆（图 2-26）。双液也可以是水泥—水玻璃等。

（3）配置速凝防水剂。水玻璃与胆矾、红矾、明矾和紫矾中的一种或几种配置成速凝防水剂，用于堵漏、填缝等局部抢修。这种多矾防水剂的凝结速度很快，一般为几分钟，其中四矾防水剂不超过 1 min，故工地上使用时必须做到即配即用。水玻璃还可以配置成耐酸胶泥及水泥（图 2-27、图 2-28）、耐酸砂浆和耐热混凝土，用于化工、冶金等防腐工程和锅炉基础等耐热工程。

（4）配制水玻璃砂浆。将水玻璃、矿渣粉、砂和氟硅酸钠按一定的比例配合成砂浆，可用于修补墙体裂缝。

图 2-26　双液注浆（加固土层）

图 2-27　耐酸胶泥

图 2-28　耐酸水泥

# 项目 4　菱　苦　土

## 任务　菱苦土的制备、凝结硬化、技术要求及应用

| 任务导入 | 菱苦土的主要成分是氧化镁（MgO），是一种白色或浅黄色粉末。菱苦土与氯化镁溶液可配置成镁质胶凝材料，也成为氯氧镁水泥。 |
| --- | --- |
| 任务目标 | 掌握菱苦土的制备原材料。 |

### 一、菱苦土的制备

生产菱苦土（图 2-29、图 2-30）的主要原材料有天然菱镁矿、蛇纹石和白云岩，也可以海水为原料提制菱苦土。菱苦土的主要生产工艺是煅烧，实际上是碳酸镁的分解过程，反应式如下：

$$MgCO_3 = MgO + CO_2\uparrow$$

碳酸镁的实际煅烧温度为 700~850 ℃，当温度达到 1 300 ℃时，生成死烧 MgO，几乎丧失了凝胶性质。

图 2-29　菱苦土（袋装）

图 2-30　菱苦土（散装）

## 二、菱苦土的凝结硬化

菱苦土的凝结硬化机理与石灰很相似，但 $Mg(OH)_2$ 的过大相对饱和度会破坏硬化过程中形成的结构网。因此，菱苦土不能用水调和。常加入氯化镁、硫酸镁等固化剂，提高其强度。

## 三、菱苦土的技术要求

《镁质胶凝材料用原料》（JC/T 499—2008）适用于由菱镁矿（$MgCO_3$）经轻烧、粉磨而制成的轻烧氧化镁及由盐卤液经干燥处理制得的氯化镁，作为镁质胶凝材料用原料。根据《镁质胶凝材料用原料》（JC/T 499—2008），按物理化学性能将轻烧氧化镁分为 Ⅰ 级品、Ⅱ 级品、Ⅲ 级品，其物理性质应符合表 2-8 的规定。

拓展资源
镁质胶凝材料用原料 JC/T 449—2008

表 2-8　轻烧氧化镁的物理化学性能（JC/T 499—2008）

| 指标 | | 级别 | | |
|---|---|---|---|---|
| | | Ⅰ 级 | Ⅱ 级 | Ⅲ 级 |
| 氧化镁 / 活性氧化镁（MgO）/%，≥ | | 90/70 | 80/55 | 70/40 |
| 游离氧化钙（CaO）/%，≤ | | 1.5 | 2.0 | 2.0 |
| 烧失量 /%，≥ | | 6 | 8 | 12 |
| 细度（80μm 筛析法）筛余 /%，≤ | | 10 | 10 | 10 |
| 抗折强度 /MPa，≥ | 1 d | 5.0 | 4.0 | 3.0 |
| | 3 d | 7.0 | 6.0 | 5.0 |
| 抗压强度 /MPa，≥ | 1 d | 25.0 | 20.0 | 15.0 |
| | 3 d | 30.0 | 25.0 | 20.0 |
| 凝结时间 | 初凝 /min，≥ | 40 | 40 | 40 |
| | 终凝 /h，≤ | 7 | 7 | 7 |
| 安定性 | | 合格 | 合格 | 合格 |

## 四、菱苦土用途

（1）地面材料。将菱苦土、木屑、滑石粉和石英砂等混合制成的地面，具有隔热、防火、无噪声及一定的弹性等特性。

（2）制作平瓦、波瓦和背瓦。菱苦土中加入适量粉煤灰、沸石粉等改性材料，并经过防水处理，可制成平瓦、波瓦（图 2-31）和背瓦。

（3）板材。可制成刨花板（图 2-32）、空心隔板等板材，用于墙的复合板、隔板等。

图片资源
菱苦土应用

图 2-31 波瓦

图 2-32 刨花板

# 学习情境 3

## 水泥

本学习情境主要内容包括通用硅酸盐水泥、专用水泥和特性水泥的分类、技术要求和应用等内容。

本学习情境的重点是硅酸盐水泥的技术要求，难点是通用硅酸盐水泥的技术要求与选用。

## 项目 1　通用硅酸盐水泥

### 任务 1　通用硅酸盐水泥的一般规定

| 任务导入 | 现代建筑材料中水泥已经是不可缺少的重要材料。本任务将学习水泥的基本分类和组成。 |
|---|---|
| 任务目标 | 了解通用硅酸盐水泥的定义及分类，掌握通用硅酸盐水泥的组成材料。 |

演示文稿
通用硅酸盐水泥

拓展资源
通用硅酸盐水泥
（GB 175—2007）

## 一、通用硅酸盐水泥的定义及分类

通用硅酸盐水泥是以硅酸盐水泥熟料和适量的石膏及规定的混合材料制成的水硬性胶凝材料。

按混合材料的品种和掺量分为硅酸盐水泥、普通硅酸盐水泥、矿渣硅酸盐水泥、火山灰硅酸盐水泥、粉煤灰硅酸盐水泥、复合硅酸盐水泥六大类。各种类的代号见表3-1。

表 3-1　通用硅酸盐水泥分类、代号及强度等级

| 水泥名称 | 代号 | 强度等级 |
|---|---|---|
| 硅酸盐水泥 | P·I、P·II | 42.5、42.5R、52.5、52.5R、62.5、62.5R |
| 普通硅酸盐水泥 | P·O | 42.5、42.5R、52.5、52.5R |
| 矿渣硅酸盐水泥 | P·S·A、P·S·B | 32.5、32.5R<br>42.5、42.5R<br>52.5、52.5R |
| 火山灰硅酸盐水泥 | P·P | |
| 粉煤灰硅酸盐水泥 | P·F | |
| 复合硅酸盐水泥 | P·C | |

注：强度等级中 R 表示早强型。

## 二、通用硅酸盐水泥组成材料

（1）硅酸盐水泥熟料。硅酸盐水泥熟料（图 3-1）是由主要含 CaO、$SiO_2$、$Al_2O_3$、$Fe_2O_3$ 的原料，按适当比例磨成细粉烧至部分熔融所得以硅酸钙为主要矿物成分的水硬性胶凝物质。其中硅酸钙矿物含量不小于 66%，氧化钙和氧化硅质量比不小于 2.0。

（2）石膏。生产通用硅酸盐水泥的石膏（图 3-2）包括天然石膏和工业副产石膏。天然石膏中包括 G 类（石膏产品）和 M 类（混合石膏产品），而工业副产石膏是以硫酸钙为主要成分的工业副产物，采用前应经试验证明对水泥性能无害。

图片资源
水泥熟料

图 3-1　水泥熟料　　　　　　　　图 3-2　石膏

（3）活性混合材料。活性混合材料包括符合标准要求的粒化高炉矿渣、粒化高炉矿渣粉、粉煤灰、火山灰混合材料（图 3-3）。

(a) 粒化高炉矿渣

(b) 火山灰

(c) 粉煤灰

图 3-3　活性混合料

图片资源
活性混合料

注：助磨剂指水泥熟料粉磨过程中，能够显著提高粉磨效率或降低能耗，而又不损害水泥性能的化学添加剂。

（4）非活性混合材料。非活性混合材料是指活性指标分别低于标准要求的粒化高炉矿渣、粒化高炉矿渣粉、粉煤灰、火山灰混合材料；石灰石和砂岩，其中石灰石中的三氧化二铝含量应不大于 2.5%。

（5）其他。组合材料中包括符合规定的窑灰和助磨剂。

## 任务 2　硅酸盐水泥

| 任务导入 | 某商住楼工程项目，地下 2 层为地下室，主要是作为人防工程、车库及设备用房；地上由 16 栋 34 层的楼房组成。根据设计，本工程主楼采用桩筏基础，其中筏板厚度为 1.8 m，桩筏基础面积约 1 667 m²，筏板混凝土量约 3 200 m³。请你根据所给施工要求，选用适合品种的水泥，了解水泥的性质及特点。 |
| --- | --- |
| 任务目标 | 掌握硅酸盐水泥的矿物组成、主要技术性质、特性和应用，采用对比分析的方法掌握通用水泥之间的共性及各自的特性。 |

硅酸盐水泥分为 P·I 和 P·II 两种类型。不掺加混合材料的称为 I 型硅酸盐水泥，代号 P·I；在硅酸盐水泥粉磨时掺加不超过水泥质量 5% 石灰石或粒化高炉矿渣混合材料的称 II 型硅酸盐水泥，代号 P·II，如表 3-2 所示。

授课视频
硅酸盐水泥

表 3-2　硅酸盐水泥的组成

| 品种 | 代号 | 组分（质量分数）/% | | | | |
| --- | --- | --- | --- | --- | --- | --- |
| | | 熟料＋石膏 | 粒化高炉矿渣 | 火山灰质混合材料 | 粉煤灰 | 石灰石 |
| 硅酸盐水泥 | P·I | 100 | — | — | — | — |
| | P·II | ≥95 | ≤5 | — | — | — |
| | | ≥95 | — | — | — | ≤5 |

## 一、硅酸盐水泥的原料及生产

生产硅酸盐水泥的原料主要有石灰质、黏土质原料两大类，此外再配以辅助的铁质和硅质校正原料。其中石灰质原料主要提供 CaO；黏土质原料主要提供 $SiO_2$、$Al_2O_3$ 及少量的 $Fe_2O_3$；铁质校正原料主要补充 $Fe_2O_3$；硅质校正原料主要补充 $SiO_2$。

硅酸盐水泥生产过程是将原料按一定比例混合磨细，先制得具有适当化学成分的生料，生料在水泥窑（回转窑或立窑）中煅烧至部分熔融，冷却后而得硅酸盐水泥熟料，最后再加适量石膏共同磨细至一定细度即得硅酸盐水泥。水泥的生产过程可概括为"两磨一烧"，其生产设备及工艺流程如图 3-4 和图 3-5 所示。

图片资源
硅酸盐水泥设备

(a) 破碎机　　　　　　　　　　(b) 球磨机

(c) 立窑　　　　　　　　　　(d) 回转窑

图 3-4　生产硅酸盐水泥的设备

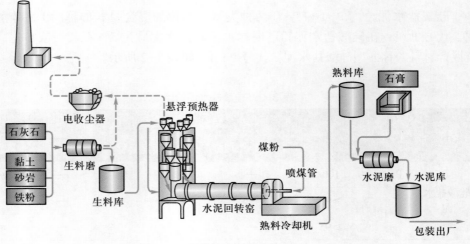

图 3-5　硅酸盐水泥生产流程图

## 二、硅酸盐水泥熟料矿物组成及特性

生料开始加热时，自由水分逐渐蒸发而干燥，当温度上升到 500~800 ℃时，首先是有机物被烧尽，其次是黏土分解形成无定型的 $SiO_2$ 及 $Al_2O_3$；当温度到达 800~1 000 ℃时，石灰石进行分解形成 $CaO$，并开始与黏土中 $SiO_2$、$Al_2O_3$ 及 $Fe_2O_3$ 发生固相反应，随温度的升高，固相反应加速，并逐渐生成 $2CaO \cdot SiO_2$、$3CaO \cdot Al_2O_3$ 及 $4CaO \cdot Al_2O_3 \cdot Fe_2O_3$。当温度达到 1 300 ℃时，固相反应结束。这时在物料中仍剩余一部分 $CaO$ 未与其他氧化物化合。当温度从 1 300 ℃升至 1 450 ℃再降到 1 300 ℃，这是烧成阶段，这时的 $3CaO \cdot Al_2O_3$ 及 $4CaO \cdot Al_2O_3 \cdot Fe_2O_3$ 烧至部分熔融状态，出现液相，把剩余的 $CaO$ 及部分 $2CaO \cdot SiO_2$ 溶解于其中，在此液相中，$2CaO \cdot SiO_2$ 吸收 $CaO$ 形成 $3CaO \cdot SiO_2$。如图 3-6 所示。

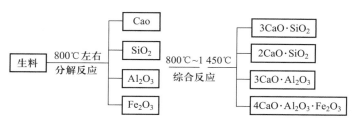

图 3-6　硅酸盐水泥熟料矿物成分形成过程

**拓展资源**
硅酸盐水泥熟料（GB/T 21372—2008）

硅酸盐水泥熟料矿物成分及含量如下：

硅酸三钙 $3CaO \cdot SiO_2$，简写 $C_3S$，含量 37%~60%；

硅酸二钙 $2CaO \cdot SiO_2$，简写 $C_2S$，含量 15%~37%；

铝酸三钙 $3CaO \cdot Al_2O_3$，简写 $C_3A$，含量 7%~15%；

铁铝酸四钙 $4CaO \cdot Al_2O_3 \cdot Fe_2O_3$，简写 $C_4AF$，含量 10%~18%。

除上述主要熟料矿物成分外，水泥中还有少量的游离氧化钙、游离氧化镁，其结果致密，水化很慢，生成物会在硬化的水泥内部造成局部膨胀，引起水泥体积安定性不良。水泥中还含有少量的碱，碱含量高的水泥如果遇到活性骨料，易产生碱 - 骨料膨胀反应。所以水泥中游离氧化钙、游离氧化镁和碱的含量应加以限制。

各种熟料矿物单独与水作用时，表现出的特性是不同的，详见表 3-3。

注：安定性指水泥浆体在凝结硬化过程中体积变化的均匀性

表 3-3　硅酸盐水泥熟料矿物特性

| 矿物名称 | 密度 / ($g/cm^3$) | 水化反应速率 | 水化放热量 | 强度 | 耐腐蚀性 |
|---|---|---|---|---|---|
| $3CaO \cdot SiO_2$ | 3.25 | 快 | 大 | 高 | 差 |
| $2CaO \cdot SiO_2$ | 3.28 | 慢 | 小 | 早期低后期高 | 好 |
| $3CaO \cdot Al_2O_3$ | 3.04 | 最快 | 最大 | 低 | 最差 |
| $4CaO \cdot Al_2O_3 \cdot Fe_2O_3$ | 3.77 | 快 | 中 | 低 | 中 |

注：碱 - 骨料反应指混凝土中的碱性物质与骨料中的活性成分发生化学反应，引起混凝土内部自膨胀应力而开裂的现象

各熟料矿物的强度增长情况、水化热的释放情况如图 3-7、图 3-8 所示。

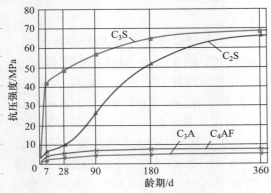

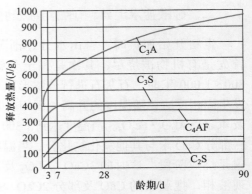

图3-7 不同熟料矿物的强度增长曲线图　　图3-8 不同熟料矿物的水化热释放曲线图

由表3-3及图3-7、图3-8可知，不同熟料矿物单独与水作用的特性是不同的。

（1）硅酸三钙（$C_3S$）的水化速度较快，早期强度高，28 d强度可达一年强度的70%～80%；水化热较大，且主要是早期放出，其含量也最高，是决定水泥性质的主要矿物。

（2）硅酸二钙（$C_2S$）的水化速度最慢，水化热最小，且主要是后期放出，是保证水泥后期强度的主要矿物，且耐化学侵蚀性好。

（3）铝酸三钙（$C_3A$）的凝结硬化速度最快（故需掺入适量石膏作缓凝剂），也是水化热最大的矿物。其强度值最低，但形成最快，3 d几乎接近最终强度。但其耐化学侵蚀性最差，且硬化时体积收缩最大。

（4）铁铝酸四钙（$C_4AF$）的水化速度也较快，仅次于铝酸三钙，其水化热中等，且有利于提高水泥抗拉（折）强度。

水泥是几种熟料矿物的混合物，改变矿物成分间比例时，水泥性质即发生相应的变化，可制成不同性能的水泥。如增加$C_3S$含量，可制成高强、早强水泥。若增加$C_2S$含量而减少$C_3S$含量，水泥的强度发展慢，早期强度低，但后期强度高，其更大的优势是水化热降低。若提高$C_4AF$的含量，可制得抗折强度较高的道路水泥。

### 三、硅酸盐水泥的硬化机理

水泥的凝结硬化是个非常复杂的过程，这种复杂性的产生，不仅由于它含有不同的矿物，也由于水化产物的性质不同所导致。

水泥与适量的水拌和后，最初形成具有可塑性的浆体，随着水化反应的进行，水泥浆体逐渐变稠失去可塑性，但尚不具有强度，这一过程称为水泥的"凝结"。随后凝结了的水泥浆体开始产生强度，并逐渐发展成为坚硬的水泥石，这一过程称为"硬化"。水泥的水化贯穿凝结、硬化过程的始终。水泥的水化、凝结、硬化过程如图3-9所示。

1. 水泥的水化反应

水泥的水化过程及水化产物非常复杂，因此常研究单矿物的水化产物及水化产物合成条件，之后再研究水泥的凝结硬化过程。

注：凝结分初凝和终凝，是判断水泥拌成后的使用期限，而硬化则是指水泥开始产生强度，可以承受一定的应力作用。

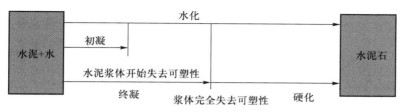

图 3-9　水泥的水化、凝结与硬化示意图

（1）硅酸三钙：

$$2(3CaO \cdot SiO_2) + 6H_2O \longrightarrow 3CaO \cdot 2SiO_2 \cdot 3H_2O + 3Ca(OH)_2$$

水化生成物氢氧化钙以晶体出现，水化硅酸钙以胶凝状近乎无定形状析出，颗粒形状以纤维状为主，颗粒大小与胶体类同，结晶程度差。

（2）硅酸二钙：

$$2(2CaO \cdot SiO_2) + 4H_2O \longrightarrow 3CaO \cdot 2SiO_2 \cdot 3H_2O + Ca(OH)_2$$

硅酸二钙水化反应很慢，但其水化产物中的水化硅酸钙与硅酸三钙的生成物是同一形态。水化硅酸钙很难用一个固定分子式表示，通常称"C-S-H 凝胶"（图 3-10a）。

（3）铝酸三钙：

$$3CaO \cdot Al_2O_3 + 6H_2O \longrightarrow 3CaO \cdot Al_2O_3 \cdot 6H_2O \text{（水化铝酸钙，图 3-10b）}$$

（4）铁铝酸四钙：

$$4CaO \cdot Al_2O_3 \cdot Fe_2O_3 + 7H_2O \longrightarrow 3CaO \cdot Al_2O_3 \cdot 6H_2O + CaO \cdot Fe_2O_3 \cdot H_2O$$

在四种熟料矿物中，$C_3A$ 的水化速度最快，若不加以抑制，水泥的凝结过快，影响正常使用。为了调节水泥凝结时间，在水泥中加入适量石膏共同粉磨，石膏起缓凝作用，其机理为：熟料与石膏一起迅速溶解于水，并开始水化，形成石膏、石灰饱和溶液，而熟料中水化最快的 $C_3A$ 的水化产物 $3CaO \cdot Al_2O_3 \cdot 6H_2O$ 在石膏、石灰的饱和溶液中生成水化硫铝酸钙，又称钙矾石（图 3-10c），反应式如下：

$$3CaO \cdot Al_2O_3 \cdot 6H_2O + 3(CaSO_4 \cdot 2H_2O) + 19H_2O \longrightarrow 3CaO \cdot Al_2O_3 \cdot 3CaSO_4 \cdot 31H_2O$$

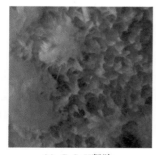
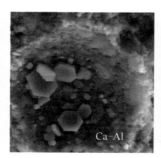

（a）C-S-H凝胶　　　（b）水化铝酸钙　　　（c）钙矾石

图 3-10　水泥的水化物微观照片

图片资源
水化物微观照片

钙矾石是一种针状晶体，不溶于水，且形成时体积膨胀 1.5 倍。钙矾石在水泥熟料颗粒表面形成一层较致密的保护膜，封闭熟料组分的表面，阻滞水分子及离子

的扩散，从而延缓了熟料颗粒特别是 $C_3A$ 的水化速度。加入适量的石膏不仅能调节凝结时间达到标准所规定的要求，而且适量石膏能在水泥水化过程中与 $C_3A$ 生成一定数量的水化硫铝酸钙晶体，交错地填充于水泥石的空隙中，从而增加水泥石的致密性，有利于提高水泥强度，尤其是早期强度的发挥。但如果石膏掺量过多，会引起水泥体积安定性不良。

2. 硅酸盐水泥的凝结硬化

水泥的凝结硬化是个非常复杂的物理化学过程，首先水泥加水后，未发生水化的水泥颗粒分散在水中形成水泥浆（图 3-11a）。

水泥在水泥浆中发生快速反应生成过饱和溶液，然后反应减慢，水化所生成的产物不在溶解，而是以分散状态的颗粒析出，附在水泥颗粒表面形成硫铝酸钙胶状膜层（图 3-11b）。

随后由于水化产物不断增加，凝胶膜逐渐增厚而破裂并继续扩展而填充颗粒之间的孔隙，使毛细孔越来越少，水泥石就具有越来越高的强度和胶结能力（图 3-11c、d）。

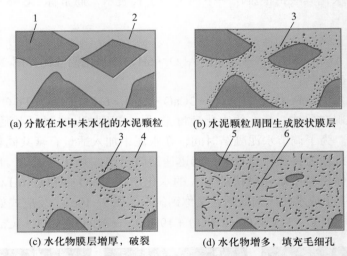

(a) 分散在水中未水化的水泥颗粒　　(b) 水泥颗粒周围生成胶状膜层

(c) 水化物膜层增厚，破裂　　(d) 水化物增多，填充毛细孔

图 3-11　水泥凝结硬化过程示意图

1—水泥颗粒；2—水分；3—凝胶；4—晶体；5—水化的水泥内核；6—毛细孔

综上所述，水泥的凝结硬化是一个由表及里，由快到慢的过程。较粗颗粒的内部很难完全水化。因此，硬化后的水泥石是由水泥水化产物凝胶体（内含凝胶孔）及结晶体、未完全水化的水泥颗粒、毛细孔（含毛细孔水）等组成的不匀质结构体。

3. 影响硅酸盐水泥凝结硬化的因素

水泥的凝结硬化过程，也就是水泥强度发展的过程，受到许多因素的影响，有内部的和外界的，其主要影响因素分析如下：

（1）熟料矿物组成。矿物组成是影响水泥凝结硬化的主要内因，如前所述，不同的熟料矿物成分单独与水作用时，水化反应的速度、强度发展的规律、水化放热是不同的，因此改变水泥的矿物组成，其凝结硬化将产生明显的变化。

（2）细度。水泥颗粒的粗细程度直接影响水泥的水化、凝结硬化、强度、干缩及水化热等。颗粒越细，与水接触的比表面积越大，水化速度较快且较充分，水泥的早期强度和后期强度都很高。但水泥颗粒过细，在生产过程中消耗的能量越多，生产成本增加，且水泥颗粒越细，需水性越大，在硬化时收缩也增大，因而水泥的细度应适中。

（3）石膏掺量。石膏掺入水泥中的目的是为了延缓水泥的凝结、硬化速度，调节水泥的凝结时间。需注意的是石膏的掺入要适量，掺量过少，缓凝作用小；掺入过多，则会在水泥硬化过程中与水化硫铝酸钙继续反应，体积膨胀，使水泥石开裂而破坏。适宜的石膏掺量主要取决于水泥中 $C_3A$ 的含量和石膏的品种及质量，同时与水泥细度及熟料中 $SO_3$ 的含量有关。国家标准规定 $SO_3$ 不得超过 3.5%，石膏掺量一般为水泥质量的 3%~5%。

注：在工程中，保持环境的温、湿度，使水泥石强度不断增长的措施称为养护。水泥混凝土在浇筑后的一段时间里应十分注意控制温、湿度的养护。

（4）拌合用水量。拌合用水量的多少是影响水泥强度的关键因素之一。从理论上讲，水泥完全水化所需水量约占水泥质量的 23% 左右。但拌和水泥浆时，为使浆体具有一定塑性和流动性，所加入的水量通常要大大超过水泥充分水化时所需用水量，多余的水在硬化的水泥石内形成毛细孔。因此拌合水越多，硬化水泥石中的毛细孔就越多，当水灰比为 0.4 时，完全水化后水泥石的总孔隙率为 29.6%，而水灰比为 0.7 时，水泥石的孔隙率高达 50.3%。水泥石的强度随其孔隙增加而降低。因此，在不影响施工的条件下，水灰比小，则水泥浆稠，易于形成胶体网状结构，水泥的凝结硬化速度快，同时水泥石整体结构内毛细孔少，强度也高。

（5）温度和湿度。温度对水泥的凝结硬化影响很大，提高温度，可加速水泥的水化速度，有利于水泥早期强度的形成。就硅酸盐水泥而言，提高温度可加速其水化，使早期强度能较快发展，但对后期强度可能会产生一定的影响（因而，硅酸盐水泥不适宜用于蒸汽养护、压蒸养护的混凝土工程）。而在较低温度下进行水化，虽然凝结硬化慢，但水化物较致密，可获得较高的最终强度。但当温度低于 0℃ 时，强度不仅不增长，而且还会因水的结冰而导致水泥石被冻坏。

注：标准养护的温度标准为 20±2 ℃，相对湿度标准为 95% 以上。

湿度是保证水泥水化的一个必备条件，水泥的凝结硬化实质是水泥的水化过程。因此，在干燥环境中，水化浆体中的水分蒸发，导致水泥不能充分水化，同时硬化也将停止，并会因干缩而产生裂缝。

（6）龄期。龄期指水泥在正常养护条件下所经历的时间。水泥的凝结、硬化是随龄期的增长而渐进的过程，在适宜的温、湿度环境中，随着水泥颗粒内各熟料矿物水化程度的提高，凝胶体不断增加，毛细孔相应减少，水泥的强度增长可持续若干年。

水泥的凝结、硬化除上述主要因素之外，还与水泥的存放时间、受潮程度及掺入的外加剂种类等因素影响有关。

四、硅酸盐水泥的技术要求

国家标准《通用硅酸盐水泥》（GB 175—2007）对硅酸盐水泥物理、化学性能指标等均作了明确规定。

动画扫一扫
水泥凝结时间的测定

微课扫一扫
水泥安定性试验——试饼法

注：初凝时间、安定性中的任何一项不符合标准规定的水泥均为废品；终凝时间不符合标准规定的水泥为不合格品。

动画扫一扫
水泥安定性试验——雷氏夹法

拓展资源
水泥细度检验方法—筛析法（GB/T 1345—2005）

1. 物理指标

（1）凝结时间。凝结时间分初凝和终凝。初凝为水泥加水拌和至水泥标准稠度的净浆开始失去可塑性所需的时间；终凝为水泥加水拌和开始至标准稠度的净浆完全失去可塑性所需的时间。

水泥初凝时间和终凝时间对于工程施工具有实际的意义。为使混凝土、砂浆有足够的时间进行搅拌、运输、浇筑、砌筑，顺利完成混凝土和砂浆的制备，并确保制备的质量，初凝不能过短，否则在施工中即已失去流动性和可塑性而无法使用；当浇筑完毕，为了使混凝土尽快凝结、硬化，产生强度，顺利地进入下一道工序，规定终凝时间不能太长，否则将减缓施工进度，降低模板周转率。国家标准规定：硅酸盐水泥的初凝时间不小于45 min，终凝时间不大于390 min。

（2）安定性。水泥的体积安定性是指水泥浆体在凝结硬化过程中体积变化的均匀性。当水泥浆体硬化过程发生不均匀变化时，会导致膨胀开裂、翘曲、甚至崩塌等现象，造成严重的工程事故。

引起水泥体积安定性不良的原因主要有：

① 水泥中含有过多的游离氧化钙和游离氧化镁。这种游离的氧化钙、氧化镁是熟料在煅烧时没有被吸收形成熟料矿物，这种过烧的氧化钙、氧化镁水化极慢，且生成的 $Ca(OH)_2$ 和 $Mg(OH)_2$ 体积膨胀，使水泥石出现开裂。

② 石膏掺量过多。当石膏掺量过多时，在水泥硬化后，残余石膏与固态水化铝酸钙反应生成钙矾石，体积增大约1.5倍，从而导致水泥石开裂。

国家标准规定，游离氧化钙对水泥安定性的影响用煮沸法来检验，测试方法可采用试饼法和雷氏法。由于游离氧化镁及过量石膏对水泥体积安定性的影响不便于检验，故国家标准对水泥中的氧化镁和三氧化硫含量分别作了限制。

（3）强度及强度等级。水泥的强度是评价和选用水泥的重要技术指标，也是划分水泥强度等级的重要依据。国家标准规定采用胶砂法来测定水泥3 d和28 d抗压强度和抗折强度，根据测定结果来确定水泥强度等级，见表3-4。

表3-4　硅酸盐水泥不同龄期的强度　　　　MPa

| 品种 | 强度等级 | 抗压强度 | | 抗折强度 | |
|---|---|---|---|---|---|
| | | 3 d | 28 d | 3 d | 28 d |
| 硅酸盐水泥 | 42.5 | ≥17.0 | ≥42.5 | ≥3.5 | ≥6.5 |
| | 42.5R | ≥22.0 | | ≥4.0 | |
| | 52.5 | ≥23.0 | ≥52.5 | ≥4.0 | ≥7.0 |
| | 52.5R | ≥27.0 | | ≥5.0 | |
| | 62.5 | ≥28.0 | ≥62.5 | ≥5.0 | ≥8.0 |
| | 62.5R | ≥32.0 | | ≥5.5 | |

（4）细度。细度是指水泥颗粒的粗细程度，属于选择性指标。国家标准规定硅酸盐水泥的细度以比表面积表示，其比表面积不小于300 $m^2/kg$。

## 2．化学指标

水泥的化学指标主要控制水泥中有害的化学成分，要求其不超过一定的限值，否则可能对水泥的性质和质量带来危害，见表 3-5。

表 3-5 硅酸盐水泥化学指标 %

| 品种 | 代号 | 不溶物 | 烧失量 | 三氧化硫 | 氧化镁 | 氯离子 |
|------|------|--------|--------|----------|--------|--------|
|      |      | （质量分数） | | | | |
| 硅酸盐水泥 | P·I | ≤0.75 | ≤3.0 | ≤3.5 | ≤5.0 | ≤0.06 |
|            | P·II | ≤1.50 | ≤3.5 | | | |

注：如果水泥压蒸试验合格，则水泥中氧化镁的含量（质量分数）允许放宽至 6.0%。

（1）烧失量是指水泥在一定温度，一定时间内加热后烧失的数量。水泥煅烧不佳或受潮后均会导致烧失量增加。

（2）不溶物指水泥在浓盐酸中溶解保留下来的不溶性残留物。不溶物多，水泥活性下降。

（3）碱含量属于选择性指标，水泥中碱含量以 $Na_2O + 0.658K_2O$ 计算值表示。水泥中的碱含量高时，如果配置混凝土的骨料具有碱活性，可能产生碱 – 骨料反应，导致混凝土因不均匀膨胀而破坏。

### 五、硅酸盐水泥的腐蚀与防止

硅酸盐水泥硬化后，在通常的条件下有较好的耐久性，但在某些腐蚀性介质中，水泥会发生一系列物理化学反应使水泥石强度降低甚至破坏，这种现象称之为水泥石的腐蚀。

#### 1．软水腐蚀

（1）腐蚀介质：包括蒸馏水、冷凝水、雨水、雪水等水中钙离子浓度低的软水。

（2）腐蚀机理。在水泥石的水化物中氢氧化钙的溶解度最大，当与软水接触时氢氧化钙首先析出，在静水及无压水情况下，水中的氢氧化钙浓度很快达到饱和浓度，溶出作用停止，危害不大。在流动水中溶解的氢氧化钙会不断溶解流失，其结果是使水泥石变得疏松，碱度降低，而水泥水化产物只有在一定碱度环境下才能稳定。

当水中含有较多钙离子（如重碳酸钙）时，它会与水泥石中的氢氧化钙发生反应生成几乎不溶水的碳酸钙：

$$Ca(HCO_3)_2 + Ca(OH)_2 \longrightarrow 2CaCO_3 + 2H_2O$$

生成的碳酸钙沉积在水泥石孔隙中，提高水泥的密实度，阻止了外界水分的侵入和内部氢氧化钙的析出。

#### 2．碳酸的腐蚀

（1）腐蚀介质：雨水、泉水及某些工业废水。

（2）腐蚀机理。雨水、泉水及某些工业废水中常溶解有较多的 $CO_2$，当含量超

注：软水指的是不含或含较少可溶性钙、镁化合物的水。

过一定浓度时，将会对水泥石产生破坏作用，其反应式如下：

$$Ca(OH)_2 + CO_2 + H_2O \longrightarrow CaCO_3 + 2H_2O$$

$$CaCO_3 + CO_2 + H_2O \longrightarrow Ca(HCO_3)_2$$

上述第二个反应式是可逆反应，若水中含有较多的碳酸，超过平衡浓度时，上式向右进行，水泥石中的 $Ca(OH)_2$ 经过上述两个反应式转变为 $Ca(HCO_3)_2$ 而溶解，进而导致其他水泥水化产物分解和溶解，使水泥石结构破坏；若水中的碳酸含量不高，低于平衡浓度时，则反应进行到第一个反应式为止，对水泥石并不起破坏作用。

3. 一般酸的腐蚀

（1）腐蚀介质：无机酸（$HCl$、$H_2SO_4$、$HPO_3$ 等）和有机酸（醋酸、蚁酸等）。

（2）腐蚀机理。各种酸对水泥都有不同程度的腐蚀作用，它们与水泥石中的 $Ca(OH)_2$ 作用后生成的化合物或溶于水或体积膨胀而导致破坏（图 3-12）。腐蚀作用最快的是无机酸中的盐酸、氢氟酸、硝酸、硫酸和有机酸中的醋酸、蚁酸和乳酸等。

图 3-12  水泥制品酸雨腐蚀

例如：盐酸与水泥石中的 $Ca(OH)_2$ 作用生成极易溶于水的氯化钙，导致溶出性化学侵蚀：

$$2HCl + Ca(OH)_2 \longrightarrow CaCl_2 + 2H_2O$$

硫酸与水泥石中的 $Ca(OH)_2$ 作用：

$$H_2SO_4 + Ca(OH)_2 \longrightarrow CaSO_4 \cdot 2H_2O$$

生成的二水石膏在水泥石孔隙中结晶产生体积膨胀。二水石膏也可以再与水泥石中的水化铝酸钙作用，生成高硫型水化硫铝酸钙。生成高硫型的水化硫铝酸钙含有大量的结晶水，体积膨胀 1.5 倍，破坏作用更大。由于高硫型水化硫铝酸钙呈针状晶体，故俗称"水泥杆菌"。

4. 镁盐的腐蚀

（1）腐蚀介质：海水、地下水。

（2）腐蚀机理：海水中含有氯化镁、硫酸镁等镁盐，它们与水泥石中的氢氧化钙发生置换反应生成易溶于水的氯化钙和松软无胶结能力的氢氧化镁（图 3-13）：

$$MgCl_2 + Ca(OH)_2 \longrightarrow CaCl_2 + Mg(OH)_2$$

图 3-13  水泥制品受海水腐蚀

5. 硫酸盐的腐蚀

（1）腐蚀介质：海水、地下水、湖水、某些工业废水，流经高炉矿渣的水等。

（2）腐蚀机理：硫酸钠、硫酸钾等对水泥石的腐蚀同硫酸的腐蚀，而硫酸镁对水泥石的腐蚀包括镁盐和硫酸盐的双重腐蚀作用。

6. 强碱的腐蚀

（1）腐蚀介质：制碱厂、铝厂等产生较高浓度碱液的地方。

（2）腐蚀机理：碱类溶液如浓度不大时一般无害，但铝酸盐含量较高的硅酸盐水泥遇到强碱（如氢氧化钠）作用后会被腐蚀破坏（图 3-14）。氢氧化钠与水泥熟料中未水化的铝酸盐作用，生成易溶的铝酸钠，出现溶出性腐蚀：

图 3-14　水泥制品受碱腐蚀

$$3CaO \cdot Al_2O_3 + 6NaOH \longrightarrow 3Na_2O \cdot Al_2O_3 + 3Ca(OH)_2$$

另外，当水泥石被氢氧化钠溶液浸透后，又在空气中干燥，与空气中的二氧化碳作用生成碳酸钠，碳酸钠在水泥石毛细孔中结晶沉积，可使水泥石胀裂。

$$2NaOH + CO_2 + H_2O \longrightarrow Na_2CO_3 + 2H_2O$$

7. 腐蚀的防止措施

根据以上的腐蚀机理可见，水泥石的腐蚀是一个极为复杂的过程，往往是几种腐蚀作用共同作用的结果。欲减轻或阻止水泥石的腐蚀可采取以下防止措施：

（1）合理选择与环境条件相适宜的水泥品种。如采用含水化铝酸钙低的水泥，可提高对硫酸盐腐蚀的抵抗能力。

（2）提高水泥的密实度，降低孔隙率。如降低水灰比、掺加外加剂、采取机械施工等方法。

（3）表面做保护层。当侵蚀作用较强，上述措施不能奏效时，可用耐腐蚀的材料，如石料、陶瓷、塑料、沥青等覆盖于水泥石的表面，防止侵蚀性介质与水泥石直接接触，达到抗侵蚀的目的。

### 六、硅酸盐水泥的性质与应用

（1）快凝快硬高强。硅酸盐水泥凝结硬化快、早期强度高、强度等级高，因此可用于地上、地下和水中重要结构的高墙及高性能混凝土工程中，也可用于有早强要求的混凝土工程中。

（2）抗冻性好。硅酸盐水泥不易发生泌水，硬化后密实度大，所以抗冻性好。适用于冬季施工及严寒地区遭受反复冻融的工程。

（3）抗腐蚀性差。硅酸盐水泥水化产物中有较多的氢氧化钙和水化铝酸钙，耐软水及耐化学腐蚀能力差。不宜用于水利工程、海水作用和矿物水作用的工程。

（4）碱度高，抗碳化能力强。硅酸盐水泥硬化后的水泥石显示强碱性，埋于其中的钢筋在碱性环境中表面会生成一层保护膜，而使钢筋不生锈。由于空气中的二氧化碳与水泥石中的氢氧化钙发生碳化反应使水泥石由碱性变为中性，当中性化深

注：碳化是指水泥本身含有大量的毛细孔，空气中二氧化碳与水泥内部的游离氢氧化钙反应生成碳酸钙，造成混凝土疏松、脱落的现象。

度达到钢筋附近时，钢筋失去碱性保护而锈蚀，表面疏松膨胀，会造成钢筋混凝土构件报废。硅酸盐水泥碱性强，抗碳化能力强，所以特别适用于重要的钢筋混凝土结构工程。

（5）水化热大。硅酸盐水泥在水泥水化时，放热速度快且放热量大。用于冬季施工可避免冻害，但高水化热对大体积混凝土工程不利。

（6）耐热性差。硅酸盐水泥中的一些重要成分在 250 ℃温度时会发生脱水或分解，使水泥石强度下降，当受热 700 ℃以上时，将遭受破坏。所以硅酸盐水泥不宜用于耐热混凝土工程及高温环境。

（7）耐磨性好。硅酸盐水泥强度高，耐磨性好，适用于道路、地面等对耐磨性要求高的工程。

## 任务 3　其他硅酸盐水泥

| 任务导入 | 除了硅酸盐水泥外，通用硅酸盐水泥还包括普通硅酸盐水泥、矿渣硅酸盐水泥、火山灰硅酸盐水泥、粉煤灰硅酸盐水泥和复合硅酸盐水泥。 |
| --- | --- |
| 任务目标 | 了解普通硅酸盐水泥、矿渣硅酸盐水泥、火山灰硅酸盐水泥、粉煤灰硅酸盐水泥和复合硅酸盐水泥的技术要求、性质与应用。 |

### 一、普通硅酸盐水泥

普通硅酸盐水泥是由硅酸盐水泥熟料和 5%～20% 的粒化高炉矿渣、火山灰质混合物、粉煤灰、适量石膏磨细制成的水硬性胶凝材料，简称普通水泥，代号 P·O。组分材料为符合规定标准的活性混合材料，其中允许用不超过水泥质量 8% 且符合规定标准的非活性混合材料或不超过水泥质量 5% 且符合规定标准的窑灰代替。

1. 普通硅酸盐水泥的技术要求

（1）凝结时间。国家标准规定普通硅酸盐水泥初凝时间不小于 45 min，终凝时间不大于 600 min。

（2）安定性。用沸煮法检验合格。

（3）强度及强度等级。普通硅酸盐水泥的强度等级可分 42.5、42.5R、52.5、52.5R 四个级别，见表 3-6。

（4）细度。以比表面积表示，不少于 300 $m^2$/kg。

（5）化学性质要求。见表 3-7。

表 3-6　其他硅酸盐水泥不同龄期的强度　　　　　　　　　MPa

| 品种 | 强度等级 | 抗压强度 | | 抗折强度 | |
|---|---|---|---|---|---|
| | | 3 d | 28 d | 3 d | 28 d |
| 普通水泥 | 42.5 | ≥17.0 | ≥42.5 | ≥3.5 | ≥6.5 |
| | 42.5R | ≥22.0 | | ≥4.0 | |
| | 52.5 | ≥23.0 | ≥52.5 | ≥4.0 | ≥7.0 |
| | 52.5R | ≥27.0 | | ≥5.0 | |
| 矿渣水泥 火山灰水泥 粉煤灰水泥 复合水泥 | 32.5 | ≥10.0 | ≥32.5 | ≥2.5 | ≥5.5 |
| | 32.5R | ≥15.0 | | ≥3.5 | |
| | 42.5 | ≥15.0 | ≥42.5 | ≥3.5 | ≥6.5 |
| | 42.5R | ≥19.0 | | ≥4.0 | |
| | 52.5 | ≥21.0 | ≥52.5 | ≥4.0 | ≥7.0 |
| | 52.5R | ≥23.0 | | ≥5.0 | |

表 3-7　其他硅酸盐水泥化学指标　　　　　　　　　%

| 品种 | 代号 | 不溶物 | 烧失量 | 三氧化硫 | 氧化镁 | 氯离子 |
|---|---|---|---|---|---|---|
| | | （质量分数） | | | | |
| 普通硅酸盐水泥 | P·O | — | ≤5.0 | ≤3.5 | ≤5.0 | ≤0.06 |
| 矿渣硅酸盐水泥 | P·S·A | — | — | ≤4.0 | ≤6.0 | |
| | P·S·B | — | — | | — | |
| 火山灰硅酸盐水泥 | P·P | — | — | ≤3.5 | ≤6.0 | |
| 粉煤灰硅酸盐水泥 | P·F | — | — | | | |
| 复合硅酸盐水泥 | P·C | — | — | | | |

**2. 普通硅酸盐水泥的性质与应用**

普通硅酸盐水泥和硅酸盐水泥的区别在于其混合材料的掺量，普通硅酸盐水泥为 5%～20%，硅酸盐水泥仅为 0～5%，由于混合材料的掺量变化不大，在性质上差别也不大，但普通硅酸盐水泥在早强、强度等级、水化热、抗冻性、抗碳化能力上略有降低，耐热性和耐腐蚀性略有提高。

**二、矿渣硅酸盐水泥、火山灰硅酸盐水泥、粉煤灰硅酸盐水泥**

**1. 定义**

（1）矿渣硅酸盐水泥。由硅酸盐水泥熟料和粒化高炉矿渣、适量石膏磨细制成的水硬性胶凝材料，简称矿渣水泥，分为 P·S·A 和 P·S·B 两种。水泥中粒化高炉

**拓展资源**
用于水泥中的火山灰质混合材料（GB/T 2847—2005）

矿渣掺量按质量分数计为 20%~70%。其中允许用不超过水泥质量 8% 且符合规定标准的活性混合材料或符合规定标准的非活性混合材料或符合规定标准的窑灰中的任一材料代替。

（2）火山灰硅酸盐水泥。火山灰硅酸盐水泥简称火山灰水泥，代号 P·P。火山灰水泥中火山灰混合材料掺量按质量分数计为 20%~40%。

（3）粉煤灰硅酸盐水泥。粉煤灰硅酸盐水泥简称粉煤灰水泥，代号 P·F。粉煤灰水泥中粉煤灰混合材料掺量按质量分数计为 20%~40%。

2. 三种硅酸盐水泥的技术要求

（1）凝结时间：国家标准规定初凝时间不小于 45 min，终凝时间不大于 600 min。

（2）安定性：用沸煮法检验合格。

（3）强度及强度等级：三种硅酸盐水泥的强度等级可分，32.5，32.5R，42.5，42.5R，52.5，52.5R 六个级别，见表 3-6。

（4）细度：以筛余量表示，80 μm 方孔筛筛余不得超过 10% 或 45 μm 方孔筛筛余不得超过 30%。

（5）化学性质要求。见表 3-7。

3. 三种硅酸盐水泥性质与应用

矿渣水泥、火山灰水泥及粉煤灰水泥都是在硅酸盐水泥熟料的基础上加入大量活性混合材料再加适量石膏磨细而制成，所加活性混合材料在化学组成与化学活性上基本相同，因而存在有很多共性，但三种活性混合材料自身又有性质与特征的差异，又使得这三种水泥有各自的特性。

（1）共同性质

① 凝结硬化慢，早期强度低，后期强度高。由于三种水泥中熟料含量少，二次水化反应又比较慢，因此早期强度低，但后期由于二次水化反应的不断进行及熟料的继续水化，水化产物不断增多，使得水泥强度发展较快，后期强度可赶上甚至超过同强度等级的普通硅酸盐水泥。

② 抗腐蚀能力强。由于水泥中熟料少，因而水化生成的氢氧化钙及水化铝酸三钙含量少，加之二次水化反应还要消耗一部分氢氧化钙，因此水泥中造成腐蚀的因素大大削弱，使得水泥抵抗软水、海水及硫酸盐腐蚀的能力增强，适宜用于水工、海港工程及受侵蚀性作用的工程。

③ 水化热低。由于水泥中熟料少，即水化放热量高的 $C_3A$、$C_3S$ 含量相对减小，且"二次水化反应"的速度慢、水化热较低，使水化放热量少且慢，因此适用于大体积混凝土工程。

④ 湿热敏感性强，适宜高温养护。这三种水泥在低温下水化明显减慢，强度较低，采用高温养护可加速熟料的水化，并大大加快活性混合材料的水化速度，大幅度地提高早期强度，且不影响后期强度的发展。适用于蒸汽养护生产的预制构件。

⑤ 抗碳化能力差。这三种水泥碱度较低，抗碳化的缓冲能力差，其中尤以矿渣水泥最为明显。不宜用于二氧化碳浓度高的环境（图 3-15）。

⑥ 抗冻性差、耐磨性差。由于加入较多的混合材料，使水泥的需水量增加，水

拓展资源
水泥标准稠度用水量、凝结时间、安定性检验方法（GB/T 1346—2011）

拓展资源
矿渣水泥立磨（JB/T 10997—2018）

分蒸发后易形成毛细管通路或粗大孔隙，水泥石的孔隙率较大，导致抗冻性差和耐磨性差。不适用严寒地区（图 3-16）。

图 3-15　水泥制品碳化　　　　　图 3-16　水泥制品冻裂

（2）各自特性

① 矿渣水泥。矿渣水泥中矿渣含量较大，硬化后氢氧化钙含量少，且矿渣本身又是高温形成的耐火材料，故矿渣水泥的耐热性好，适用于高温车间、高炉基础及热气体通道等耐热工程。但由于粒化高炉矿渣难于磨得很细，加上矿渣玻璃体亲水性差，在拌制混凝土时泌水性大，容易形成毛细管通道和粗大孔隙，在空气中硬化时易产生较大干缩，所以其保水性差、泌水性大、干缩性大。

② 火山灰水泥。火山灰混合材料含有大量的微细孔隙，使其具有良好的保水性，并且在水化过程中形成大量的水化硅酸钙凝胶，使火山灰水泥的水泥石结构密实，从而具有较高的抗渗性。但其干缩大、干燥环境中表面易"起毛"，对于处在干热环境中施工的工程，不宜使用火山灰水泥。

③ 粉煤灰水泥。粉煤灰呈球形颗粒，比表面积小，吸附水的能力小，不易水化，因而这种水泥的干缩性小、抗裂性高，但致密的球形颗粒，保水性差、易泌水，且活性主要在后期发挥。因此，粉煤灰水泥早期强度、水化热比矿渣水泥和火山灰水泥还要低，因此特别适用于大体积混凝土工程。

### 三、复合硅酸盐水泥

复合硅酸盐水泥简称复合水泥，代号为 P·C。复合水泥中混合材料总量按质量分数应大于 20%，不超过 50%。水泥中允许用不超过 8% 的窑灰代替部分混合材料；掺矿渣时混合材料掺量不得与矿渣硅酸盐水泥重复。

（1）复合水泥的技术要求。复合水泥的物理和化学技术指标同火山灰水泥，见表 3-6、表 3-7。

（2）复合水泥的性质与应用。复合水泥是掺有两种以上混合材料的水泥，其特性取决于所掺两种混合材料的种类、掺量。混合材料混掺可以弥补单一混合材料的不足，如矿渣与粉煤灰复掺可以减少矿渣的泌水现象，使水泥更密实。

通用硅酸盐水泥是土木工程中广泛使用的水泥品种，主要用来配置混凝土，使用场合不同，可选择不同种类的水泥，具体可参考表 3-8。

表 3-8    通用硅酸盐水泥的选用

| 混凝土工程特点或所处环境条件 | | 优先选用 | 可以选用 | 不宜使用 |
|---|---|---|---|---|
| 普通混凝土 | 在普通气候环境中的混凝土 | 普通水泥 | 矿渣水泥<br>火山灰水泥<br>粉煤灰水泥<br>复合水泥 | |
| | 在干燥环境中的混凝土 | 普通水泥 | 矿渣水泥 | 火山灰水泥<br>粉煤灰水泥 |
| | 在高湿环境中或长期处于水中的混凝土 | 矿渣水泥<br>火山灰水泥<br>粉煤灰水泥<br>复合水泥 | 普通水泥 | |
| | 厚大体积的混凝土 | 矿渣水泥<br>火山灰水泥<br>粉煤灰水泥<br>复合水泥 | | 硅酸盐水泥 |
| 有特殊要求的混凝土 | 要求快硬、早强的混凝土 | 硅酸盐水泥 | 普通水泥 | 矿渣水泥<br>火山灰水泥<br>粉煤灰水泥<br>复合水泥 |
| | 高强的混凝土 | 硅酸盐水泥 | 普通水泥<br>矿渣水泥 | 火山灰水泥<br>粉煤灰水泥 |
| | 严寒地区的露天混凝土，寒冷地区的处在水位升降范围的混凝土 | 普通水泥 | 矿渣水泥 | 火山灰水泥<br>粉煤灰水泥 |
| | 严寒地区处在水位升降范围的混凝土 | 普通水泥 | | 矿渣水泥<br>火山灰水泥<br>粉煤灰水泥<br>复合水泥 |
| | 有抗渗要求的混凝土 | 普通水泥<br>火山灰水泥 | | 矿渣水泥 |
| | 有耐磨性要求的混凝土 | 普通水泥<br>硅酸盐水泥 | 矿渣水泥 | 火山灰水泥<br>粉煤灰水泥 |
| | 受侵蚀介质作用的混凝土 | 矿渣水泥<br>火山灰水泥<br>粉煤灰水泥<br>复合水泥 | | 硅酸盐水泥 |

## 任务 4 水泥的验收、包装与标志、运输与储存

### 一、水泥的验收

由于水泥有效期短，质量易变化，因此对进入施工现场的水泥必须进行验收，以检测水泥是否合格，确定水泥是否能够用于工程中。水泥的验收包括包装与标志验收、数量验收和质量验收三方面。

1. 包装标志验收

根据供货单位的发货明细表或入库通知单及质量合格证，分别核对水泥包装上所注明的水泥品种、代号、净含量、强度等级，生产许可证标志（QS），出厂编号，执行标准号，包装年月日等。掺火山灰混合材料的普通水泥和矿渣水泥还应标上"掺火山灰"字样，包装袋两侧应印有水泥名称和强度等级，硅酸盐水泥和普通硅酸盐水泥采用红色，矿渣水泥采用绿色，火山灰水泥、粉煤灰水泥和复合水泥采用黑色或是蓝色如图 3-17、图 3-18 所示。散装发运时应提交与袋装标志相同内容的卡片。

(a) 水泥装包　　　　　(b) 散装水泥

图 3-17　水泥的包装

图 3-18　通用硅酸盐水泥的包装袋

**2. 数量验收**

水泥可以散装、袋装，袋装水泥每袋净含量为 50 kg，且应不少于标志质量的 99%。随机抽取 20 袋，总质量（含包装袋）不得少于 1 000 kg，其他包装形式由供需双方协商确定，但有关袋装质量要求，应符合上述规定。散装水泥平均堆积密度为 1 450 kg/m³，袋装压实的水泥为 1 600 kg/m³。

**3. 质量验收**

（1）检查出厂合格证和出厂检验报告。水泥出厂应有水泥生产厂家的出厂合格证，内容包括厂别、品种、出厂日期、出厂编号等。检验报告内容应包括出厂检验项目、细度、混合材料品种和掺加量、石膏和助磨剂的品种及掺加量、回旋窑或立窑生产及合同约定的其他技术要求。当用户需要时，生产者应在水泥发出之日起 7 d 内寄发除 28 d 强度以外的各项检验结果，32 d 内补报 28 d 强度的检验结果。

（2）交货和验收。交货时水泥的质量验收可抽取实物试样以其检验结果为依据，也可以生产者同编号水泥的检验报告为依据。采取何种方法验收由买卖双方商定，并在合同或协议中注明。卖方有告知买方验收方法的责任。当无书面合同或协议，或未在合同、协议中注明验收方法的，卖方应在发货票上注明"以本厂同编号水泥的检验报告为验收依据"字样。

以抽取实物试样的检验结果为验收依据时，买卖双方应在发货前或交货地共同取样和签封。取样数量为 20 kg，分为二等份。一份由卖方保存 40 d，一份由买方按本标准规定的项目和方法进行检验。在 40 d 以内，买方检验认为产品质量不符合本标准要求，而卖方又有异议时，则双方应将卖方保存的另一份试样送省级或省级以上国家认可的水泥质量监督检验机构进行仲裁检验。水泥安定性仲裁检验时，应在取样之日起 10 d 以内完成。

以生产者同编号水泥的检验报告为验收依据时，在发货前或交货时买方在同编号水泥中取样，双方共同签封后由卖方保存 90 d，或认可卖方自行取样、签封并保存 90 d 的同编号水泥的封存样。在 90 d 内，买方对水泥质量有疑问时，则买卖双方应将共同认可的试样送省级或省级以上国家认可的水泥质量监督检验机构进行仲裁检验。

（3）水泥复验。用于承重结构的水泥，用于使用部位有强度等级要求的混凝土用水泥，出厂超过三个月（快硬硅酸盐水泥为超过一个月）的水泥和进口水泥，在使用前必须进行复验，并提供试验报告。

**4. 结论**

出厂水泥应保证出厂强度等级，其余技术要求应符合国标规定。

废品：凡氧化镁、三氧化硫、初凝时间、安定性中的任何一项不符合标准规定者均为废品。

不合格品：硅酸盐水泥、普通水泥凡是细度、终凝时间、不溶物和烧失量中的任何一项不符合标准规定者；矿渣水泥、火山灰水泥、粉煤灰水泥和复合水泥凡是细度、终凝时间中的任何一项不符合规定者或混合材料掺加量超过最大限量和强度低于商品强度等级的指标时；水泥包装标志中水泥品种、强度等级、生产者名称和出厂编号不全的水泥。

### 二、水泥的运输与储存

水泥在保管时，应按不同生产厂、不同品种、强度等级和出厂日期分开堆放，严禁混杂；在运输及保管时要注意防潮和防止空气流动，先存先用，不可储存过久。若水泥保管不当会使水泥因风化而影响水泥正常使用。

水泥一般应入库存放。水泥仓库应保持干燥，库房地面应高出室外地面 30 cm，离开窗户和墙壁 30 cm 以上，袋装水泥堆垛不宜过高，以免下部水泥受压结块，一般为 10 袋，如存放时间短，库房紧张，也不宜超过 15 袋；袋装水泥露天临时储存时，应选择地势高、排水条件好的场地，并认真做好上盖下垫，以防水泥受潮。若使用散装水泥，可用铁皮水泥罐仓或散装水泥库存放。

对于受潮水泥，可以进行处理后再使用，受潮水泥的识别、处理和使用见表 3-9。

表 3-9  受潮水泥的识别、处理和使用

| 受潮程度 | 处理办法 | 使用要求 |
|---|---|---|
| 轻微结块，可手捏成粉末 | 将粉块压碎 | 经试验后根据实际强度使用 |
| 部分结成硬块 | 将硬块筛除，粉块压碎 | 经试验后根据实际强度使用，用于受力小的部位，强度要求不高的工程或配置砂浆 |
| 大部分结成硬块 | 将硬块粉碎磨细 | 不能作为水泥使用，可作为混合材料掺入新水泥使用（掺量应小于 25%） |

## 项目 2  专 用 水 泥

### 任务 1  道路硅酸盐水泥

| 任务导入 | 为满足工程要求而生产的专门用于某种工程的水泥属于专用水泥。专用水泥以使用的工程命名，如道路硅酸盐水泥、砌筑水泥、油井水泥等。 |
|---|---|
| 任务目标 | 了解道路硅酸盐水泥的技术要求、性质与应用。 |

#### 一、道路硅酸盐水泥

由道路硅酸盐水泥熟料、0~10% 的活性混合材料和适量石膏磨细制成的水硬性胶凝材料，称为道路硅酸盐水泥，简称道路水泥，代号 P·R。道路水泥熟料中铝酸三钙的含量不得大于 5.0%，铁铝酸四钙的含量不得小于 16%。

道路硅酸盐水泥的技术要求如下：

演示文稿
专用水泥

拓展资源
道路硅酸盐水泥（GB 13693—2017）

（1）细度。比表面积为 $300\sim450\ \text{m}^2/\text{kg}$。

（2）凝结时间。初凝不得早于 1.5 h，终凝不得迟于 10 h。

（3）体积安定性。沸煮法检验必须合格。

（4）干缩性和耐磨性。28 d 的干缩率不得大于 0.10%，耐磨性以磨损量表示，28 d 不大于 $3.0\ \text{kg}/\text{m}^2$

（5）强度。道路水泥分 32.5、42.5 和 52.5 三个等级，各龄期强度值见表 3-10。

表 3-10　道路水泥强度要求　　　　　　　　　　　　MPa

| 品种 | 强度等级 | 抗压强度 | | 抗折强度 | |
|---|---|---|---|---|---|
| | | 3 d | 28 d | 3 d | 28 d |
| 道路水泥 | 32.5 | 16.0 | 32.5 | 3.5 | 6.5 |
| | 42.5 | 21.00 | 42.5 | 4.0 | 7.0 |
| | 52.5 | 26.0 | 52.5 | 5.0 | 7.5 |

（6）化学指标。见表 3-11。

表 3-11　道路水泥化学指标　　　　　　　　　　　%

| 化学成分 | MgO | SO$_3$ | F-CaO* | | 碱含量 | 烧失量 |
|---|---|---|---|---|---|---|
| 规定含量 % | ≤5.0 | ≤3.5 | 旋窑 | 立窑 | 供需双方商定 | ≤3.0 |
| | | | ≤1.0 | ≤1.8 | | |

注：* 指熟料中游离氧化钙含量。

## 二、道路硅酸盐水泥的性质与应用

道路水泥是一种强度高特别是抗折强度高、耐磨性好、干缩性小、抗冲击性好、抗冻性和抗硫酸盐腐蚀性比较好的专用水泥。适用于道路路面、机场跑道、城市广场地坪等工程。

## 任务 2　砌筑水泥

| 任务导入 | 本任务主要学习砌筑水泥的技术要求、性质与应用。 |
|---|---|
| 任务目标 | 了解砌筑水泥的技术要求、性质与应用。 |

授课视频
砌筑水泥

凡由一种或一种以上的水泥混合材料，加入适量硅酸盐水泥熟料和石膏，经磨细制成的和易性较好的水硬性胶凝材料，称为砌筑水泥，代号 M。水泥中混合材料掺加量按质量分数计应大于 50%，允许掺入适量的石灰石和窑灰。

拓展资源
砌筑水泥（GB/T 3183—2017）

## 一、砌筑水泥的技术要求

（1）细度：80 μm 方孔筛筛余不得超过 10%。

（2）凝结时间：初凝不得早于 60 min，终凝不得迟于 12 h。

（3）体积安定性：沸煮法检验必须合格。

（4）流动性：流动性指标为流动度，保水率不低于 80%。

（5）强度：砌筑水泥分 12.5、22.5 两个等级，各龄期强度值见表 3–12。

表 3–12  砌筑水泥强度要求  MPa

| 品种 | 强度等级 | 抗压强度 | | 抗折强度 | |
|---|---|---|---|---|---|
| | | 7 d | 28 d | 7 d | 28 d |
| 砌筑水泥 | 12.5 | 7.0 | 12.5 | 1.5 | 3.0 |
| | 22.5 | 10.0 | 22.5 | 2.0 | 4.0 |

## 二、砌筑水泥的性质与应用

砌筑水泥强度等级低，能满足砌筑砂浆强度要求。利用大量的工业废渣作为混合材料，可降低水泥成本。砌筑水泥适应于砖、石、砌块砌体的砌筑砂浆和内墙抹面砂浆、垫层混凝土等，不得用于结构混凝土。

# 项目 3  特 性 水 泥

### 任务 1  白色硅酸盐水泥和彩色硅酸盐水泥

| | |
|---|---|
| **任务导入** | 与通用硅酸盐水泥相比较，有突出特性的水泥统称为特性水泥。特性水泥种类繁多，包括白色硅酸盐水泥、彩色硅酸盐水泥、膨胀水泥、抗硫酸盐硅酸盐水泥等。 |
| **任务目标** | 了解白色硅酸盐水泥和彩色硅酸盐水泥的技术性质及应用。 |

以适当成分的生料烧至部分熔融，所得以硅酸钙为主成分，氧化铁含量少的熟料，加入适量石膏磨成细粉，制成的水硬性凝结材料称为白色硅酸盐水泥，简称白水泥，代号 P·W，见图 3–19a。白色水泥与常用的硅酸盐水泥的主要区别在于氧化铁的含量只有后者的 1/10 左右。

演示文稿
特性水泥

### 一、白色水泥的技术要求

按国家标准，白色水泥分为 32.5、42.5 和 52.5 三个强度等级，其技术要求见表 3–13。

表 3-13　白色水泥的技术指标

| 项目 | 技术指标 | | | |
|---|---|---|---|---|
| 强度等级 | 抗压强度 / MPa | | 抗折强度 / MPa | |
| | 3 d | 28 d | 3 d | 28 d |
| 32.5 | 12.0 | 32.5 | 3.0 | 6.0 |
| 42.5 | 17.0 | 42.5 | 3.5 | 6.5 |
| 52.5 | 22.0 | 52.5 | 4.0 | 7.0 |
| 白度 | 水泥白度值不低于 87 | | | |
| 细度 | 80 μm 方孔筛筛余不得超过 10% | | | |
| 凝结时间 | 初凝不得早于 45 min，终凝不得迟于 10 h | | | |
| 安定性 | 沸煮法检验必须合格 | | | |

## 二、彩色硅酸盐水泥

白色硅酸盐水泥熟料、石膏和耐碱矿物颜料共同磨细，可制成彩色硅酸盐水泥；或在白色水泥生料中加入少量金属氧化物作为着色剂，直接烧成彩色熟料，然后再磨细制成彩色水泥，如图 3-19b 所示。

**图片资源**
白色、彩色水泥

(a) 白色水泥　　　　(b) 彩色水泥

图 3-19　白色水泥与彩色水泥

## 三、白色水泥和彩色水泥的应用

白色水泥和彩色水泥主要用于建筑装饰工程，如配置彩色砂浆用于装饰抹灰，制造各种色彩的水刷石、人造大理石等制品。

### 任务 2　抗硫酸盐硅酸盐水泥

| 任务导入 | 本任务学习抗硫酸盐硅酸盐水泥的技术性质及应用。 |
|---|---|
| 任务目标 | 了解抗硫酸盐硅酸盐水泥的技术性质及应用。 |

抗硫酸盐硅酸盐水泥石以特定矿物组成的硅酸盐水泥熟料，加入适量石膏，磨细制成的具有中等或较高浓度硫酸根离子的水硬性胶凝材料。按其抗硫酸盐侵蚀程度分为中抗硫酸盐硅酸盐水泥（代号 P·MSR）和高抗硫酸盐硅酸盐水泥（代号 P·HSR）。

## 一、抗硫酸盐硅酸盐水泥的技术要求

按国家标准，抗硫酸盐硅酸盐水泥的技术要求见表 3-14。

拓展资源
抗硫酸盐水泥
（GB 748—2005）

表 3-14　抗硫酸盐硅酸盐水泥的技术性能

| 项目 | | 技术指标 | | | |
| --- | --- | --- | --- | --- | --- |
| 强度等级 | | 抗压强度/MPa | | 抗折强度/MPa | |
| | | 3 d | 28 d | 3 d | 28 d |
| 中抗硫酸盐水泥 | 32.5 | 10.0 | 32.5 | 2.5 | 6.0 |
| 高抗硫酸盐水泥 | 42.5 | 15.0 | 42.5 | 3.0 | 6.5 |
| 抗硫酸盐性 | | 中抗硫酸盐水泥 14 d 线膨胀率不大于 0.060%，高抗硫酸盐水泥 14 d 线膨胀率不大于 0.040% | | | |
| 凝结时间 | | 初凝不得早于 45 min，终凝不得迟于 10 h | | | |
| 安定性 | | 沸煮法检验必须合格 | | | |

抗硫酸盐硅酸盐水泥的化学指标见表 3-15。

表 3-15　抗硫酸盐硅酸盐水泥的化学指标　　　　　%

| 品种 | 不溶物 | 烧失量 | 三氧化硫 | 氧化镁 | $C_3A$ | $C_3S$ |
| --- | --- | --- | --- | --- | --- | --- |
| 中抗硫酸盐水泥 | ≤1.50 | ≤3.0 | ≤2.5 | ≤5.0 | 5.0 | 55.0 |
| 高抗硫酸盐水泥 | | | | | 3.0 | 50.0 |

## 二、抗硫酸盐硅酸盐水泥的应用

抗硫酸盐硅酸盐水泥具有较高的抗硫酸盐腐蚀的能力，主要用于有硫酸盐侵蚀的工程，如海港、水利设施、地下隧道、道路桥梁基础等。

## 任务 3　明矾石膨胀水泥

| 任务导入 | 明矾石膨胀水泥的技术性质及应用。 |
| --- | --- |
| 任务目标 | 了解明矾石膨胀水泥的技术性质及应用。 |

一般硅酸盐水泥在空气中凝结硬化时，通常都表现为收缩，收缩值的大小与水泥品种、矿物组成、细度、石膏掺量及水灰比大小等因素有关。收缩将使混凝土内部产生微裂缝，影响混凝土的强度及耐久性。

膨胀水泥在硬化过程中能产生一定体积的膨胀，由于这一过程发生在浆体完全硬化之前，所以能使水泥石结构密实而不致破坏。膨胀水泥根据膨胀率大小和用途不同，可分为膨胀水泥（自应力＜2.0 MPa）和自应力水泥（自应力≥2.0 MPa）。膨胀水泥用于补偿一般硅酸盐水泥在硬化过程中产生的体积收缩或有微小膨胀；自应力水泥实质上是一种依靠水泥本身膨胀而产生预应力的水泥。在钢筋混凝土中，钢筋约束了水泥膨胀而使水泥混凝土承受了预压应力，这种压应力能免于产生内部微裂缝，当其值较大时，还能抵消一部分因外界因素所产生的拉应力，从而有效地改善混凝土抗拉强度低的缺陷。

## 一、明矾石膨胀水泥定义

明矾石膨胀水泥是以硅酸盐水泥熟料（58%～63%）、天然明矾石（12%～15%）、无水石膏（9%～12%）和粒化高炉矿渣（15%～20%）共同磨细制成的具有膨胀性能的水硬性胶凝材料，代号 A·EC。

## 二、明矾石膨胀水泥的技术要求

明矾石膨胀水泥的技术要求见表 3-16。

拓展资源
明矾石膨胀水泥
化学分析方法
（JC/T 312—2009）

表 3-16　明矾石膨胀水泥的技术性能

| 项目 | 技术指标 | | | |
|---|---|---|---|---|
| 强度等级 | 抗压强度 / MPa | | 抗折强度 / MPa | |
| | 3 d | 28 d | 3 d | 28 d |
| 32.5 | 13.0 | 32.5 | 2.0 | 6.0 |
| 42.5 | 17.0 | 42.5 | 3.5 | 7.5 |
| 52.5 | 23.0 | 52.5 | 4.0 | 8.5 |
| 凝结时间 | 初凝不得早于 45 min，终凝不得迟于 6 h | | | |
| 安定性 | 沸煮法检验必须合格 | | | |
| 细度 | 比表面积不低于 400 m²/kg | | | |

## 三、明矾石膨胀水泥的应用

明矾石膨胀水泥主要用于可补偿收缩混凝土工程、防渗抹面及防渗混凝土（如各种地下建筑物、地下铁道、储水池、道路路面等），构件的接缝，梁、柱和管道接头，固定机器底座和地脚螺栓等。

# 学习情境 4

## 建筑砂浆

本学习情境主要内容包括建筑砂浆的基本组成、分类、用途、技术性能及其应用等。通过本学习情境的学习，学生应掌握建筑砂浆的基本分类及其性质，了解影响砂浆性质的基本因素。本学习情境的教学重点包括砂浆的技术性质，影响砂浆性质的因素。教学难点包括建筑砂浆性质的测定和建筑砂浆性能操作试验。

微课扫一扫
建筑砂浆

建筑砂浆是由胶凝材料、细骨料以及填料、纤维、添加剂和水按适当比例配制，经搅拌并硬化后而成的，如图 4-1 所示。从某种意义上可以说砂浆是无粗骨料的混凝土，或砂率为 100% 的混凝土。

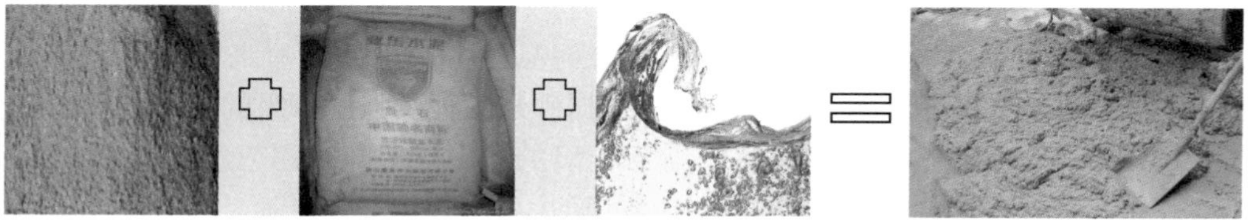

砂（河砂）　　　　水泥（袋装）　　　　水（清洁水）　　　　建筑砂浆（成品）

图 4-1　建筑砂浆组成

按所用胶凝材料，砂浆可分为水泥砂浆、水泥石灰混合砂浆、石灰砂浆、水玻璃耐酸砂浆和聚合物砂浆。按照生产方式可分为预拌砂浆、现场搅拌砂浆。按功能和用途可分为砌筑砂浆、抹面砂浆和特种砂浆等，如图 4-2～图 4-4 所示。

图 4-2　砌筑砂浆　　　　　图 4-3　抹面砂浆　　　图 4-4　特种砂浆

# 项目 1　砌 筑 砂 浆

将砖、石、砌块等黏结成为砌体的砂浆称为砌筑砂浆。它起着黏结、传递荷载及协调变形的作用，是砌体的重要组成部分。主要品种有水泥砂浆和水泥混合砂浆。水泥砂浆是由水泥、细骨料和水配制成的砂浆。水泥混合砂浆是由水泥、细骨料、掺合料（如石灰膏等）及水配制成的砂浆。砌筑砂浆所用原材料不应对人体、生物与环境造成有害的影响，并应符合现行国家标准《建筑材料放射性核素限量》（GB 6566—2010）的规定。

## 任务 1　砌筑砂浆的组成材料

| | |
|---|---|
| **任务导入** | 砂浆在建筑工程中是用量大、用途广泛的一种建筑材料。在砌体结构中，砂浆薄层可以把单块的砖、石及砌块等胶结起来构成砌体。本任务将学习建筑砂浆中砌筑砂浆的基本组成。 |
| **任务目标** | 掌握砌筑砂浆组成材料的品种、技术要求及选用。 |

### 一、水泥

水泥是砂浆的主要胶凝材料，常用的水泥品种有通用硅酸盐水泥和砌筑水泥，如图 4-5、图 4-6 所示。水泥强度等级应根据砂浆品种及强度等级的要求进行选择。M15 及以下强度等级的砌筑砂浆宜选用 32.5 级的通用硅酸盐水泥或砌筑水泥，M15 及以上强度等级的砌筑砂浆宜选用 42.5 级的通用硅酸盐水泥。

### 二、其他胶凝材料

为改善砂浆的和易性，减少水泥用量，通常掺入一些廉价的其他胶凝材料（如石灰膏等）制成混合砂浆。生石灰熟化成石灰膏时，应用孔径不大于 3 mm × 3 mm 的网过滤，熟化时间不得少于 7 d；磨细生石灰粉的熟化时间不得少于 2 d。沉淀池中储存的石灰膏，应采取措施防止干燥、冻结和污染。严禁使用脱水硬化的石灰膏。

图 4-5　普通硅酸盐水泥　　　　图 4-6　砌筑水泥

所用的石灰膏的稠度应控制在 120 mm 左右。

为节省水泥、石灰用量，充分利用工业废料，也可将粉煤灰掺入砂浆中，如图 4-7 所示。

图 4-7　粉煤灰

### 三、细骨料

砂浆常用的细骨料为普通砂，对特种砂浆也可选用白色或彩色砂、轻砂等，如图 4-8～图 4-10 所示。

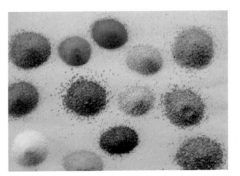

图 4-8　白砂（装饰）　　　　图 4-9　彩砂（装饰）

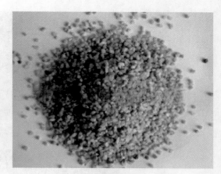

图 4-10　轻砂（保温）　　　　　　图 4-11　中砂（砌筑砂浆）

砌筑砂浆用砂宜选用中砂，如图 4-11 所示，其中毛石砌体宜选用粗砂，其含泥量不应超过 5%；强度等级为 M2.5 的水泥混合砂浆，砂的含泥量不应超过 10%。

## 四、水

拌和砂浆用水与混凝土拌和用水的要求相同，应选用无有害杂质的洁净水拌制砂浆。

## 任务 2　砌筑砂浆的性质

| 任务导入 | 砌筑砂浆起黏结、衬垫和传力作用，是砌体的重要组成部分。本任务将学习砌筑砂浆的性质及特点，学会砌筑砂浆的使用。 |
|---|---|
| 任务目标 | 掌握砂浆拌和物的性质及其影响因素、测定方法。 |

土木工程中，要求砌筑砂浆具有如下性质：

新拌砂浆应具有良好的和易性。新拌砂浆应容易在砖、石及砌体表面上铺成均匀的薄层，以利于砌筑施工和砌筑材料的黏结。

硬化砂浆应具有一定的强度、良好的黏结力等力学性能。一定的强度可保证砌筑强度等结构性能。良好的黏结力有利于砌块与砂浆之间的黏结。

硬化砂浆应具有良好的耐久性。通常，砂浆可起着保护工程结构的作用。耐久性良好的砂浆有利于保证其自身不发生破坏，并对工程结构起到应有的保护作用。

## 一、和易性

新拌砂浆应具有良好的和易性。使用和易性良好的砂浆，既便于施工操作，提高劳动生产率，又能保证工程质量。

砂浆的和易性包括流动性和保水性。

### 1. 流动性

砂浆的流动性也叫稠度，是指在自重或外力作用下流动的性能，用"沉入度"

注：和易性良好的砂浆容易在粗糙的砖石底面上铺设成均匀的薄层，而且能够和底面紧密黏结。

表示。

砂浆的流动性和许多因素有关，胶凝材料的用量、用水量、砂的质量及砂浆的搅拌时间、放置时间、环境的温度、湿度等均影响其流动性。对于多孔吸水的砌体材料和干热的天气，则要求砂浆的流动性大些；相反对于密实不吸水的材料和湿冷的天气，则要求流动性小些。

用砂浆稠度仪通过试验测定沉入度值，以标准圆锥体在砂浆内自由沉入 10 s，沉入深度用毫米（mm）表示，如图 4-12 所示。砌筑砂浆施工时的稠度宜按表 4-1 选用。

图 4-12　砂浆稠度仪（测量沉入度）

微课扫一扫
砌筑砂浆的流动性

注：沉入度大，砂浆流动性大，但流动性过大，硬化后强度将会降低；若流动性过小，则不利于施工操作。

表 4-1　砌筑砂浆的施工稠度（JGJ/T 98—2010）

| 砌体种类 | 施工稠度 /mm |
| --- | --- |
| 烧结普通砖砌体、粉煤灰砖砌体 | 70～90 |
| 混凝土砖砌体、普通混凝土小型空心砌块砌体、灰砂砖砌体 | 50～70 |
| 烧结多孔砖砌体、烧结空心砖砌体、轻骨料混凝土小型空心砌块砌体、蒸压加气混凝土砌块砌体 | 60～80 |
| 石砌体 | 30～50 |

演示文稿
JGJ/ T98—2010

### 2. 保水性

保水性是指新拌砂浆保持水分的能力。它也反映了砂浆中各组分材料不宜分离的性质。为了保证在砌体中形成均匀致密的砂浆缝，新拌砂浆在存放、运输和使用过程中，都应有良好的保水性。

影响砂浆保水性的主要因素有：胶凝材料的种类和用量、掺合料的种类及用量、砂的质量及外加剂的品种和掺量等。

砂浆的保水性用保水率表示，可用保水性试验测定，将砂浆拌合物装入圆环试模（底部有不透水片或自身密封良好），如图 4-13 所示，称量试模与砂浆的总重量，在砂浆表面覆盖棉纱及滤纸，并在上面加盖不透水片，然后在其上面放置 2 kg 的重物。静置 2 min 后移走重物及上部的不透水片，取出滤纸（不包括棉纱），迅速称量滤纸质量，则砂浆保水率按下式计算：

图 4-13　砂浆保水性试验测定仪（实物）

图片资源
保水率试验图片

$$W=\left[1-\frac{m_4-m_2}{\alpha\left(m_3-m_1\right)}\right]\times100\%\qquad(4.1)$$

式中　$W$——保水率，%；

　　　$m_1$——底部不透水片与干燥试模的质量，g，精确至 1 g；

　　　$m_2$——15 片滤纸吸水前的质量，g，精确至 0.1 g；

　　　$m_3$——试模、底部不透水片与砂浆总质量，g，精确至 1 g；

　　　$m_4$——15 片滤纸吸水后的质量，g，精确至 0.1 g；

　　　$\alpha$——砂浆含水率，%。

砌筑砂浆保水率应符合表 4-2 的规定。

**拓展资源**

砌筑砂浆配合比设计规程（JGJ/T 98—2010）

表 4-2　砌筑砂浆的保水率（JGJ/T 98—2010）

| 砂浆种类 | 保水率 /% | 砂浆种类 | 保水率 /% |
|---|---|---|---|
| 水泥砂浆 | ≥ 80 | 预拌砂浆 | ≥ 88 |
| 水泥混合砂浆 | ≥ 84 | | |

## 二、砂浆的强度

注：砂浆等级越高，其强度越高，质量越好。

砂浆抗压强度是以标准立方体试件（70.7 mm×70.7 mm×70.7 mm），一组 6 块，在标准养护条件（温度 20±2 ℃、相对湿度为 90% 以上）下，测定其 28 d 的抗压强度值而定的。水泥混合砂浆的强度等级可分为 M15、M10、M7.5、M5.0；水泥砂浆及预拌砂浆的强度等级可分为 M30、M25、M20、M15、M10、M7.5、M5.0。

注：此外，砂浆强度还受砂、外加剂，掺入的混合材料以及砌筑和养护条件有关。砂中泥及其他杂质含量多时，砂浆强度也受影响。

影响砂浆强度的因素很多。实验证明，当原材料质量一定时，砂浆的强度主要取决于水泥强度等级和水泥用量。用水量对砂浆强度及其他性能的影响不大。砂浆的强度可用下式表示：

$$f_{\mathrm{m}}=\frac{\alpha f_{\mathrm{ce}}Q_{\mathrm{c}}}{1\,000}+\beta=\frac{\alpha K_{\mathrm{c}}f_{\mathrm{ce,k}}Q_{\mathrm{c}}}{1\,000}+\beta\qquad(4.2)$$

式中　$f_{\mathrm{m}}$——砂浆的抗压强度，MPa；

　　　$f_{\mathrm{ce}}$——水泥的实际强度，MPa；

　　　$Q_{\mathrm{c}}$——1 m³ 砂浆中的水泥用量，kg；

　　　$K_{\mathrm{c}}$——水泥强度等级的富余系数，按统计资料确定；

　　　$f_{\mathrm{ce,k}}$——水泥强度等级的标准值，MPa；

　　　$\alpha$、$\beta$——砂浆的特征系数，$\alpha=3.03$，$\beta=-15.09$。

## 三、砂浆的其他技术性能

**动画**

建筑砂浆强度测定

### 1. 黏结力

砂浆的黏结力是影响砌体结构抗剪强度、抗震性、抗裂性等的重要因素。为了提高砌体的整体性，保证砌体的强度，要求砂浆要和基体材料有足够的黏结力。随着砂浆抗压强度的提高，砂浆与基层的黏结力也有所提高。

2. 砂浆的变形性能

砂浆在硬化过程中、承受荷载或温度条件变化时均容易变形，变形过大会降低砌体的整体性，引起沉降和裂缝。在拌制砂浆时，如果砂过细、胶凝材料过多及用轻骨料拌制砂浆，会引起砂浆的较大收缩变形而开裂。有时，为了减少收缩，可以在砂浆中加入适量的膨胀剂。

3. 砂浆的耐久性

砂浆应具有良好的耐久性，为此，砂浆应与基底材料有良好的黏结力、较小的收缩变形。

有抗冻性要求的砌体工程，砌筑砂浆应进行冻融试验。砌筑砂浆的抗冻性应符合表 4-3 的规定，且当设计对抗冻性有明确要求时，尚应符合设计规定。

注：在充分湿润、干净、粗糙的基面，砂浆的黏结力较好。

表 4-3　砌筑砂浆的抗冻性（JGJ/T 98—2010）

| 使用条件 | 抗冻指标 | 质量损失率 /% | 强度损失率 /% |
|---|---|---|---|
| 夏热冬暖地区 | F15 | | |
| 夏热冬冷地区 | F25 | ≤ 5 | ≤ 25 |
| 寒冷地区 | F35 | | |
| 严寒地区 | F50 | | |

## 任务 3　砌筑砂浆配合比设计

| 任务导入 | 砌筑砂浆配合比设计是砌筑工程中很重要的一项工作，它直接影响到工程的顺利施工、质量和成本。本任务将学习砌筑砂浆的配合比设计。 |
|---|---|
| 任务目标 | 熟练掌握砌筑砂浆（水泥混合砂浆、水泥砂浆）的配合比设计方法。 |

对于砌筑砂浆，一般根据结构的部位确定强度等级，查阅有关资料和表格选定配合比，如表 4-4 所示。

表 4-4　砌筑砂浆参考配合比（质量比）

| 砂浆强度等级 | 水泥砂浆（水泥：砂） | 水泥混合砂浆 | |
|---|---|---|---|
| | | 水泥：石灰膏：砂 | 水泥：粉煤灰：砂 |
| M5.0 | 1：5 | 1：0.97：8.85 | 1：0.63：9.10 |
| M7.5 | 1：4.4 | 1：0.63：7.30 | 1：0.45：7.25 |
| M10 | 1：3.8 | 1：0.40：5.85 | 1：0.30：4.60 |

注：《砌筑砂浆配合比设计规程》（JGJ/T 98—2010）规定，砂浆的配合比以质量比表示。

但有时在工程量较大时，为了保证质量和降低造价，应进行配合比设计，并经试验调整确定。本书以计算法为例介绍砂浆的配合比设计。

一、砌筑砂浆配合比设计应满足的要求

（1）砂浆拌合物的和易性应满足施工要求，且拌合物的表观密度宜符合表 4-5 的规定。

表 4-5　砌筑砂浆拌合物的表观密度（JGJ/T 98—2010）　　　　　kg/m³

| 砂浆种类 | 水泥砂浆 | 水泥混合砂浆 | 预拌砂浆 |
|---|---|---|---|
| 表观密度 | ≥ 1 900 | ≥ 1 800 | ≥ 1 800 |

（2）砌筑砂浆的强度、表观密度、耐久性应满足设计要求。
（3）经济上要合理，水泥及掺合料的用量应较少。

二、砌筑砂浆配合比设计

1. 水泥混合砂浆配合比计算
（1）确定砂浆的试配强度 $f_{m,0}$：

$$f_{m,0} = kf_2 \tag{4.3}$$

式中　$f_{m,0}$——砂浆的试配强度，MPa，应精确至 0.1 MPa；

　　　$f_2$——砂浆强度等级值，MPa，应精确至 0.1 MPa；

　　　$k$——系数，按表 4-6 取值。

表 4-6　砂浆强度标准差 $\sigma$ 及 $k$ 值（JGJ/T 98—2010）

| 施工水平 | 强度标准差 $\sigma$/MPa | | | | | | | $k$ |
|---|---|---|---|---|---|---|---|---|
| | M5.0 | M7.5 | M10 | M15 | M20 | M25 | M30 | |
| 优良 | 1.00 | 1.50 | 2.00 | 3.00 | 4.00 | 5.00 | 6.00 | 1.15 |
| 一般 | 1.25 | 1.88 | 2.50 | 3.75 | 5.00 | 6.25 | 7.50 | 1.20 |
| 较差 | 1.50 | 2.25 | 3.00 | 4.50 | 6.00 | 7.50 | 9.00 | 1.25 |

砂浆现场强度标准差的确定应符合下列规定：
① 当有统计资料时，应按下式计算：

$$\sigma = \sqrt{\frac{\sum_{i=1}^{n} f_{m,i}^2 - n\mu_{fm}^2}{n-1}} \tag{4.4}$$

式中　$f_{m,i}$——统计周期内同一品种砂浆第 $i$ 组试件的强度，MPa；

　　　$\mu_{fm}$——统计周期内同一品种砂浆 $n$ 组试件强度的平均值，MPa；

　　　$n$——统计周期内同一品种砂浆试件的总组数，$n \geq 25$。

② 当无统计资料时，砂浆强度标准差可按表4-6取值。

（2）计算每立方米砂浆中的水泥用量。每立方米砂浆中的水泥用量 $Q_c$，应按下式计算：

$$Q_c = \frac{1\,000(f_{m,0} - \beta)}{\alpha f_{ce}} \tag{4.5}$$

式中  $Q_c$——每立方米砂浆的水泥用量，kg，应精确至 1 kg；

$f_{ce}$——水泥的实测强度，MPa，应精确至 0.1 MPa；

$\alpha$、$\beta$——砂浆的特征系数，其中 $\alpha$ 取 3.03，$\beta$ 取 −15.09。

在无法取得水泥的实测强度值时，可按下式计算：

$$f_{ce} = \gamma_c f_{ce,k} \tag{4.6}$$

式中  $f_{ce,k}$——水泥强度等级值，MPa；

$\gamma_c$——水泥强度等级值的富余系数，宜按实际统计资料确定；无统计资料时可取 1.0。

（3）计算每立方米砂浆中石灰膏用量

石灰膏用量应按下式计算：

$$Q_D = Q_A - Q_c \tag{4.7}$$

式中  $Q_D$——每立方米砂浆的石灰膏用量，kg，应精确至 1 kg，石灰膏使用时的稠度宜为 120 mm ± 5 mm；

$Q_c$——每立方米砂浆的水泥用量，kg，应精确至 1 kg；

$Q_A$——每立方米砂浆中水泥和石灰膏总量，应精确至 1 kg，可为 350 kg。

砌筑砂浆中的水泥和石灰膏、电石膏等材料的用量可按表4-7选用。

表 4-7  砌筑砂浆的材料用量（JGJ/T 98—2010）                       kg/m³

| 砂浆种类 | 水泥砂浆 | 水泥混合砂浆 | 预拌砂浆 |
|---|---|---|---|
| 材料用量 | ≥ 200 | ≥ 350 | ≥ 200 |

注：1. 水泥砂浆中的材料用量是指水泥用量。
2. 水泥混合砂浆中的材料用量是指水泥和石灰膏、电石膏的材料总量。
3. 预拌砂浆中的材料用量是指胶凝材料用量，包括水泥和替代水泥的粉煤灰等活性矿物掺合料。

为改善砂浆的工作性能，可在拌制砂浆中加入保水增稠材料，如外加剂等。

（4）确定每立方米砂浆砂用量。每立方米砂浆中的砂用量（$Q_s$），应按干燥状态（含水率小于 0.5%）的堆积密度值作为计算值（以 kg 计）。当含水率大于 0.5% 时，应考虑砂的含水率。

（5）确定每立方米砂浆用水量。每立方米砂浆中的用水量（$Q_w$），可根据砂浆稠度等要求选用 210～310 kg。

2. 水泥砂浆配合比选用

（1）水泥砂浆的材料用量可按表4-8选用

注：各地区也可用本地区试验资料确定 $\alpha$、$\beta$ 值，统计用的试验组数不得少于 30 组。

注：考虑到这类材料品种多，性能、掺量相差较大，因此掺量应根据不同厂家的说明书确定，性能必须符合规范要求，掺量应经试配后确定。

注：1. 混合砂浆中的用水量，不包括石灰膏中的水。2. 当采用细砂或粗砂时，用水量分别取上限或下限。3. 稠度小于 70 mm 时，用水量可小于下限。4. 施工现场气候炎热或干燥季节，可酌量增加用水量。

表 4-8　每立方米水泥砂浆材料用量（JGJ/T 98—2010）　　　kg/m³

| 强度等级 | 水泥 /kg | 砂 /kg | 水 /kg |
|---|---|---|---|
| M5 | 200~230 | 砂的堆积密度值 | 270~330 |
| M7.5 | 230~260 | | |
| M10 | 260~290 | | |
| M15 | 290~330 | 砂的堆积密度值 | 270~330 |
| M20 | 340~400 | | |
| M25 | 360~410 | | |
| M30 | 430~480 | | |

注：1. M15 及 M15 以下强度等级水泥砂浆，水泥强度等级为 32.5 级；M15 以上强度等级水泥砂浆，水泥强度等级为 42.5 级。

2. 当采用细砂或粗砂时，用水量分别取上限或下限。

3. 稠度小于 70 mm 时，用水量可小于下限。

4. 施工现场气候炎热或干燥季节，可酌量增加用水量。

5. 试配强度应按式（4.3）计算。

（2）水泥粉煤灰砂浆材料用量可按表 4-9 选用

表 4-9　每立方米水泥粉煤灰砂浆材料用量（JGJ/T 98—2010）

| 强度等级 | 水泥和粉煤灰总用量 /kg | 粉煤灰用量 /kg | 砂用量 /kg | 水用量 /kg |
|---|---|---|---|---|
| M5 | 210~240 | 粉煤灰掺量可占胶凝材料总量的 15%~25% | 砂的堆积密度值 | 270~330 |
| M7.5 | 240~270 | | | |
| M10 | 270~300 | | | |
| M15 | 300~330 | | | |

注：1. 表中水泥强度等级为 32.5 级。

2. 当采用细砂或粗砂时，用水量分别取上限或下限。

3. 稠度小于 70 mm 时，用水量可小于下限。

4. 施工现场气候炎热或干燥季节，可酌量增加用水量。

5. 试配强度应按式（4.3）计算。

演示文稿
《预拌砂浆》(GB/T 25181—2019)

砂浆中掺入粉煤灰后，其早期强度会有所降低，因此水泥与粉煤灰胶凝材料总量比表 4-8 中水泥用量略高。考虑到水泥中特别是 32.5 级水泥中会掺入较大量的混合材料，为保证砂浆耐久性，规定粉煤灰掺量不宜超过胶凝材料总量的 25%。当掺入矿渣粉等其他活性混合材时，可参照表 4-9 选用。

3. 预拌砌筑砂浆应满足的要求：

（1）因在运输过程中湿拌砂浆稠度会有所降低，为保证施工性能，生产时应对其损失有充分考虑。

（2）为保证不同的湿拌砂浆凝结时间的需要，应根据要求确定外加剂掺量。

（3）不同材料的需水量不同，因此，生产厂家应根据配制结果，明确干混砂浆的加水量范围，以保证其施工性能。

（4）预拌砂浆的搅拌、运输、储存等应符合现行国家标准《预拌砂浆》（GB/T 25181—2019）的规定。

（5）预拌砂浆性能应符合现行国家标准《预拌砂浆》（GB/T 25181—2019）的规定。

（6）预拌砂浆生产前应进行试配，试配强度应按式（4.3）计算确定，试配时稠度取 70~80 mm；

（7）预拌砂浆中可掺入保水增稠材料、外加剂等，掺量应经试配后确定。

4. 砌筑砂浆配合比试配、调整与确定

砌筑砂浆试配时应考虑工程实际要求，应采用机械搅拌。搅拌时间应自投料结束算起，并应符合下列规定：

① 对水泥砂浆和水泥混合砂浆，搅拌时间不得少于 120 s。

② 对预拌砂浆和掺有粉煤灰、外加剂、保水增稠材料等的砂浆，搅拌时间不得少于 180 s。

按计算或查表所得配合比进行试拌时，应按现行行业标准《建筑砂浆基本性能试验方法标准》（JGJ/T 70—2009）测定砌筑砂浆拌合物的稠度和保水率。当稠度和保水率不能满足要求时，应调整材料用量，直到符合要求为止，然后确定为试配时的砂浆基准配合比。

试配时至少应采用三个不同的配合比，其中一个配合比应为基准配合比，其余两个配合比的水泥用量应按基准配合比分别增加及减少 10%。在保证稠度、保水率合格的条件下，可将用水量、石灰膏、保水增稠材料或粉煤灰等活性掺合料用量相应调整。三组配合比分别制作试件，测定其 28 d 强度，由此确定符合试配强度并且满足和易性要求的同时水泥用量最低的配合比作为砂浆的试配配合比。

砂浆试配配合比尚应按下列步骤进行校正：

（1）应根据本砂浆试配配合比材料用量，按下式计算砂浆的理论表观密度值：

$$\rho_t = Q_c + Q_D + Q_s + Q_W \tag{4.8}$$

式中　$\rho_t$——砂浆的理论表观密度值，kg/m³，应精确至 10 kg/m³。

（2）应按下式计算砂浆配合比校正系数 $\delta$：

$$\delta = \frac{\rho_c}{\rho_t} \tag{4.9}$$

式中　$\rho_c$——砂浆的实测表观密度值，kg/m³，应精确至 10 kg/m³。

（3）当砂浆的实测表观密度值与理论表观密度值之差的绝对值不超过理论值的 2% 时，可将试配配合比确定为砂浆设计配合比；当超过 2% 时，应将试配配合比中每项材料用量均乘以校正系数 $\delta$ 后，确定为砂浆设计配合比。

砂浆配合比确定后，当原材料有变更时，其配合比必须重新进行试验确定。

### 三、砌筑砂浆配合比实例

【例 4-1】某工程需配置 M7.5、稠度为 70~100 mm 的砌筑砂浆，采用强度等级为 32.5 的普通水泥，实测强度 36.0 MPa，石灰膏的稠度为 120 mm，含水率为 1%

的砂的堆积密度为 1 450 kg/m³，施工水平优良。试确定该砂浆的配合比。

**解：**（1）确定砂浆的试配强度 $f_{m,0}$。查表 4-6 得 $k=1.15$，则

$$f_{m,0}=kf_2=1.15\times7.5\ \text{MPa}=8.6\ \text{MPa}$$

（2）计算水泥用量 $Q_c$。由 $\alpha=3.03$，$\beta=-15.09$ 得

$$Q_c=\frac{1\ 000(f_{m,0}-\beta)}{\alpha f_{ce}}=\frac{1\ 000\times(8.6+15.09)}{3.03\times36.0}\ \text{kg}=217\ \text{kg}$$

（3）计算石灰膏用量 $Q_D$。取 $Q_A=350\ \text{kg}$，则

$$Q_D=Q_A-Q_C=350\ \text{kg}-217\ \text{kg}=133\ \text{kg}$$

（4）确定砂子用量 $Q_s$：

$$Q_s=1\ 450\ \text{kg}\times(1+1\%)=1\ 465\ \text{kg}$$

（5）确定用水量 $Q_W$。可选取 300 kg，扣除砂中所含的水量，拌合用水量为

$$Q_W=300\ \text{kg}-1\ 450\ \text{kg}\times1\%=286\ \text{kg}$$

（6）和易性测定。按照上述计算所得材料拌制砂浆，进行和易性测定。测定结果为：稠度 70～90 mm，保水率＞80%；符合要求。得基准配合比为：

$$Q_c:Q_D:Q_s:Q_W=217:133:1\ 465:286$$

（7）强度测定。取三个不同的配合比分别配制砂浆，其中一个配合比为基准配合比，另外两个配合比的水泥用量分别为 217 kg×（1+10%）=239 kg 和 217 kg×（1-10%）=195 kg。测得第三个配合比（水泥用量＝195 kg）的砂浆保水性不符合要求，直接取消该配合比。另外基准配合比的强度值达不到试配强度的要求，取消该配合比。得试配配合比为：

$$Q_c:Q_D:Q_s:Q_W=239:133:1\ 465:286$$

（8）体积密度测定。符合试配强度及和易性要求的砂浆的理论体积密度为：

$$\rho_t=Q_c+Q_D+Q_s+Q_W=(239+133+1\ 465+286)\ \text{kg/m}^3=2\ 123\ \text{kg/m}^3$$

实测体积密度 $\rho_c=2\ 250\ \text{kg/m}^3$

比较：$\dfrac{2\ 250-2\ 123}{2\ 123}\times100\%=6\%>2\%$

计算砂浆配合比校正系数 $\delta$：

$$\delta=\frac{\rho_c}{\rho_t}=\frac{2\ 250}{2\ 123}=1.06$$

经强度检测后并经校正的砂浆设计配合比为

$$Q_c=239\ \text{kg}\times1.06=253\ \text{kg}；Q_D=133\ \text{kg}\times1.06=141\ \text{kg}$$
$$Q_s=1\ 465\ \text{kg}\times1.06=1\ 553\ \text{kg}；Q_W=286\ \text{kg}\times1.06=303\ \text{kg}$$

# 项目 2　抹面砂浆

注：在砂浆中加入其他不同的材料改变其性质。

抹面砂浆也称抹灰砂浆，用来涂抹在建筑物或建筑构件的表面，兼有保护基层和满足使用要求的作用。

　　抹面砂浆的组成材料与砌筑砂浆基本相同，但为了防止砂浆开裂，有时需加入一些纤维材料（如纸筋、麻刀、有机纤维等），如图 4-14、图 4-15 所示；为了强化某些功能，还需加入特殊骨料（如陶砂、膨胀珍珠岩等），如图 4-16、图 4-17 所示。

图 4-14　纸筋（防止开裂）

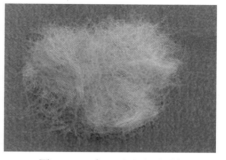

图 4-15　麻刀（防止开裂）

授课视频
抹面砂浆

图 4-16　陶粒（保温、隔声）

图 4-17　膨胀珍珠岩（保温、隔声）

图片资源
水泥砂浆地面

　　对抹面砂浆要求具有良好的和易性，容易抹成均匀平整的薄层，便于施工。还应有较高的黏结力，砂浆层应能与底面黏结牢固，长期不致开裂或脱落。处于潮湿环境或易受外力作用部位（如地面和墙裙等），还应具有较高的耐水性和强度。

　　根据抹面砂浆功能的不同，可将抹面砂浆分为普通抹面砂浆、装饰砂浆、防水砂浆和具有某些特殊功能的抹面砂浆（如绝热砂浆、吸声砂浆、耐酸砂浆和防辐射砂浆等）。

　　与砌筑砂浆相比，抹面砂浆具有以下特点：

　　（1）抹面层不承受荷载。

　　（2）抹面层与基底层要有足够的黏结强度，使其在施工中或长期自重和环境作用下不脱落、不开裂。

　　（3）抹面层多为薄层，并分层涂抹，面层要求平整、光洁、细致、美观。

　　（4）多用于干燥环境，大面积暴露在空气中。

## 任务 1 普通抹面砂浆

| 任务导入 | 普通抹面砂浆是建筑工程中用量最大的抹灰砂浆。本任务将学习普通抹面砂浆的基本概念和性质。 |
|---|---|
| 任务目标 | 掌握普通抹面砂浆的基本概念、功能、性质。 |

注：各层砂浆要求不同，所以每层所选用的砂浆也不一样。

微课扫一扫
内墙一般抹灰施工

注：对于不同基层进行抹灰施工时，选择的砂浆种类也有所不同。

普通抹面砂浆的功能主要是保护结构主体不受风雨及有害杂质的侵蚀，提高防潮、防腐蚀、抗风化性能，增加耐久性；同时可使建筑达到表面平整、清洁和美观的效果。

为了保证抹灰层表面平整，避免裂缝和脱落，常采用分层薄涂的方法，一般分为两层或三层进行施工，如图 4-18 所示。各层砂浆要求不同，因此每层所选用的砂浆也不一样。一般底层砂浆起黏结基层的作用，要求砂浆应具有良好的和易性和较高的黏结力，因此底面砂浆的保水性要好，否则水分易被基层材料吸收而影响砂浆的黏结力。基层表面粗糙些有利于与砂浆的黏结。中层抹灰主要是为了找平，有时可省略去不用。面层抹灰主要为了平整美观，因此选用细砂。

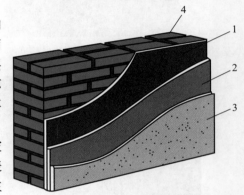

图 4-18　抹灰层的组成
1—底层；2—中层；3—面层；4—基层

用于砖墙的底层抹灰，多用石灰砂浆，有防水、防潮要求时常用水泥砂浆；用于板条墙或板条顶棚的底层抹灰多用混合砂浆或石灰砂浆；混凝土墙、梁、柱、顶板等底层抹灰多用水泥混合砂浆。中层抹灰常用水泥混合砂浆或石灰砂浆；面层抹灰常用水泥混合砂浆、麻刀石灰浆或纸筋石灰浆。

普通抹面砂浆的稠度和砂子粒径，根据抹灰层的不同而有不同的要求。可参考表 4-10。常用抹面砂浆配合比及应用范围可参考表 4-11。

表 4-10　不同抹灰层对抹灰砂浆稠度、细度、粒径的要求

| 抹灰砂浆层 | 稠度 /mm | 砂细度 | 最大粒径 /mm |
|---|---|---|---|
| 底层 | 100~120 | 中砂 | ≤ 2.6 |
| 中层 | 70~90 | 中砂 | ≤ 2.6 |
| 面层 | 70~80 | 细砂 | ≤ 1.2 |

表 4-11 常用抹面砂浆配合比及应用范围

| 抹面砂浆组成材料 | 配合比（体积比） | 应用范围 |
|---|---|---|
| 石灰：砂 | 1:2~1:3 | 砖石墙面层（干燥环境） |
| 水泥：石灰：砂 | 1:0.3:3~1:1:6 | 墙面混合砂浆打底 |
| 水泥：石灰：砂 | 1:0.5:1~1:1:4 | 混凝土顶棚混合砂浆打底 |
| 水泥：石灰：砂 | 1:0.5:4~1:3:9 | 板条顶棚抹灰 |
| 水泥：砂 | 1:2.5~1:3 | 浴室、勒脚等潮湿部位 |
| 水泥：砂 | 1:1.5~1:2 | 地面、外墙面散水等防水部位 |
| 水泥：砂 | 1:0.5~1:1 | 地面，可随时压光 |
| 水泥：石膏：砂：锯末 | 1:1:3:5 | 吸声粉刷 |
| 石灰膏：麻刀 | 100:2.5（质量比） | 木板条顶棚底层 |
| 石灰膏：麻刀 | 100:1.3（质量比） | 木板条顶棚面层 |
| 石灰膏：纸筋 | 100:3.8 | 木板条顶棚面层 |

注：抹面砂浆组成材料配合比不同，应用范围也不尽相同。

# 任务 2  装饰砂浆

| 任务导入 | 装饰砂浆是在抹面的同时，经各种加工处理而获得特殊的饰面形式，以满足审美需要的一种表面装饰砂浆。本任务将学习装饰砂浆的基本概念和分类。 |
|---|---|
| 任务目标 | 掌握装饰砂浆的概念、与普通抹面砂浆的异同，以及装饰砂浆根据施工方法和装饰效果的分类。 |

粉刷在建筑物内外表面，具有美化装饰、改善功能、保护建筑物的抹面砂浆称为装饰砂浆。

## 一、传统装饰砂浆

传统装饰砂浆施工时，底层和中层抹面砂浆与普通抹面砂浆基本相同。所不同的是装饰砂浆的面层，要求选用具有一定颜色的胶凝材料、骨料以及采用特殊的施工操作工艺，使表面呈现出不同的色彩、质地、花纹和图案等装饰效果。

传统装饰砂浆所采用的胶凝材料除普通水泥、矿渣水泥等外，还可以应用白水泥、彩色水泥，或在常用水泥中掺加耐碱矿物颜料，配制成彩色水泥砂浆。装饰砂浆采用的骨料除普通河砂外，还可以使用色彩鲜艳的花岗石、大理石等色石及细石渣，有时也采用玻璃或陶瓷碎粒。有时也可以加入少量云母碎片、玻璃碎料、长石、贝壳等使表面获得发光效果。

装饰砂浆饰面可分为两类：一类是通过彩色砂浆或彩色砂浆的表面形态的艺术加工，获得一定色彩、线条、纹理质感，达到装饰目的的饰面，称为"灰浆类饰面"；另一类是在水泥砂浆中掺入各种彩色的石渣作为骨料，制得水泥石渣浆抹于墙体基

图片资源
装饰抹灰骨料

注：根据当前国内建筑装饰装修的实际情况，国家标准也已删除了传统装饰抹灰工程的拉毛灰、洒毛灰和仿石等项目，它们的装饰效果可以由涂料涂饰以及新型装饰制品等所取代。

层表面，然后用水洗、斧剁、水磨等手段，除去表面水泥砂浆皮，露出石渣的颜色、质感的饰面，称为"石渣类饰面"。

1. 灰浆类砂浆饰面

（1）拉毛灰。拉毛灰是用铁抹子或木蟹将罩面灰轻压后，顺势轻轻拉起，形成一种凹凸质感较强的饰面层，如图 4-19 所示。拉毛灰兼具装饰和吸声作用，多用于外墙面及影剧院等，以及有吸声要求的室内墙壁和天棚的饰面。

图 4-19    拉毛灰（装饰、吸声）

（2）甩毛灰。甩毛灰是用竹丝刷等工具，将罩面灰浆甩洒在墙面上，形成大小不一但又很有规律的云朵状毛面。也有先在基层上刷水泥色浆，再甩上不同颜色的罩面灰浆，并用抹子轻轻压平，形成两种颜色的套色做法。这种传统的饰面做法装饰效果较好。

（3）搓毛灰。搓毛灰是在罩面灰浆初凝时，用硬木抹子由上至下搓出一条细而直的纹路，也可以沿水平方向搓出一条 L 形细纹路，当纹路明显搓出后即停。这种装饰方法工艺简单、造价低、效果朴实大方，远看犹如石材经过细加工的效果。

（4）扫毛灰。扫毛灰是用竹丝扫帚，把按设计组合分格的面层砂浆，扫出不同方向的条纹，或做成仿岩石的装饰抹灰。扫毛灰做成假石以代替天然石饰面，适用于影剧院、宾馆的内墙和庭院的外墙饰面。

2. 石渣类饰面

（1）水刷石。将按比例配制的水泥石渣浆用作外墙的面层抹灰，待水泥浆初凝后，用一定的方法冲刷掉石渣浆层表面的水泥浆皮，半露出石渣，从而达到装饰的作用，如图 4-20 所示。还可以结合适当的分格、分色、凹凸线条等处理，使饰面获得一定的艺术效果。

图 4-20    水刷石（装饰）

（2）斩假石（又称剁斧石）。它以水泥石渣浆做成面层抹灰，待其具有一定的强度时，用钝斧或凿子等工具，在面层上剁出纹理，可获得类似天然石材经雕琢后的纹理质感，如图 4-21 所示。主要用于外柱面、勒脚、栏杆、踏步等处的装饰。

图 4-21　斩假石（装饰）

（3）干粘石。是由水刷石演变而来的一种新装饰工艺，外观效果一样好。干粘石是在素水泥浆或聚合物水泥浆黏结层上，把石渣、彩色石子等骨料粘在其上，再拍平压实，即为干粘石，如图 4-22 所示。操作方法分手工甩粘和机械甩喷两种。得三个人合作：一人抹黏结层，一人撒石子，一人随即用抹子将石子均匀的拍入黏结层不小于石子尺寸的 1/2 深度。

图 4-22　干粘石（装饰）

（4）水磨石。水磨石是由水泥、彩色石渣及水，按适当比例配合，掺入适量颜料，经均匀、浇筑捣实、养护、硬化、表面打磨、洒草酸冲洗、干后上蜡等工序制成的，如图 4-23 所示。它既可以现场制作，也可工厂预制。水磨石多用于地面装饰，关键工序是打磨。施工前，应预先按设计要求的图案划线并固定好分格条，一般用磨石机需浇水打磨三遍。

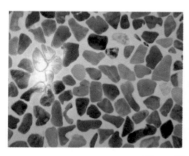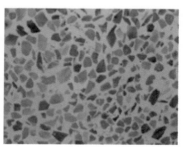

图 4-23　水磨石

## 二、新型装饰砂浆

新型装饰砂浆由胶凝材料、精细分级的石英砂、颜料、可再分散乳胶粉及各种聚合物添加剂配合而成。根据砂粒粗细、施工手法的变化可塑造出各种质感效果。

装饰砂浆在性能上具有很多特点，在国外，装饰砂浆已被证明是外墙外保温体系的最佳饰面材料。

彩色装饰砂浆是一种新型的无机粉末状装饰材料，在发达国家已广泛代替涂料和瓷砖应用于建筑物的内、外墙装饰。彩色装饰砂浆是以聚合物材料作为主要添加剂，配以优质矿物骨料、填料和天然矿物颜料精制而成。涂层厚度一般在 1.5~2.5 mm 之间，而普通乳胶漆漆面厚度仅为 0.1 mm，因此可获得极好的质感及立体装饰效果。

彩色饰面砂浆产品的特点：① 材质轻，减少了建筑物增加的重量。② 柔性好，适用于圆、柱体及弧形的造型。③ 形状、大小、颜色可按用户要求定制。④ 色彩古朴装饰性强。⑤ 施工简单、耐久性好，与基底有很强的黏结力。⑥ 防水、抗渗、透气、抗收缩。⑦ 无毒无味、绿色环保。

施工时，通过选择不同图形的模板、工具，施以拖、滚、刮、扭压、揉等不同手法，使墙面变化出压花、波纹、木纹等各式图案，艺术表现力强，可与自然环境、建筑风格和历史风貌更完美地融合，如图 4-24 所示。

注：彩色装饰砂浆是以聚合物材料作为主要添加剂，配以优质矿物骨料、填料和天然矿物颜料精制而成。

图片资源
彩色饰面砂浆

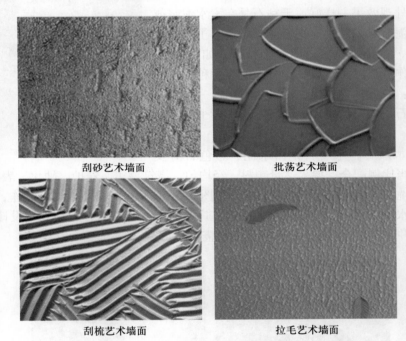

刮砂艺术墙面　　　　　　　批荡艺术墙面

刮梳艺术墙面　　　　　　　拉毛艺术墙面

图 4-24　新型装饰砂浆墙面

彩色饰面砂浆用于外保温体系，既有有机涂料色彩丰富、材质轻的特点，同时又有无机材料耐久性能好的优点。具有良好的透气性和憎水性，可形成带有呼吸功能的彩色外墙装饰体系，特别适用于对憎水透气要求较高的建筑物；原材料均是天然矿物材料，不含游离甲醛、苯等挥发性有机物，无毒、无味、绿色环保；具有良好的弹性及低收缩性，相当于在建筑物外表形成一弹性的防水隔热层，涂装后不会因天气冷热交替变化而产生开裂现象，并可承受墙体的细微裂缝；因其具备 1.5~2.5 mm 以上厚度的涂层，因此防水、防渗效果特别好，且抗压、抗撞，不掉块，具有特别的韧性。

以瓷砖装饰效果对比为例：该做法施工速度快，比贴瓷砖做法施工效率提高 100%，比传统的瓷砖做法价格低 50%，等同于优质涂料施工。此外由于装饰砂浆材质轻，可以减少建筑结构的负重，同时不会产生脱落，避免了出现瓷砖坠落砸伤事故。装饰砂浆具有整体性，不会产生缝隙，可以避免水渗入墙体结构，可以提高建筑结构寿命。

# 项目3　特　种　砂　浆

## 任务1　防　水　砂　浆

| 任务导入 | 现代建筑中为了防止雨水进入屋面，地下水渗入墙体、地下室及地下构筑物等而使用防水砂浆。本任务将学习防水砂浆的基本概念和种类。 |
| --- | --- |
| 任务目标 | 掌握防水砂浆的种类及使用范围。 |

用作防水层的砂浆称为防水砂浆，如图 4-25 所示。砂浆防水层又称刚性防水层，适用于不受振动和具有一定刚度的混凝土和砖石砌体的表面，对于变形较大或可能发生不均匀沉陷的建筑物，都不宜采用刚性防水。

防水砂浆主要有三种：

（1）水泥砂浆。水泥砂浆是由水泥、细骨料、掺合料和水制成的砂浆。普通水泥砂浆多层抹面可用作防水层。

图 4-25　防水砂浆

图片资源
水泥砂浆

图片资源
各类防水剂

（2）掺加防水剂的水泥砂浆。在普通水泥中掺入一定量的防水剂而制得的防水砂浆是目前应用最广泛的一种防水砂浆。常用的防水剂有硅酸钠类、金属皂类、氯化物金属盐及有机硅类等。

（3）膨胀水泥和无收缩水泥配制的砂浆。由于该种水泥具有微膨胀或补偿收缩性能，从而能提高砂浆的密实性和抗渗性。

防水砂浆的配合比一般采用水泥：砂 =1：（2.5～3），水灰比 0.5～0.55。水泥应采用 42.5 强度等级的普通硅酸盐水泥，砂子应采用级配良好的中砂。

防水砂浆对施工操作技术要求很高。配制防水砂浆应先将水泥和砂干拌均匀，再加入水和防水剂溶液搅拌均匀。施抹前，先在润湿清洁的底面上抹一层低水灰比的纯水泥浆（有时也用聚合物水泥浆），然后抹一层防水砂浆。在初凝前，用木抹子压实一遍，第二、三、四层都以同样的方法进行操作，最后一层要压光。每层厚度约为 5 mm，共粉刷 4～5 层，共 20～30 mm 厚。砂浆层施抹完毕后必须加强养护。

## 任务 2　保温砂浆

| 任务导入 | 保温砂浆是用于建（构）筑物表面保温层的一种建筑材料。本任务将学习保温砂浆的基本概念和种类。 |
|---|---|
| 任务目标 | 掌握保温砂浆的种类及使用范围。 |

**图片资源**
**外墙保温砂浆**
**应用**

保温砂浆是以各种轻质材料为骨料，以水泥为胶凝材料，掺和一些改性添加剂，经生产企业搅拌混合而制成的一种预拌干粉砂浆。主要用于建筑外墙保温，具有施工方便、耐久性好等优点。

常见的保温砂浆主要有无机保温砂浆（玻化微珠防火保温砂浆、复合硅酸盐保温砂浆、珍珠岩保温砂浆）、有机保温砂浆（胶粉聚苯颗粒保温砂浆）和相变保温砂浆。

### 1. 无机保温砂浆

无机保温砂浆（玻化微珠防火保温砂浆如图 4-26 所示，复合硅酸盐保温砂浆）是一种用于建筑物内外墙粉刷的新型保温节能砂浆材料，以无机玻化微珠（图 4-27）作为轻骨料，也可用闭孔膨胀珍珠岩代替，加由胶凝材料、抗裂添加剂及其他填充料等组成的干粉砂浆。无机保温砂浆材料保温系统系由纯无机材料制成，具有节能利废、保温隔热、防火防冻、耐老化、耐酸碱、耐腐蚀、不开裂、不脱落、稳定性高等特点，不存在老化问题，与建筑墙体同寿命；无毒、无味、无放射性污染，对环境和人体无害；同时其大量推广使用可以利用部分工业废渣及低品级建筑材料，具有良好的综合利用环境保护效益。主要用于屋面、墙体保温和热水、空调管道的保温层。

**图片资源**
**无机保温砂浆**

图 4-26　玻化微珠防火保温砂浆　　　　图 4-27　无机玻化微珠（轻骨料）

### 2. 有机保温砂浆

有机保温砂浆是一种用于建筑物内外墙的新型节能保温材料，以有机类的轻质保温颗粒作为轻骨料，加胶凝材料、聚合物添加剂及其他填充料等组成的聚合物干粉砂浆保温材料。

目前常用于保温工程中的有机保温砂浆是胶粉聚苯颗粒保温砂浆，其轻质骨料是聚苯颗粒，如图 4-28 所示，聚苯颗粒全称为膨胀聚苯乙烯泡沫颗粒，又称膨胀聚苯

颗粒。该材料导热系数低，保温隔热性能好，导热系数
≤ 0.060 W/（m·k）；抗压强度高，黏结力强，附着力强，
耐冻融，干燥收缩率及浸水线性变形率小，不易空鼓、
开裂；具有极佳的温度稳定性和化学稳定性；施工方便，
现场加水搅拌均匀即可施工。适用于多层、高层建筑的
钢筋混凝土结构、加气混凝土结构、砌块结构、烧结砖
和非烧结砖等外墙保温工程。

图 4-28　聚苯颗粒（轻骨料）

### 3. 相变保温砂浆

将已经过处理的相变材料掺入抹面砂浆中即制成相变保温砂浆。相变材料可以用
很小的体积储存很多的热能，而且在吸热的过程中保持温度基本不变。当环境温度升
高到相变温度以上时，砂浆内的相变材料会由固相向液相转变，吸收热量；把多余的
能量储存起来，使室温上升缓慢；当环境温度降低，降低到相变温度以下时，砂浆内
的相变材料会由液相向固相转变，释放出热量，保持室内温度适宜。因此可用作室内
的冬季保温和夏季制冷材料，令室内保持良好的热舒适度，通过这种方法可以降低建
筑耗能，从而实现建筑节能。相变砂浆的保温隔热原理是使墙体对温度产生热惰性，
长时间维持在一定的温度范围，不因环境温度的改变而改变。相变保温砂浆由于其蓄
热能力较高，制备工艺简单，越来越受到人们的关注。

## 任务 3　吸声砂浆

| 任务导入 | 人们对建筑隔声的、吸声的功能要求越来越高，吸声砂浆应运而生。本任务将学习吸声的砂浆的基本概念和特点。 |
| --- | --- |
| 任务目标 | 掌握吸声的砂浆的概念及使用范围。 |

　　吸声砂浆与保温砂浆类似，也是采用水泥等胶凝
材料和聚苯颗粒、膨胀珍珠岩、膨胀蛭石（图 4-29）、
陶粒砂等轻质骨料，按照一定比例配制的砂浆。由于
其骨料内部孔隙率大，因此吸声性能十分优良。吸声
砂浆还可以在砂浆中掺入锯末、玻璃纤维、矿物棉等
材料拌制而成。主要用于室内吸声墙面和顶面。

图 4-29　膨胀蛭石（轻骨料）

## 任务 4　耐酸砂浆

| 任务导入 | 为了提高建筑物的耐酸雨腐蚀性能，耐酸砂浆应运而生。本任务将学习耐酸砂浆的基本概念和特点。 |
| --- | --- |
| 任务目标 | 掌握耐酸砂浆的概念及使用范围。 |

　　以水玻璃与氟硅酸钠为胶凝材料，如图 4-30、图 4-31 所示，加入石英岩、花岗岩、铸石等耐酸粉料和细骨料拌制并硬化而成的砂浆称为耐酸砂浆。水玻璃硬化后具有很好的耐酸性能。耐酸砂浆可用于耐酸地面、耐酸容器基座及与酸接触的结构部位。在某些有酸雨腐蚀的地区，建筑物的外墙装饰，也可应用耐酸砂浆，以提高建筑物的耐酸雨腐蚀作用。

图片资源
各类耐酸粉料

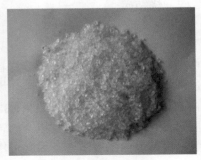

图 4-30　水玻璃　　　　　　　　　　图 4-31　氟硅酸钠

## 任务 5　防射线砂浆

| | |
|---|---|
| 任务导入 | 　　随着原子能工业和放射性元素提炼技术的发展以及放射性元素在医疗领域的应用，为防止射线对人体的伤害，在与放射性有关的建筑物必须设置防护体。本任务将学习防射线砂浆的基本概念和特点。 |
| 任务目标 | 　　掌握放射线砂浆的概念及使用范围。 |

　　在水泥砂浆中掺入重晶石粉（图 4-32）、重晶石砂，可配制有防 X 射线和 $\gamma$ 射线能力的砂浆。其配合比约为水泥∶重晶石粉∶重晶石砂 =1∶0.25∶4~5。如在水泥中掺入硼砂（图 4-33）、硼化物等可配制具有防中子射线的砂浆。厚重、气密、不宜开裂的砂浆也可阻止地基中土壤或岩石里的氡向室内的迁移或流动。

图 4-32　重晶石粉　　　　　　　　　　图 4-33　硼砂

本学习情境主要内容包括混凝土基本组成、分类、用途、技术性能及其应用等。通过本学习情境的学习，应掌握混凝土的基本分类及其选用原则，了解影响混凝土性质的基本因素。本学习情境的教学重点包括混凝土的技术性质，影响混凝土性质的因素。教学难点包括混凝土性质的测定和混凝土性能操作试验。

# 项目 1　混凝土的分类、组成

## 任务 1　混凝土的分类

| 任务导入 | 现代建筑最常用的建筑材料即为混凝土，混凝土已经是必不可缺的建筑材料之一。本任务将学习混凝土的基本概念和分类。 |
| --- | --- |
| 任务目标 | 掌握普通混凝土的基本概念、组成材料，混凝土的种类及其应用范围。 |

### 一、混凝土的概念

混凝土是由胶凝材料、颗粒状的粗细骨料和水（必要时掺入一定数量的外加剂和矿物混合材料）按适当比例配制，经均匀搅拌、密实成型，并经过硬化后制成的一种人造石材。土木建筑工程中，应用最广的是以水泥为胶凝材料，以砂、碎石为骨料，加水拌制成混合物，经一定时间凝结硬化而成的普通混凝土，如图 5-1 所示。

动画扫一扫
混凝土的制备

微课扫一扫
混凝土的组成

图 5-1　混凝土的组成

## 二、混凝土的优点和缺点

演示文稿
混凝土的优缺点

优点：

（1）原材料丰富，成本低。混凝土中 80% 以上是砂、石子，资源十分丰富。

（2）具有良好的可塑性。利用模板可以制成任何形状、尺寸的构件。

（3）高强度。常用混凝土的抗压强度为 20～55 MPa，高的可达 80 MPa 以上。

（4）良好的耐久性。有抗冻、抗渗、抗风化、抗腐蚀等性能，比钢材、木材更耐久。

缺点：

自重大，难以单独作为大跨度结构的结构材料；脆性材料，需要钢筋来补充塑性。

## 三、分类

**1. 按照所用胶凝材料的不同分类**

无机胶凝材料混凝土：如水泥混凝土、水玻璃混凝土。

有机胶凝材料混凝土：如沥青混凝土、聚合物混凝土。

**2. 按照表观密度的不同分类**

重混凝土（可防 X 射线、$\gamma$ 射线，图 5-2）：$\rho_0 > 2\,500\ \text{kg/m}^3$；

普通混凝土（图 5-3）：$\rho_0 = 1\,950～2\,500\ \text{kg/m}^3$；

轻质混凝土（图 5-4）：$\rho_0 < 1\,950\ \text{kg/m}^3$；

多孔混凝土（图 5-5）：$\rho_0 = 300～1\,200\ \text{kg/m}^3$。

注：在混凝土中加入其他胶凝材料可改变其性质

注：混凝土中添加的辅料不同，导致相对密度不同，使用范围也不同。

注：不同密度的混凝土，在核设施（阻隔射线），民用建筑（承重），轻质隔墙（分隔）上的应用。

图 5-2  重混凝土施工（核设施）

图 5-3  普通混凝土（民用建筑）

图片资源
各种混凝土

图 5-4  轻质混凝土（轻质隔墙）

图 5-5  多孔混凝土（特殊要求）

轻质混凝土通常是用机械方法将泡沫剂水溶液制备成泡沫，再将泡沫加入到含硅质材料、钙质材料、水及各种外加剂等组成的料浆中，经混合搅拌、浇注成型、养护而成的一种多孔材料。

重混凝土指采用重晶石、铁矿石、钢屑等作为骨料和锶水泥、钡水泥共同配置具有防辐射性能的混凝土，它们具有阻隔 X 射线和 γ 射线的性能，主要作为核工程的屏蔽结构材料。

**3. 按照性质和用途不同分类**

耐酸混凝土：在酸性介质作用下具有抗腐蚀能力的混凝土，广泛用于化学工业的防酸槽、电镀槽等。

耐热混凝土：指在 200~1 300 ℃高温长期作用下，仍能保持其物理、力学性能和良好的耐急冷急热性，且高温下干缩变形小的混凝土。

防水混凝土：是以调整混凝土的配合比、掺外加剂或者新品种水泥等方法提高自身的密实性、憎水性和抗渗性，使其满足抗渗压力大于 0.6 MPa 的不透水性混凝土。

防射线混凝土：采用磁铁矿石、褐铁矿石或重晶石作为粗细骨料，同时引入充分数量的结晶水和含硼、锂等轻元素的化合物及其掺合料的混凝土。

**4. 按施工方法分类**

现浇混凝土（图 5-6）：在施工现场支模浇注的混凝土。

预制混凝土（图 5-7）：根据设计要求在预制厂预制混凝土构件，然后运到工地直接进行拼接。

泵送混凝土（图 5-8）：可用混凝土泵通过管道输送的混凝土。

喷射混凝土（图 5-9）：利用压缩空气，将按一定比例配合的混凝土拌合料通过管道输送并高速喷射到受喷面上凝结硬化，从而形成混凝土支护层。

图 5-6　现浇混凝土（楼板）

图 5-7　预制混凝土（预制桩）

图 5-8　泵送混凝土（泵机）

图 5-9　喷射混凝土（基坑支护）

## 任务 2　普通混凝土的组成

| 任务导入 | 在上一任务了解混凝土的基本概念和分类之后，本任务将学习混凝土的组成，进一步了解混凝土组成及其组成材料的特性。 |
| --- | --- |
| 任务目标 | 掌握普通混凝土组成材料的品种、技术要求及选用；熟练掌握各种组成材料各项性质的要求，测定方法及对混凝土性能的影响。 |

### 混凝土的组成

　　水、水泥、砂（细骨料）、石子（粗骨料）是普通混凝土的 4 种基本组成材料。水和水泥形成水泥浆，在混凝土中赋予混凝土拌合物以流动性；黏结粗、细骨料形成整体；填充骨料的间隙，提高密实度。砂和石子构成混凝土的骨架，有效抵抗水泥浆的干缩；砂石颗粒逐级填充，形成理想的密实状态，节约水泥浆的用量。混凝土的结构如图 5-10 所示。

　　混凝土中各组成成分的作用如下：

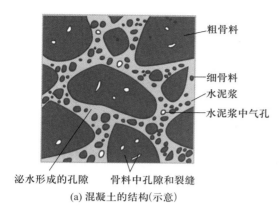

（a）混凝土的结构（示意）　　　　　（b）混凝土的结构（实拍）

图 5-10　混凝土的结构

### 1. 水泥

包裹骨料表面并填满骨料间的空隙，作为骨料之间的润滑材料，使混凝土的拌合物具有流动性，并借助于水泥浆的凝结、硬化将粗、细骨料胶结成整体。

（1）水泥品种选用依据。水泥的品种应根据工程的特点和所处的环境气候条件，特别是应针对工程竣工后可能遇到的环境影响因素进行分析，并考虑当地水泥的供应情况做出选择。

（2）水泥强度等级选择。水泥强度等级选择是指水泥强度等级和混凝土设计强度等级的关系。若水泥强度过高，水泥的用量就会偏少，从而影响混凝土拌合物的工作性。反之，若水泥强度过低，则可能影响混凝土的最终强度。若必须采用高强度等级水泥来配制低强度等级混凝土时，将出现水泥用量偏少的现象，这无疑会影响到混凝土的和易性及密实度。此时，可以采取加入适量的外掺料的方法进行调节，如掺入高炉水淬矿渣粉或工业废料粉煤灰等，以补充水泥用量的不足。根据经验，一般情况下水泥强度等级应为混凝土设计强度等级的 1.5~2 倍。对于较高强度等级的混凝土，应为混凝土强度等级的 0.9~1.5 倍。

> 注：情境四对水泥做过详细介绍，水泥的选用直接影响混凝土的性质。

### 2. 细骨料（砂子）

粒径在 0.16~5 mm 之间的骨料称为砂。砂可以分为天然砂和人工砂两类。天然砂是由岩石风化而成，按照产源天然砂可以分为河砂、海砂和山砂、湖砂。河砂、湖砂的洁净度较好，配制混凝土时多采用河砂。

（1）砂中有害杂质应控制：

① 砂中有害杂质的种类。砂中有害杂质包括黏土、淤泥、云母、硫化物和硫酸盐及轻物质等。

② 各种有害杂质的危害。山砂风化严重，含泥较多，有机杂质较多，会影响混凝土的强度。海砂含贝壳等杂质，并且含有氯（硫）酸盐、镁盐等会导致钢筋锈蚀，降低混凝土的强度和耐久性。

> 注：砂子的选择直接影响混凝土的强度和耐久性等性质。

（2）颗粒级配与粗细程度。为了保证配制出来的混凝土有较好的和易性、密实度好、强度高，并能做到节约水泥，应选用颗粒级配好、粗细程度适当的骨料。对于细骨料砂子来说，希望选用的砂子的空隙率小，总表面面积也小。

① 颗粒级配概念：颗粒级配是指砂中大小不同粒径互相搭配的比例状况（图 5-11）。如图 5-11c 中具有三种以上的粒径，则空隙率最小，级配合理。

(a) 单一粒径砂　　　　(b) 两种粒径砂　　　　(c) 多种粒径砂

图 5-11　骨料颗粒级配（示意图）

② 颗粒级配测定方法：筛分析法。筛分析法是将烘干到恒重的 500 g 砂样，放到一套标准筛上，标准筛采用方孔筛，其公称直径分别为 5 mm、2.5 mm、1.25 mm、0.63 mm、0.315 mm、0.16 mm（方孔筛边长分别为 4.75 mm、2.36 mm、1.18 mm、0.6 mm、0.3 mm、0.15 mm）。过筛后分别计算出各号筛上的分计筛余百分率（$a_1$、$a_2$、$a_3$、$a_4$、$a_5$、$a_6$）和累计筛余百分率（$A_1$、$A_2$、$A_3$、$A_4$、$A_5$、$A_6$），它们之间的关系见表 5-1。

表 5-1　累计筛余与分计筛余的关系

| 筛孔尺寸 /mm | 分计筛余 /% | 累计筛余 /% |
| --- | --- | --- |
| 5.00 | $a_1$ | $A_1 = a_1$ |
| 2.50 | $a_2$ | $A_2 = a_1 + a_2$ |
| 1.25 | $a_3$ | $A_3 = a_1 + a_2 + a_3$ |
| 0.63 | $a_4$ | $A_4 = a_1 + a_2 + a_3 + a_4$ |
| 0.315 | $a_5$ | $A_5 = a_1 + a_2 + a_3 + a_4 + a_5$ |
| 0.16 | $a_6$ | $A_6 = a_1 + a_2 + a_3 + a_4 + a_5 + a_6$ |

筛分试验装置如图 5-12 所示。

视频扫一扫
砂的筛分试验

(a) 筛分试验(器具)　　　　(b) 筛分试验(装砂后)

图 5-12　筛分试验

③ 颗粒级配表示方法。级配曲线国标中，将混凝土用砂的级配分为三个级配区（图 5-13）。级配较好的砂，级配曲线应处于同一区内。Ⅰ区砂较粗，Ⅲ区砂偏细，Ⅱ区砂粗细适中，配置混凝土时，应优先选用Ⅱ区砂。

④ 粗细程度概念：是指不同粒径的砂粒混合在一起总体的粗细程度。

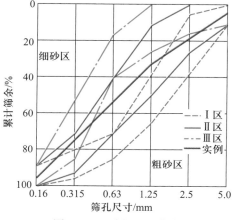

图 5-13 砂的级配曲线

砂的粗细影响着混凝土的性能。相同用量的砂，细砂的总表面积大，拌制混凝土时，需要用较多的水泥浆去包裹，而粗砂则可以节省水泥。过细的砂，不仅多耗用水泥，而且混凝土的强度还要降低；过粗的砂，会使混凝土拌合物的和易性变差，同时，还会增加砂子的空隙率，同样影响混凝土的强度。因此，砂的粗细程度应与颗粒级配同时考虑。

⑤ 粗细程度表示方法：细度模数：

$$M_x = \frac{(A_2 + A_3 + A_4 + A_5 + A_6) - 5A_1}{100 - A_1}$$

式中 分子部分为标准套筛各筛上的累计筛余百分率的和，分母部分为标准套筛各筛上分计筛余百分率的和去掉 5 mm 筛孔尺寸筛上的石子数。（注意，当分母中采用 100 时，则累计筛余百分率均采用分子部分；当分母中采用 1 时，则累计筛余百分率均采用百分数。）

粗 砂：$M_x = 3.7 \sim 3.1$；中 砂：$M_x = 3.0 \sim 2.3$；细 砂：$M_x = 2.2 \sim 1.6$；特 细 砂：$M_x = 1.5 \sim 0.7$。

国标规定：中砂粗细适当，级配最好，拌制混凝土时最好选用中砂。

3. 石子（粗骨料）

（1）分类：

$$石子 \begin{cases} 卵石 \begin{cases} 天然卵石（河卵石、海卵石、山卵石） \\ 人工卵石 \end{cases} \\ 碎石 \end{cases}$$

（2）配制混凝土所用石子的技术要求

① 洁净度。石子的洁净度要求指对其含泥量、硫化物、硫酸盐及有机物质含量的控制。

② 颗粒级配。分连续级配、间断级配。

a. 连续级配。是指颗粒的尺寸由小到大连续分级（4.75 mm~$D_{max}$），其中每一级石子都占适当的比例，这种级配的石子适合配制普通塑性混凝土或大流动性的泵送混凝土。

注：石子用机碎石，为的是增加水泥砂浆的附着力

b. 间断级配。是指省去一级或几级中间粒级的石子级配,由于颗粒相差较大,混凝土拌合物容易产生分层、离析现象,因此这种级配的石子适用于配制机械振捣流动性低的半干硬或干硬性混凝土。

一般在混凝土配合比设计中,应优先选用连续级配;一般不宜选用"单一"的单粒级来设计混凝土。

c. 测定方法:筛分析法。标准筛的孔径为 2.36 mm、4.75 mm、9.50 mm、16.0 mm、19.0 mm、26.5 mm、31.5 mm、37.5 mm、53.0 mm、63.0 mm、75 mm、90 mm,共 12 个筛子。

拓展资源
普通混凝土用砂石质量及检验方法标准(JGJ 52—2006)

石子最大粒径选择的基本原则:

• 从结构上考虑。石子的最大粒径应该考虑建筑构件的尺寸以及配筋的疏密。最大粒径 $D_{max}$ 不得超过结构截面最小尺寸的 1/4,且不得大于钢筋最小净距的 3/4;对混凝土实心板,石子的最大粒径 $D_{max}$ 不宜超过板厚的 1/3,且最大不得超过 40 mm。

• 从施工上考虑。从施工上,对最大粒径也有相应的限制,当最大粒径过粗时,不利于混凝土拌合物的振捣、搅拌和运输。

• 从经济上考虑。当 $D_{max}$ 增大时,水泥用量减少,当 $D_{max} > 150$ mm 时,节约水泥的效果不明显,所以最大粒径不宜超过 150 mm。

4. 混凝土用水

注:混凝土用水会对混凝土性质造成比较大的影响。

(1)工程上拌制和养护混凝土所用水中不得含有影响水泥正常凝结、硬化的有害物质。只有饮用水(自来水)、地表水、地下水以及经适当处理或处置后的工业废水适合用于拌制和养护混凝土。未经处理的生活污水、工业废水、海水等,都不准用来拌制混凝土。

(2)对于缺乏淡水地区,素混凝土允许用海水拌制,但应加强强度期龄检验,使其符合设计要求。由于海水对钢筋有锈蚀作用,故钢筋混凝土、预应力混凝土、饰面要求较高的混凝土不得用海水拌制。

拓展资源
混凝土用水标准(JGJ 63—2006)

(3)地表水、地下水在使用前,应按照《混凝土用水标准》(JGJ 63—2006)进行检验。用待检验水配制的水泥砂浆或混凝土的 28 d 龄期强度不得低于用蒸馏水(或符合国家标准的生活饮用水)拌制的相应砂浆或混凝土强度的 90%。

混凝土拌合水应符合表 5-2 的规定。

表 5-2    混凝土用水中的物质含量限值(JGJ 63—2006)

| 项目 | 预应力混凝土 | 钢筋混凝土 | 素混凝土 |
|---|---|---|---|
| pH 值 | ≥ 5.0 | ≥ 4.5 | ≥ 4.5 |
| 不溶物 /(mg/L) | ≤ 2 000 | ≤ 2 000 | ≤ 5 000 |
| 可溶物 /(mg/L) | ≤ 2 000 | ≤ 5 000 | ≤ 10 000 |
| 氯化物(以 Cl⁻ 计)/(mg/L) | ≤ 500 | ≤ 1 200 | ≤ 3 500 |
| 硫酸盐(以 $SO_4^{2-}$ 计)/(mg/L) | ≤ 600 | ≤ 2 700 | ≤ 2 700 |

5. 混凝土外加剂

混凝土外加剂是在拌制混凝土过程中掺入，用以改善混凝土性能的物质。外加剂掺量一般不大于水泥质量的 5%（特殊情况除外），已成为混凝土尤其是高性能混凝土和特种混凝土不可少的重要组成部分。

外加剂的主要作用有改善混凝土拌合物的和易性；调节凝结硬化时间；控制强度；提高耐久性。

外加剂分类如下：

（1）改善混凝土拌合物流变性能的外加剂

① 减水剂：是指在混凝土拌合物坍落度相同的条件下，能减少拌合用水量的外加剂。混凝土掺入减水剂后，在配合比不变情况下，能明显提高混凝土拌合物的流动性；在流动性和水泥用量不变时，可减少用水量，提高混凝土强度；若减水时，在保持流动性和强度不变的情况下，可减少水泥用量，降低成本。

a. 减水机理。水泥加水拌和后，水泥颗粒间会相互吸引，在水中形成许多絮状物（图 5-14a），在絮状结构中，包裹了许多拌合水，称为凝聚水，使这些水起不到增加拌合物流动性的作用。当加入减水剂后，减水剂可以拆散这些絮状结构，把包裹的凝聚水释放为自由水（图 5-14b），从而提高了拌合物的流动性。这时，如果需要保持原混凝土的和易性不变，则可显著减少拌合水，起到减水作用。

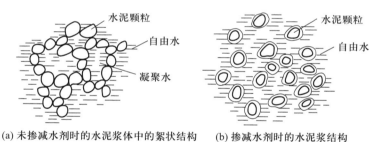

（a）未掺减水剂时的水泥浆体中的絮状结构　　（b）掺减水剂时的水泥浆结构

图 5-14　水泥浆结构

b. 品种。目前，国产减水剂的品种，按照加入混凝土后的作用，可以分为普通型（减水率在 5%~10%）、高效型（减水率大于 12%）、早强型、引气型、缓凝型等。常用的减水剂有木质素磺酸钙减水剂（由生产纸浆的木质废液经中和发酵、脱糖、浓缩、喷雾干燥而成的棕黄色粉末，简称木钙）、萘系高效减水剂（有工业萘或煤焦油中的萘等成分，经磺化、缩合而成）、三聚氰胺高效减水剂、聚羧酸系高效减水剂、氨基磺酸系高效减水剂、糖钙以及腐殖酸盐减水剂等。

c. 减水剂的技术经济效果（注意：加入减水剂后，所加水量全可以参加水化反应，无凝聚水）：

● 在保持和易性不变，也不减少水泥用量时，可减少拌合水量 5%~25% 或更多。由于减少了拌合水量，使水灰比减小，则可使强度提高 15%~20%，特别是早期强度提高更为显著。

● 在保持原配合比不变的情况下，可使拌合物的坍落度大幅度提高（可增大

拓展资源
混凝土外加剂应用技术规范（GB 50119—2013）

100~200 mm），故便于施工，也可满足泵送混凝土的施工要求。

• 若保持强度及和易性不变，可以节约水泥 10%~20%；

• 由于拌合水量的减少，拌合物的泌水、离析现象得到改善，可以提高混凝土的抗渗性、抗冻性，因此提高了混凝土的耐久性。

② 引气剂：指在混凝土搅拌过程中，能引入大量分布均匀、稳定而封闭的微小气泡的外加剂。

a. 工作机理。引气剂的掺入使混凝土拌合物内形成大量微小气泡，相对增加了水泥浆体积，这些微气泡又如同滚珠一样，减少骨料颗粒间的摩擦阻力，使混凝土拌合物的流动性增加。由于水分均匀分布在大量气泡的表面，使混凝土拌合物中能够自由移动的水量减少，拌合物的泌水量因此减少，而保水性和黏聚性的提高，可改善混凝土拌合物的和易性。另外混凝土拌合物中大量微气泡的存在，堵塞或隔断了混凝土中毛细管渗水通道，改变了混凝土的孔隙结构，使混凝土抗渗性显著提高。此外，气泡有较大的弹性和变形能力，对由水结冰所产生的膨胀应力有一定的缓冲作用，因而可以提高混凝土的抗冻性。

b. 引气剂作用。引气剂是一种憎水性表面活性剂，在混凝土中发挥起泡、分散、润湿等表面活性作用，使混凝土内形成无数直径在 0.05~1.25 mm 之间的气泡，由于这些气泡的存在，在拌和时，使流动性增大，可以显著改善拌合物的和易性。另外，这些气泡改善了凝固后的混凝土结构特征（微小、封闭、均匀），对于硬化过程中自由水的蒸发路径起到阻隔作用，使得混凝土的抗渗等级提高 1 倍左右。同时，这些气泡还能在混凝土受到冷热、干湿、冻融交替作用时，对于所导致的体积变化和内部应力变化有所缓冲，因此使得混凝土的抗冻性显著提高。

c. 引气剂分为松香类引气剂、合成阴离子表面活性类引气剂、木质素磺酸盐类引气剂、石油磺酸盐类引气剂、蛋白质盐类引气剂、脂肪酸和树脂及其盐类引气剂、合成非离子表面活性引气剂等。

（2）调节混凝土凝结时间、硬化性能的外加剂

缓凝剂：我国应用较多的有木质素磺酸钙和糖蜜。

速凝剂：我国应用较多的有红星一型、国产 711。

早强剂：我国应用较多的有 NaCl 等。

（3）改善混凝土耐久性的外加剂

加气剂：如铝粉等。

防水剂：指具有防水功能的外加剂。

阻锈剂：指能减少混凝土中钢筋的锈蚀的外加剂。

（4）第四类外加剂：改善混凝土其他性能的外加剂

膨胀剂：能使混凝土产生补偿收缩或微膨胀。

防冻剂：能使混凝土在低温下免受冻害。

使用外加剂应注意的事项：外加剂品种的选择要正确；掺量的选择要适当；溶解于水的、不溶解于水的外加剂要采用不同掺入方法。

# 项目 2　混凝土的技术性质

混凝土的各组成材料按一定比例配合，经搅拌均匀后、未凝结硬化之前，称为混凝土拌合物，也称新拌混凝土。凝结硬化后的混凝土拌合物称为混凝土。为了满足工程施工和结构功能的要求，获得质量均匀、成型密实的混凝土，混凝土拌合物必须具有与施工条件相适应的和易性，混凝土必须满足设计要求的强度等级和与工程环境相适应的耐久性。

微课扫一扫
混凝土技术性质

## 任务 1　混凝土拌合物的和易性

| 任务导入 | 上一项目介绍了混凝土的分类和组成，本任务将学习混凝土拌合物的相关性质，从而更深入地了解混凝土的特性。 |
|---|---|
| 任务目标 | 掌握普通混凝土拌合物的概念及力学性质，熟练掌握这些性质的试验测定方法。 |

### 1. 和易性概念

混凝土拌合物的和易性又称为混凝土的工作性，是指混凝土在搅拌、运输、浇筑等过程中易于操作，并能保持均匀不发生离析的性能。同时和易性是混凝土在施工操作时所表现出的一种综合性能，包括流动性、黏聚性、保水性三个方面的性能。

**演示文稿**
混凝土拌合物的和易性

（1）流动性。是指混凝土拌合物在本身自重或施工机械振捣作用下，产生流动，并均匀密实填满模板的性能，其评定指标为坍落度。

流动性的好坏反映着拌合物稠度的大小，常以"坍落度"作为流动性的评定指标。坍落度大，流动性好，浇模时易于操作，浇模后容易捣实、成型，混凝土构件不易出现"蜂窝""麻面"等影响构件质量的缺陷。

（2）黏聚性。是指混凝土拌合物中水泥浆与骨料间的黏结状况。

黏结状况好，混凝土拌合物在运输、浇筑过程中不易产生分层、离析的现象，从而可以保持拌合物的整体均匀。

（3）保水性。是指混凝土拌合物具有的保持一定水分的能力，在施工过程中不致产生较严重的泌水现象。

保水性差的混凝土拌合物，使混凝土凝结、硬化前内部发生沉降，密度大的骨料下沉，砂粒、水泥浆上浮，部分水分泌出，造成混凝土硬化后上部疏松，构件整体强度不均匀；保水性差的混凝土拌合物在泌水过程中形成泌水通道，降低了混凝土的抗渗性，从而也降低了混凝土的耐久性。

### 2. 和易性的测定与选择

通常是以测定拌合物的流动性来评定和易性，而黏聚性和保水性主要通过观察的方法进行评定。

（1）坍落度法

① 流动性的测定。将混凝土拌合物按规定的试验方法装入标准的圆锥形筒（坍落度筒）内，均匀捣平后，再将筒垂直向上快速（5~10 s）提起，测量筒高与坍落后的混凝土试件最高点之间的高度差，即为该混凝土拌合物的坍落度值（以 mm 为单位，精确到 5 mm），通常用 $T$ 表示，如图 5-15、图 5-16 所示。坍落度反映的是混凝土拌合物流动性的好坏。

视频扫一扫
混凝土坍落度
试验

图 5-15    坍落度筒                    图 5-16    坍落度试验（测量 $T$ 值）

② 黏聚性和保水性的观察。混凝土拌合物的流动性通过坍落度法测定以后，再观察混凝土拌合物的黏聚性和保水性，以判断其和易性。黏聚性的观察方法：将捣棒在已坍落的混凝土锥体侧面轻轻敲打，如果混凝土锥体逐渐下降，表示黏聚性良好，如果锥体倒塌或崩裂，说明黏聚性不好。保水性观察办法：若提起坍落度筒后发现较多浆体从筒底流出，说明保水性不好，如图 5-17 所示。

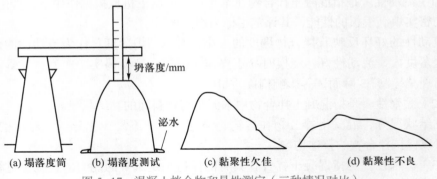

(a) 塌落度筒        (b) 塌落度测试        (c) 黏聚性欠佳        (d) 黏聚性不良

图 5-17    混凝土拌合物和易性测定（三种情况对比）

根据坍落度的大小，混凝土分为表 5-3 所示类别。

表 5-3    混凝土按坍落度分类表

| 坍落度 /mm | 混凝土类别 | 坍落度 /mm | 混凝土类别 |
| --- | --- | --- | --- |
| ≥ 160 | 大流动性混凝土 | 10~90 | 塑性混凝土 |
| 100~150 | 流动性混凝土 | <10 | 干硬性混凝土 |

坦落度法测定流动性只适用于骨料最大粒径小于等于 40 mm、坦落度值大于等于 10 mm 的混凝土拌合物。对于干硬性混凝土，坦落度法已经不能反映其流动性大小。

（2）维勃稠度法

维勃稠法是将混凝土拌合物装入坦落度筒内，按一定方式捣实刮平后，将坦落度筒垂直向上提起，把透明圆盘转到混凝土圆台体顶面，开启振动台，并同时用秒表计时。当振动到圆盘底面布满水泥浆的瞬间停表计时，所读秒数即为该混凝土拌合物的维勃稠度值。此方法适用于骨料最大粒径不超过 40 mm、维勃稠度在 5~30 s 之间混凝土拌合物的稠度测定。维勃稠度仪测定试验如图 5-18 所示。

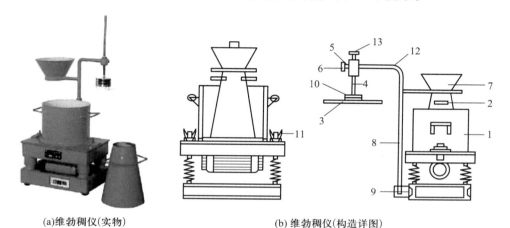

(a)维勃稠仪(实物)　　　　　　　(b)维勃稠仪(构造详图)

图 5-18　维勃稠度法

1—容器；2—坦落度筒；3—圆盘；4—滑棒；5—套筒；6、13—螺栓；7—漏斗；
8—支柱；9—定位螺钉；10—荷重；11—元宝螺丝；12—旋转架

混凝土坦落度的选择要点如下：

① 构件截面尺寸大小：截面尺寸大，易于振捣成型，坦落度适当选小些，反之亦然。

② 钢筋疏密：钢筋较密，则坦落度选大些；反之亦然。

③ 捣实方式：人工捣实，则坦落度选大些；机械振捣则选小些。

④ 运输距离：从搅拌机出口至浇捣现场运输距离较远时，应考虑途中坦落度损失，坦落度宜适当选大些，特别是商品混凝土。

⑤ 气候条件：气温高、空气相对湿度小时，因水泥水化速度加快及水分挥发加速，坦落度损失大，坦落度宜选大些，反之亦然。

⑥ 构件种类：可参考表 5-4。

表 5-4　混凝土浇筑时的坦落度

| 构件种类 | 坦落度 /mm |
| --- | --- |
| 基础或地面等的垫层、无配筋的大体积结构（挡土墙、基础等）或配筋稀疏的结构 | 10~30 |
| 板、梁和大型及中型截面的柱子等 | 30~50 |

拓展资源

普通混凝土拌合物性能试验方法标准（GB/T 50080—2016）

续表

| 构件种类 | 坍落度 /mm |
|---|---|
| 配筋密列的结构（薄壁、斗仓、筒仓、细柱等） | 50～70 |
| 配筋特密的结构 | 70～90 |

3. 影响和易性的主要因素

（1）用水量。混凝土拌合物的流动性随用水量的增加而增大，用水量过大时，将会破坏拌合物的黏聚性和保水性，产生分层、流浆或泌水现象。

（2）水泥浆数量。在混凝土拌合物中，水泥浆赋予拌合物以一定的流动性。在水灰比一定时，增加水泥浆数量，拌合物的流动性就随之增加，但如水泥浆过多，不仅浪费水泥，而且会使黏聚性变差，出现流浆现象；如水泥浆过少，也会使黏聚性变差，产生崩塌现象。在施工中，为了保证要求的强度，其水灰比（$W/C$）不能任意改变，因此，通常是在保证 $W/C$ 一定的条件下，用增减水泥浆数量的方法使拌合物达到施工要求的流动性。

（3）水灰比（指混凝土拌合物中水的质量与水泥质量之比）。在水泥浆数量相同的情况下，拌合物的流动性与水泥浆的稠度有关，而 $W/C$ 的大小决定了水泥浆的稠度。当水泥浆与骨料的比例不变时，$W/C$ 越小，水泥浆越稠，拌合物的流动性越小。当 $W/C$ 过小时，水泥浆过于干稠，拌合物的流动性过低，就会使施工困难，不易保证混凝土的质量。若 $W/C$ 过大，又会造成拌合物的黏聚性和保水性不良，产生流浆、离析现象，降低混凝土的强度。因此，在施工中不得随意改变 $W/C$。

（4）砂率。砂率是指混凝土拌合物中砂、石之间的组合关系，即砂子的质量占砂、石总质量的百分率。

在水泥浆用量一定的条件下，砂率过大，水泥浆包裹砂子的总面积增大，使拌合物显得干稠，流动性变差；砂率过小，砂子的体积又不足以填满石子之间的空隙，结果必然有一部分水泥浆充当填空的作用而使骨料间的水泥浆变少，使拌合物的流动性变差，变得粗涩、离析，黏聚性、保水性随之降低，甚至出现溃散现象。因此，砂率过大、过小都是不利的，砂率值的确定是极为重要的，应权衡各方面，使用最佳值——最优砂率（或称为合理砂率）。

当水灰比及水泥浆用量一定，拌合物的黏聚性、保水性符合要求，获得最大流动性的砂率，称为最优砂率。

（5）外加剂。主要指引气剂和减水剂。

引气剂：在混凝土拌合物中加入少量的引气剂，可使拌合物内部产生很多均匀分布的微小气泡，减小骨料之间的摩擦力，增加水泥浆的流动性，从而改善了拌合物的流动性。

减水剂：若在混凝土拌合物中加入适量的减水剂，可将水泥凝胶体所包裹的凝聚水释放为自由水，从而在不增加拌合水的情况下，使拌合物获得较好的和易性。

## 任务 2　混凝土的强度

| 任务导入 | 上一任务介绍了混凝土拌合物的和易性，本任务将学习混凝土拌合物的强度及其相关知识。 |
|---|---|
| 任务目标 | 掌握普通混凝土拌合物强度的概念及力学性质，熟练掌握混凝土强度的试验测定方法。 |

混凝土拌合物经硬化后，应达到规定的强度要求。混凝土的强度包括抗压强度、抗拉强度、抗弯强度、疲劳强度等，其中以抗压强度最大，故混凝土主要用于承受压力。通常以混凝土的抗压强度作为其力学性能的总指标。混凝土的抗压强度常常简称为混凝土的强度，混凝土的强度是混凝土的设计依据，也是施工中控制、评定混凝土质量的主要指标。

1. 混凝土立方体抗压强度与强度等级

（1）混凝土立方体抗压强度的测定方法

将混凝土拌合物做成边长为 150 mm 的立方体标准试件（图 5-19、图 5-20），在标准条件（温度 20 ℃±3 ℃，相对湿度 90% 以上）下养护到 28 d，测得的抗压强度值为混凝土立方体抗压强度。

图 5-19　浇筑完的立方体试块　　图 5-20　养护完成的立方体试块

图片资源
混凝土试块

（2）混凝土强度等级

混凝土强度等级是按混凝土立方体抗压强度标准值划分的，共划分为 12 个等级，并用 C 与立方体抗压强度标准值（以 MPa，即 N/mm² 计）表示。它们是 C7.5、C10、C15、C20、C25、C30、C35、C40、C45、C50、C55 和 C60。如 C20 表示混凝土立方体抗压强度标准值 $f_{cu,k} = 20$ MPa。

混凝土立方体抗压强度标准值是用数理统计的方法计算得到的达到规定保证率的某一强度数值，强度低于该值的百分率不超过 5%，并非实测的立方体试件的抗压强度。

注：混凝土强度等级的符号要与后面出现的其他符号有所区别。

（3）说明

① 测定混凝土立方体抗压强度时（图 5-21、图 5-22），可根据混凝土中粗骨料最大粒径（$D_M$）选用不同尺寸的试块，并应将抗压强度值乘以相应的折算系数（表5-5），换算为标准强度。

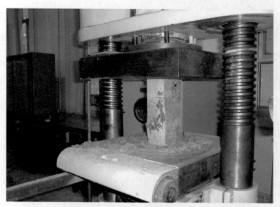

图 5-21　混凝土抗压试验机　　　图 5-22　混凝土轴心抗压强度试验（试件破坏）

视频
混凝土立方体抗压
强度试验

表 5-5　混凝土试块尺寸选择及立方体抗压强度折算系数

| 粗骨料 $D_M$/mm | 试块尺寸 | 立方体抗压强度折算系数 |
| --- | --- | --- |
| 30 | 100 mm × 100 mm × 100 mm | 0.95 |
| 40 | 150 mm × 150 mm × 150 mm | 1.00 |
| 60 | 200 mm × 200 mm × 200 mm | 1.05 |

② 不同工程或不同工程部位对混凝土强度等级的要求也不一样，一般情况是：

C7.5~C15，用于垫层、基础、地坪或受力不大的混凝土结构；

C20~C30，用于工民建中的普通钢筋混凝土结构，如梁、柱、板、楼梯、屋架等构件；

C30 以上，用于吊车梁、预应力钢筋混凝土构件、大跨度重荷载结构以及特种结构等。

2. 强度等级与标号的对应关系

（1）为了与国际标准一致，由强度等级取代过去的标号（过去将混凝土按照立方体抗压强度的分级称为混凝土的设计标号）。

（2）混凝土标准试块的尺寸由过去的 200 mm 立方体改为现在的 150 mm 立方体。

（3）确定强度等级的强度标准值由过去的保证率为 85% 改为现行的保证率为

95%。

由于上述 3 个方面的原因，相同质量的一批混凝土，其设计标号与设计强度等级按照法定计量单位计算时，二者相差约为 2 MPa，相当于按照习惯用的米制计量单位计算时，二者相差约 20 kg/cm²。

例如 200# 的混凝土，在强度数值上相当于强度等级为 C18 的混凝土（即线性的强度等级高于过去的设计标号）。

**3. 棱柱体抗压强度**

棱柱体抗压强度的测定方法与立方体抗压强度试验方法相同。国标规定：棱柱体抗压强度的测定采用 150 mm × 150 mm × 300 mm 的棱柱体作为标准试件，在标准条件下养护 28 d 测定的。

注：混凝土立方体抗压强度测定与棱柱体抗压强度测定试件尺寸有区别。

棱柱体的抗压强度不如立方体的抗压强度大，二者间的关系为：棱柱体的抗压强度（$f_{ck}$）仅相当于立方体抗压强度 $f_{cu,k}$ 的 67%，即

$$f_{ck} = 0.67 f_{cu,k}$$

棱柱体抗压强度的概念在钢筋混凝土结构计算中比较重要，因为结构中受压构件的长度常比其截面尺寸要大得多，因此，采用棱柱体抗压强度比立方体抗压强度能更准确地反映混凝土的实际抗压能力。

**4. 影响混凝土强度的主要因素**

影响混凝土强度的因素很多，如原材料的质量、配合比、拌和质量、养护条件以及试验方法等，但最主要的有以下四个方面因素：

拓展资源
混凝土强度检验评定标准（GB/T 50107—2010）

（1）水泥强度等级和水灰比

水泥强度等级和水灰比是影响混凝土强度的主要因素。在其他条件不变的情况下，水泥强度等级越高，混凝土的强度越高；在水泥强度等级相同的条件下，$W/C$ 越小，混凝土的强度越高。但若 $W/C$ 过小，水泥浆过于干稠，在一定的振捣条件下，混凝土无法振捣密实，强度反而降低（图 5-23）。$W/C$ 大，说明混凝土拌和时用水量大，待水泥硬化后，多余的水分挥发，使混凝土中孔隙率增大，导致强度下降。

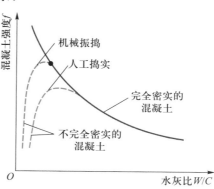

图 5-23 混凝土强度与水灰比的关系

大量的试验和工程实践证明，在原材料不变的情况下，混凝土 28 d 期龄的抗压强度与水泥实际强度、$W/C$ 的关系可由下面的经验公式（强度公式）说明：

$$f_{28} = A f_c (C/W - B)$$

式中　$f_{28}$——混凝土 28 d 期龄的抗压强度，MPa；

　　$A$、$B$——经验系数，与粗骨料表面特征有关（按规定：卵石混凝土 $A = 0.50$、$B = 0.61$，碎石混凝土 $A = 0.48$、$B = 0.52$）；

　　$C/W$——灰水比（$C$ 为每立方米混凝土水泥用量（以 kg/m³ 计），$W$ 为每立方米混凝土用水量（以 kg/m³ 计））；

　　$f_c$——水泥 28 d 的实际强度，MPa。

水泥厂为了保证出厂的水泥强度，其实际抗压强度要比商品强度等级高，在无法取得水泥实际强度数值时，可用下面公式求得：

$$f_{\mathrm{c}} = k_{\mathrm{c}} f_{\mathrm{c}}^{\mathrm{b}}$$

式中　$f_{\mathrm{c}}^{\mathrm{b}}$——水泥强度等级标准值，MPa；

　　　$k_{\mathrm{c}}$——水泥强度等级富余系数，不同质量的水泥在 1.0~1.13 之间波动，计算时取全国平均水平的 $k_{\mathrm{c}} = 1.13$。

对于出厂三个月以上或存放不良、有可能强度下降较多的水泥，必须重新鉴定强度等级，并按实际强度代入公式进行计算。

利用强度公式，可以解决以下两类问题：

① 根据所用水泥强度等级和 $W/C$ 来粗算所配制的混凝土强度等级。

② 根据水泥强度等级和要求的混凝土强度等级计算出应采用的 $W/C$。

（2）养护条件

混凝土的强度是在一定的湿度、温度的条件下，通过水泥的水化反应而逐步发展起来的。

① 当混凝土所处环境温度较高时，水泥水化反应加快进行，有利于水泥石的形成，混凝土强度则发展较快。例如构件厂在人工窑中对浇筑后的混凝土构件采取高温蒸养即是利用此原理。反之，温度较低时，混凝土强度发展就较慢。例如冬期施工要给浇模后的混凝土采取人工保温、蓄热措施，也属于此原理。温度降至 0 ℃以下，混凝土强度中止发展，甚至因受冻而被破坏。

② 混凝土所处环境周围干燥或者有风，造成混凝土失水干燥，强度也会停止发展，而且由于水泥水化作用未能充分完成，造成混凝土内部结构疏松，表面还可能出现裂缝，对混凝土强度、耐久性都是不利的。因此，为了保证浇模后的混凝土能正常凝结、硬化，应按施工工艺过程有关规定，对混凝土进行保湿养护，使其在一定的时间内保持足够的湿润状态，以利于混凝土强度的增长。

一般情况下，使用硅酸盐水泥、P·O 和 P·S 配制的混凝土，浇水保湿应不少于 7 d；使用 P·P 和 P·F 配制的混凝土浇水保湿应不少于 14 d。

（3）养护期龄

在正常条件下，混凝土强度随养护期龄的延续而逐渐增长。

一般在开始的 3~7 d 强度发展较快，以后则发展较慢，28 d 可以达到设计强度等级，此后强度增加更为缓慢，但可以延续数十年之久。

混凝土强度的发展，大致与期龄的对数成正比，即

$$f_n = \frac{f_{28}}{\lg 28} \cdot \lg n$$

式中　$f_n$——$n$ 天期龄混凝土的抗压强度，MPa；

　　　$f_{28}$——28 d 期龄混凝土的抗压强度，MPa；

$\lg 28$、$\lg n$——28 和 $n$ 的常用对数，其中，$n \geqslant 3$。

（4）粗骨料的品种

配制混凝土所用粗骨料有碎石和卵石两种类型。

拓展资源
普通混凝土力学性能试验方法标准（GB/T 50081—2002）

卵石中含有一定数量的软颗粒和针、片状颗粒及风化的岩石，将会降低混凝土的强度；碎石表面粗糙，多棱角，与水泥浆的黏结力最好，所以，在水泥强度等级、水泥用量以及水灰比等条件不变的情况下，碎石混凝土的强度要高于卵石混凝土的强度。

至于混凝土的浇模是否科学、合理，振构机械的选用是否合适，以及振捣过程是否适度，也将直接影响混凝土的强度。

## 任务 3  混凝土的耐久性

| 任务导入 | 上一任务介绍了混凝土的强度，本任务将学习混凝土的耐久性及其相关知识。 |
| --- | --- |
| 任务目标 | 掌握混凝土耐久性的技术措施及其影响因素。 |

建筑物中的混凝土构件，除要求它具有足够的强度外，还要求具有良好的耐久性，以延长建筑物的使用寿命。

1. 耐久性概念

混凝土耐久性是指混凝土构件在长期使用条件下抵抗各种破坏因素作用而保持其原有性能的性质。

2. 混凝土耐久性的内容

（1）混凝土的抗渗性

① 概念。混凝土的抗渗性是指混凝土抵抗压力水渗透的性能。

② 原因。混凝土内部孔隙互相连通及成型时由于振捣不实而产生的蜂窝、孔洞都会造成混凝土渗水。

③ 提高混凝土抗渗性的措施。施工中加强振捣、提高混凝土的密实度或掺入外加剂都会有效提高混凝土的抗渗性。

④ 评价指标。抗渗等级。抗渗等级分为 P4、P6、P8、P10、P12 共 5 个等级，分别表示能抵抗 0.4 MPa、0.6 MPa、0.8 MPa、1.0 MPa、1.2 MPa 的水压力而渗漏。一般把抗渗等级大于（含）P6 的混凝土称为抗渗混凝土。

（2）混凝土的抗冻性

① 概念。混凝土的抗冻性是指混凝土在水饱和状态下，能经受多次冻融循环作用不破坏，强度也不显著降低的性质。

② 评价指标。抗冻等级。分为 F10、F15、F25、F50、F100、F150、F200、F250、F300 共 9 个等级，分别代表混凝土能够承受反复冻融循环次数为 10、15、25、50、100、150、200、250 和 300 次。

③ 影响因素。水泥品种、强度等级；混凝土的 $W/C$；是否掺引气剂，掺引气剂可明显提高混凝土的抗冻性，特别对于寒冷地区的混凝土工程，其水位涨落区的外部混凝土必须掺引气剂。

微课
混凝土耐久性

注：一次冻融为一个循环。

（3）混凝土的抗蚀性

① 概念。混凝土的抗蚀性是指混凝土抵抗环境水侵蚀的能力。

② 影响因素。水泥品种；混凝土的密实程度。

（4）说明

混凝土构件所处环境不同，对其耐久性的要求也不一样。例如：

① 与水接触且遭受冰冻作用的混凝土，要求有较高的抗渗性和抗冻性。

② 受海水、地下水或强碱作用的混凝土要求具有较高的抗蚀性。

③ 受温度、干湿变化等作用的混凝土，则要求具有较高的抗风化性能等。

3. 提高混凝土耐久性的技术措施

（1）合理选用水泥品种

水泥从化学性质来看，有的呈酸性，有的呈碱性，合理选用水泥品种，可以避免人为的中和反应，这对于混凝土的抗蚀性有利。

（2）合理选用砂石料

拌制混凝土时，对砂石料中有害杂质的含量应进行严格控制，使其不致影响混凝土的耐久性；应选用级配良好的砂石料，在保证施工所要求的和易性条件下，可以减少水泥浆用量，使混凝土较密实，既可以提高耐久性，也比较密实。

（3）控制混凝土的 $W/C$ 和水泥用量

① 配制混凝土时，尽量采用较小的 $W/C$，可以确保混凝土凝结、硬化后孔隙率小。

② 在可能的条件下多加些水泥，使得混凝土中水泥浆较多。

这两点是保证混凝土密实成型的关键。因此，在混凝土施工规范中，国家规定了混凝土的最大水灰比和最小水泥用量。

（4）加强振捣，提高混凝土的密实度

对浇模后的混凝土进行最佳振捣，是提高混凝土密实度的重要工序。混凝土密实度高了，不仅强度高、孔隙率小，透水通路也相应地减少，水不容易进入混凝土内，抗渗性、抗冻性和抗蚀性能就提高了，混凝土的耐久性就好。

（5）在混凝土表面加保护层

地下混凝土结构做外墙防水层加以保护，使其不受地下水和土壤的侵蚀；地上混凝土结构做外墙装修，如抹灰、刷涂料、粘贴瓷砖等，不直接受风、雨、雪的侵蚀，不受大气中有害气体的侵蚀，从而提高了混凝土的耐久性。

（6）掺入外加剂

在混凝土中掺入适量的减水剂，可以减少用水量，有利于提高混凝土的密实度和耐久性；掺入少量的引气剂可以改善混凝土内部孔隙结构（微小、封闭、均匀），从而提高混凝土的抗渗性和抗冻性，但由于孔隙率增大，故强度及抗冲磨性（是指混凝土抵抗高速含沙水流冲刷破坏的能力）会有所降低。

# 学习情境 6

## 建筑钢材

本学习情境主要内容包括建筑钢材的冶炼、分类、用途、主要技术性能及其应用、冷加工及热处理、钢材的选用及防护等。通过本学习情境的学习，应掌握建筑钢材的基本分类、主要技术性能及其工程钢种的选用，了解钢材的腐蚀原理、防护及防火措施。本学习情境的教学重点包括建筑钢材的主要技术性能，建筑钢材的选用。教学难点包括建筑钢材性能操作试验。

建筑钢材是主要的建筑材料之一，指用于建筑工程中的各种钢板、型钢、钢筋、钢丝等，如图 6-1～图 6-4 所示。

图 6-1　钢板

图 6-2　型钢（槽钢）

图片资源
各类建筑钢材

授课视频
建筑钢材

注：大跨度结构建筑是横向跨越30 m以上空间的各类结构形式的建筑。大跨度结构多用于民用建筑中的影剧院、体育馆、展览馆、大会堂、航空港候机大厅及其他大型公共建筑，工业建筑中的大跨度厂房、飞机装配车间和大型仓库等。

图6-3　钢筋

图6-4　钢丝

建筑钢材是在严格的技术控制条件下生产的，与非金属材料相比，钢材具有品质均匀致密、强度和硬度高、塑性和韧性好、能经受冲击和振动荷载等优点；钢材还具有优良的加工性能，可以锻压、焊接、铆接和切割，便于装配。

采用各种型钢和钢板制作的钢结构（图6-5），具有强度高、自重轻等特点，适用于大跨度结构、多层及高层结构、受动力荷载的结构和重型工业厂房结构等。钢材主要的缺点是易锈蚀、维护费用大、耐火性差、生产能耗大。

注：受动力荷载的结构有吊车梁或吊车桁架，有振动设备的下部直接承受设备荷载的梁、桁架。

图片资源
各类钢结构

图6-5　钢结构

## 项目1　钢材的冶炼与分类

### 任务1　钢材的冶炼

| 任务导入 | 钢材是现代建筑最常用的建筑材料之一，由生铁冶炼而成。本任务将学习钢材的冶炼。 |
| --- | --- |
| 任务目标 | 了解钢材的冶炼方法及特点。 |

图片资源
铁矿石、石灰石

钢是由生铁冶炼而成。生铁的冶炼过程是：将铁矿石、熔剂（石灰石）、燃料（焦炭）置于高炉中，约在1 750 ℃高温下，石灰石与铁矿石中的硅、锰、硫、磷等经过化学反应，生成铁渣，浮于铁水表面，铁渣和铁水分别从出渣口和出铁口放出，铁渣排出时用水急冷得水淬矿渣，排出的生铁中含有碳、硫、磷、锰等杂质。生铁分为炼钢生铁（白口铁）和铸造生铁（灰口铁）。生铁硬而脆，无塑性和韧性，不能焊接、锻造、轧制。

炼钢的过程就是将生铁进行精炼，使碳的含量降低到一定的限度，同时把其他杂质的含量也降低到允许范围内。所以，在理论上凡含碳量在 2% 以下，含有害杂质较少的 Fe-C 合金可称为钢。根据炼钢设备的不同，常用的炼钢方法有转炉法、平炉法、电炉法。

## 一、转炉炼钢法

转炉炼钢法又分为空气转炉炼钢法和氧气转炉炼钢法。

1. 空气转炉炼钢法

空气转炉炼钢法是以熔融状态的铁水为原料，在转炉底部或侧面吹入高压热空气，使杂质在空气中氧化而被除去。其缺点是在吹炼过程中，易混入空气中的氮、氢等有害气体，且熔炼时间短，化学成分难以精确控制，这种钢质量较差，但成本较低，生产效率高。

2. 氧气转炉炼钢法

氧气转炉炼钢法是以熔融铁水为原料，用纯氧代替空气，由炉顶向转炉内吹入高压氧气，能有效地除去磷、硫等杂质，使钢的质量显著提高，而成本却较低。氧气转炉炼钢法是现代炼钢的主要方法，常用来炼制优质碳素钢和合金钢。氧气转炉炼钢法工艺流程如图 6-6、图 6-7 所示。

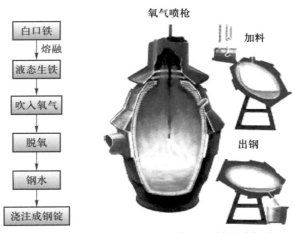

图 6-6　氧气转
炉炼钢法流程

图 6-7　氧气顶吹转炉炼钢法

## 二、平炉炼钢法

以固体或液体生铁、铁矿石或废钢作原料，用煤气或重油为燃料进行冶炼。平炉钢由于熔炼时间长，化学成分可以精确控制，杂质含量少，成品质量高。其缺点

注：近年来，随着其他炼钢技术的迅速发展，平炉已逐渐被取代。

是能耗大、成本高、冶炼周期长。

### 三、电炉炼钢法

电炉炼钢法是以生铁或废钢为原料，利用电能迅速加热，进行高温冶炼。根据电—热转化方式，可分为电弧炉、电阻炉和感应炉。大多数电炉钢是电弧炉产生的，还有少量电炉钢是感应炉、电阻炉产生的。电弧炉主要是利用电弧与炉料间放电产生电弧发出的热量来炼钢。其熔炼温度高，而且温度可以调节，清除杂质容易。因此，电炉钢的质量最好，但成本高，主要用于冶炼优质碳素钢及特殊合金钢。电炉炼钢法如图 6-8 所示。

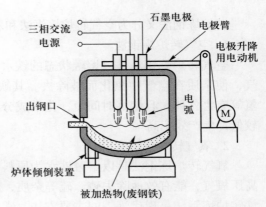

图 6-8　电炉炼钢法

## 任务 2　钢 的 分 类

| 任务导入 | 钢是经济建设中极为重要的金属材料，品种繁多。本任务将学习钢的分类方法。 |
| --- | --- |
| 任务目标 | 掌握钢按化学成分、质量、用途等的分类及其使用范围。 |

钢的品种繁多，分类方法很多，通常有按化学成分、质量、用途等几种分类方法。

### 一、按化学成分分类

#### 1. 碳素钢

含碳量为 0.02%~2.06% 的铁碳合金称为碳素钢，也称碳钢。其主要成分是铁和碳，还有少量的硅、锰、磷、硫、氧、氮等。根据含碳量的不同，碳素钢分为三种：① 低碳钢，含碳量 <0.25%。② 中碳钢，含碳量 0.25%~0.6%。③ 高碳钢，含碳量 >0.6%。

### 2. 合金钢

合金钢是碳素钢中加入一定的合金元素的钢。钢中除含有铁、碳和少量不可避免的硅、锰、磷、硫外，还含有一定量（有意加入的）硅、锰、钛、矾、铬、镍、硼等中的一种或多种合金元素。其目的是改善钢的性能或使其获得某些特殊性能。合金钢按合金元素总含量分为三种：

① 低合金钢，合金元素总量 <5%。② 中合金钢，合金元素总量 5%~10%。③ 高合金钢，合金元素总量 >10%。

## 二、按冶炼时脱氧程度分类

### 1. 沸腾钢

沸腾钢（F）是脱氧不充分的钢。脱氧后钢液中还剩余一定数量的氧化铁，氧化铁和碳继续作用放出一氧化碳气体，因此钢液在钢锭模内呈沸腾状态，故称沸腾钢。这种钢的优点是钢锭无缩孔，轧成的钢材表面质量和加工性能好，成品率高，成本较低，缺点是化学成分不均匀，易偏析，钢的致密程度较差，故其抗蚀性、冲击韧性和可焊性较差。沸腾钢常用于一般建筑工程。

注：沸腾钢在低温时冲击韧性降低更显著。

### 2. 镇静钢

镇静钢（Z）是脱氧充分的钢。由于钢液中氧已经很少，当钢液浇注后在锭模内呈静止状态，故称镇静钢。其优点是化学成分均匀，力学性能稳定，焊接性能和塑性较好，抗蚀性也较强；缺点是钢锭中有缩孔，成材率低。镇静钢多用于承受冲击荷载及其他重要的结构上。

注：《碳素结构钢》（GB 700—2006）取消了半镇静钢。

### 3. 特殊镇静钢

特殊镇静钢（TZ）是比镇静钢脱氧程度还要充分彻底的钢，质量最好，使用于特殊重要的结构工程。

## 三、按用途分类

### 1. 结构用钢

制造各种工程的构件（如桥梁、船舶、建筑等）和机械零件，如图 6-9 所示。这类钢一般属于低碳钢和中碳钢。

图片资源
结构用钢

图 6-9　结构用钢

### 2. 工具用钢

制造各种刀具、量具、模具，如图6-10所示。这类钢含碳量较高，一般属于高碳钢。

### 3. 特殊钢

具有特殊用途或具有特殊的物理、化学性能的钢，如不锈耐酸钢、耐热钢和低温钢等，如图6-11所示。

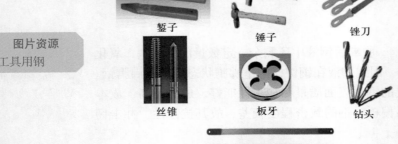

錾子　　　锤子　　　锉刀

丝锥　　　板牙　　　钻头

锯条

图6-10　工具用钢　　　　　　图6-11　不锈耐酸钢

## 四、按品质（杂质含量）分类

① 普通钢（图6-12a）：含硫量 ≤ 0.045%~0.050%；含磷量 ≤ 0.045%。② 优质钢（图6-12b）：含硫量 ≤ 0.035%；含磷量 ≤ 0.035%。③ 高级优质钢（图6-12c）：含硫量 ≤ 0.025%，含磷量 ≤ 0.025%。④ 特级优质钢（图6-12d）：含硫量 ≤ 0.015%，含磷量 ≤ 0.025%。

目前，在建筑工程中常用的钢种是普通碳素钢和合金钢中的普通低合金钢。

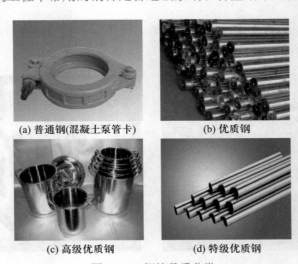

(a) 普通钢(混凝土泵管卡)　　　(b) 优质钢

(c) 高级优质钢　　　(d) 特级优质钢

图6-12　钢按品质分类

# 项目 2 钢材的主要技术性能

建筑工程用钢材的技术性能主要有力学性能和工艺性能。其中力学性能是钢材最重要的使用性能，包括拉伸性能、冲击韧性、硬度、耐疲劳性能等，工艺性能表示钢材在各种加工过程中的行为，包括冷弯性能和可焊接性等。

## 任务 1 钢材力学性能

| 任务导入 | 钢材的主要技术性能决定了钢材成为必不可缺的建筑材料之一，其中力学性能是钢材最重要的使用性能。本任务将学习钢材力学性能的基本概念和测定。 |
| --- | --- |
| 任务目标 | 掌握钢材拉伸性能、冲击韧性、硬度、耐疲劳性能的概念及其测定方法。 |

### 一、抗拉性能

钢材有较高的抗拉性能，它是建筑工程用钢材的重要性能。由拉伸试件（图 6-13）测得的屈服点、抗拉强度和伸长率是钢材的重要技术指标。

图 6-13 拉伸试件

注：标准试件是指按照一定的要求，对表面进行车削加工后的试件；非标准试件是指不经过加工，直接在线材上切取的试件。

微课扫一扫
钢筋的抗拉性能

根据低碳钢受拉时的应力－应变曲线（图 6-14），可了解抗拉性能的下列特征指标。

1. 弹性阶段

$OA$ 段是直线，应力与应变在此段成正比关系，材料符合胡克定律，直线 $OA$ 的斜率 $\tan \alpha = E$ 就是材料的弹性模量，直线部分最高点所对应的应力值记作 $\sigma_p$，称为材料的比例极限。弹性模量反映了钢材抵抗变形的能力，它是钢材

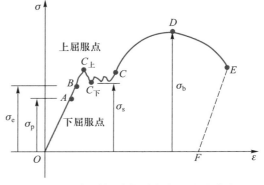

图 6-14 低碳钢受拉时应力－应变曲线

注：$E$ 值越大，抵抗弹性变形的能力越大；在一定荷载作用下，$E$ 值越大，材料发生的弹性变形量越小。一些对变形要求严格的构件，为了把弹性变形控制在一定限度内，应选用刚度大的钢材。

注：屈服强度对钢材使用意义重大，一方面，当构件的实际应力超过屈服强度时，将产生不可恢复的永久变形；另一方面，当应力超过屈服强度时，受力较高部位的应力不再提高，而自动将荷载重新分配给某些应力较低部位。因此，屈服强度是确定容许应力的主要依据。

动画扫一扫
钢筋抗拉演示

注：抗拉强度是钢材所能承受的最大拉应力，即当拉应力达到强度极限时，钢材完全丧失了对变形的抵抗能力而断裂。

在受力条件下计算结构变形的重要指标。建筑工程中常用的低碳钢的弹性模量 $E$ 为 $20 \times 10^4 \sim 21 \times 10^4$ MPa，$\sigma_p$ 为 $180 \sim 200$ MPa。

曲线超过 $A$ 点，图上 $AB$ 段已不再是直线，说明材料已不符合胡克定律。但在 $AB$ 段内卸载，变形也随之消失，说明 $AB$ 段也发生弹性变形。$B$ 点所对应的应力值记作 $\sigma_e$，称为材料的**弹性极限**。

弹性极限与比例极限非常接近，工程实际中通常对二者不作严格区分，而近似地用比例极限代替弹性极限。

2. 屈服阶段

曲线超过 $B$ 点后，出现了一段锯齿形曲线，这一阶段应力没有增加，而应变依然在增加，材料好像失去了抵抗变形的能力，把这种应力不增加而应变显著增加的现象称作**屈服**，$BC$ 段称为屈服阶段。屈服阶段曲线最低点 $C_下$ 所对应的应力 $\sigma_s$ 称为**屈服点**（或屈服强度）。在屈服阶段卸载，将出现不能消失的塑性变形。工程上一般不允许构件发生塑性变形，并把塑性变形作为塑性材料破坏的标志，所以屈服点 $\sigma_s$ 是衡量材料强度的一个重要指标。

有些钢材如高碳钢无明显的屈服现象，通常以发生微量的塑性变形（0.2%）时的应力作为该钢材的屈服强度，称为条件屈服强度 $\sigma_{0.2}$。高碳钢拉伸时的应力 – 应变曲线如图 6-15 所示。

3. 强化阶段

经过屈服阶段后，曲线从 $C$ 点又开始逐渐上升，说明要使应变增加，必须增加应力，材料又恢复了抵抗变形的能力，这种现象称作**强化**，$CD$ 段称为强化阶段。曲线最高点所对应的应力值记作 $\sigma_b$，称为材料的**抗拉强度**（或强度极限），它是衡量材料强度的又一个重要指标。

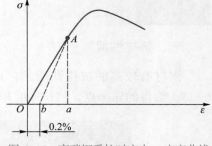

图 6-15 高碳钢受拉时应力 – 应变曲线

建筑设计中抗拉强度不能直接利用，但屈强比 $\sigma_s/\sigma_b$ 即屈服强度和抗拉强度之比却能反映钢材的利用率和结构的安全可靠性，屈强比愈小，反映钢材受力超过屈服点工作时的可靠性愈大，因而结构的安全性愈高。但屈强比太小，则反映钢材不能有效地被利用，造成钢材浪费。建筑结构钢合理的屈强比一般为 0.60～0.75。

4. 缩颈断裂阶段

曲线到达 $D$ 点前，试件的变形是均匀发生的，曲线到达 $D$ 点，在试件比较薄弱的某一局部（材质不均匀或有缺陷处），变形显著增加，有效横截面急剧减小，出现了缩颈现象，试件很快被拉断，所以 $DE$ 段称为缩颈断裂阶段，如图 6-16 所示。

试件拉断后的标距增量与原始标距之比的百分率为伸长率（断后伸长率），按下式计算：

$$\delta_n = \frac{l_1 - l_0}{l_0} \times 100\% \qquad (6.1)$$

式中　$\delta_n$——伸长率，%；

　　　$l_1$——试件拉断后的标距，mm；

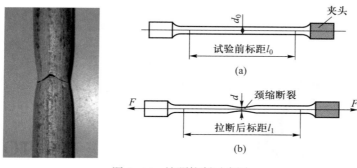

图 6-16　缩颈拉断示意图

$l_0$——试件试验前的原始标距，mm；

$n$——长或短试件的标志，长标距试件 $n = 10$，短标距试件 $n = 5$。

伸长率反映钢材拉伸断裂时所能承受的塑性变形能力，是衡量钢材塑性的重要技术指标。钢材拉伸时塑性变形在试件标距内的分布是不均匀的，缩颈处的伸长较大，故试件原始标距 $l_0$ 与直径 $d_0$ 之比愈大，缩颈处的伸长值在总伸长值中所占比例愈小，计算所得伸长率也愈小。通常钢材拉伸试件取 $l_0 = 5d_0$ 或 $l_0 = 10d_0$，其伸长率分别以 $\delta_5$ 和 $\delta_{10}$ 表示。对于同一钢材，$\delta_5$ 大于 $\delta_{10}$。

传统的伸长率（断后伸长率）只反映缩颈断口区域的残余变形，不反映缩颈出现之前整体的平均变形，也不反映弹性变形，这与钢材拉断时刻应变状态下的变形相差较大，而且，各类钢材的缩颈特征也有差异，再加上断口拼接误差，较难真实反映钢材的拉伸变形特性。为此，以钢材在最大力时的总伸长率，作为钢材的拉伸性能指标更为合理。钢材的最大力总伸长率，可按下式计算：

$$\delta_{gt} = \left( \frac{l - l_0}{l_0} + \frac{\sigma_b}{E} \right) \times 100\% \qquad (6.2)$$

式中　$\delta_{gt}$——最大力总伸长率，%；

　　　$l$——试件拉断后测量区标记间的距离，mm；

　　　$l_0$——试验前测量区标记间的距离，mm；

　　　$\sigma_b$——抗拉强度，MPa；

　　　$E$——钢材的弹性模量，MPa。

## 二、冲击韧性

冲击韧性是钢材抵抗冲击荷载的能力。钢材的冲击韧性用试件冲断时单位面积上所吸收的能量来表示，如图 6-17 所示。冲击韧性按下式计算：

$$a_k = \frac{W}{A} \qquad (6.3)$$

式中　$a_k$——冲击韧性，J/cm$^2$；

　　　$W$——试件冲断时所吸收的冲击能，J；

　　　$A$——试件槽口处最小横截面面积，cm$^2$。

注：用于重要结构的钢材，特别是承受冲击振动荷载的结构所使用的钢材，必须保证冲击韧性。

**拓展资源**
钢材冲击韧性试验动画

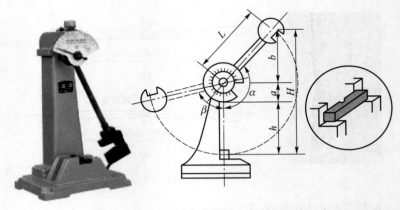

图 6-17　钢材冲击韧性试验机样图及示意图

影响钢材冲击韧性的主要因素有：化学成分、冶炼质量、冷作硬化及时效、环境温度等。

钢材的冲击韧性随温度的降低而下降，其规律是：开始冲击韧性随温度的降低而缓慢下降，但当温度降至一定的范围（狭窄的温度区间）时，钢材的冲击韧性骤然下降很多而呈脆性，即冷脆性，此时的温度称为脆性转变温度，如图 6-18 所示，脆性转变温度越低，表明钢材的低温冲击韧性越好。为此，在负温下使用的结构，设计时必须考虑钢材的冷脆性，应选用脆性转变温度低于最低使用温度的钢材，并满足规范规定的 −20 ℃或 −40 ℃条件下冲击韧性指标的要求。

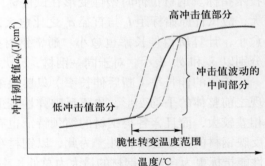

图 6-18　钢的脆性转变温度

钢材的冲击韧性越好，即其抵抗冲击作用的能力越强，脆性破坏的危险性越小。对于重要的结构物以及承受动荷载作用的结构，特别是处于低温条件下，为了防止钢材的脆性破坏，应保证钢材具有一定的冲击韧性。

### 三、硬度

钢材的硬度是指其表面抵抗重物压入产生塑性变形的能力。测定硬度的方法有布氏法和洛氏法，较常用的方法是布氏法，如图 6-19 所示，其硬度指标为布氏硬度值（HB）。

布氏法是利用直径为 $D$（以 mm 计）的硬质合金球，以一定的荷载 $F_p$（以 N 计）将其压入试件表面，得到直径为 $d$（以 mm 计）的压痕，以压痕表面积 $A$ 除荷载 $F_p$，所得的压力值即为试件的布氏硬度值（HBW），以不带单位的数字表示。布氏法比较准确，但压痕较大，不适宜做成品检验。

洛氏法测定的原理与布氏法相似，但以压头压入试件深度来表示洛氏硬度值。洛氏法压痕很小，常用于判定工件的热处理效果。

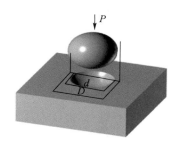

图 6-19　布氏硬度测试图及试验机

## 四、耐疲劳性

受交变荷载反复作用，钢材在应力低于其屈服强度的情况下突然发生脆性断裂破坏的现象，称为疲劳破坏。钢材疲劳曲线如图 6-20 所示。

钢材的疲劳破坏一般是由拉应力引起的，首先在局部开始形成细小断裂，随后由于微裂纹尖端的应力集中而使其逐渐扩大，直至突然发生瞬时疲劳断裂。

疲劳破坏是在低应力状态下突然发生的，所以危害极大，往往造成灾难性的事故。

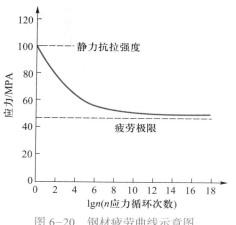

图 6-20　钢材疲劳曲线示意图

**注:** 一般将钢材承受变荷载达 $10^7$ 次时不发生破坏的最大应力定义为疲劳强度。

## 任务 2　钢材工艺性能

| | |
|---|---|
| **任务导入** | 良好的工艺性能，可以保证钢材顺利进行各种加工，使钢材制品的质量不受影响。本任务将学习钢材工艺性能的概念和测定。 |
| **任务目标** | 掌握钢材冷弯和焊接性能的基本概念、试验方法以及影响因素。 |

良好的工艺性能，可以保证钢材顺利进行各种加工，使钢材制品的质量不受影响。冷弯和焊接性能均是钢材重要的工艺性能。

### 一、冷弯性能

冷弯性能是指钢材在常温下承受弯曲变形的能力，是钢材的重要工艺性能。冷弯性能指标通过试件被弯曲的角度 $\alpha$（90°/180°）及弯心直径 $d$ 对试件厚度（或直径）$a$ 的比值（$d/a$）来表示，如图 6-21 所示。

钢材试件按规定的弯曲角和弯心直径进行试验，若试件弯曲处的外表面无裂断、裂缝或起层，即认为冷弯性能合格。冷弯试验能反映试件弯曲处的塑性变形，能揭示钢材是否存在内部组织不均匀、内应力和夹杂物等缺陷。冷弯试验也能对钢材的焊接质量进行严格的检验，能揭示焊接受弯表面是否存在未熔合、裂缝及杂物等缺陷。

视频扫一扫
钢筋冷弯试验

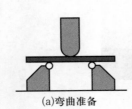 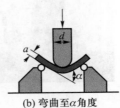 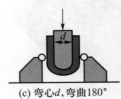 

(a)弯曲准备　　(b) 弯曲至α角度　　(c) 弯心d,弯曲180°　　(d) 弯心0,弯曲180°

图 6-21　钢材冷弯试验示意图

## 二、焊接性能

土木工程中，钢材间的连接绝大多数采用焊接方式来完成，如图 6-22 所示。因此要求钢材具有良好的可焊接性能。

拓展资源
钢材的其他连接
方式。

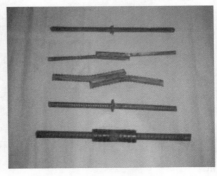 

图 6-22　钢材焊接

注：对于高碳钢和合金钢，为改善焊接质量，一般需要采用预热和焊后处理，以保证质量。此外，正确的焊接工艺也是保证焊接质量的重要措施。

在焊接中，由于高温作用和焊接后急剧冷却作用，焊缝及附近的过热区将发生晶体组织及结构变化，产生局部变形及内应力，使焊缝周围的钢材产生硬脆倾向，降低了焊接的质量。可焊性良好的钢材，焊缝处性质应与钢材尽可能相同，焊接才牢固可靠。

钢的化学成分、冶炼质量及冷加工等都可影响焊接性能。含碳量小于 0.25% 的碳素钢具有良好的可焊性。含碳量超过 0.3% 可焊性变差。硫、磷及气体杂质会使可焊性降低，加入过多的合金元素，也将降低可焊性。

# 项目 3　钢材的化学成分及其对钢材性能的影响

## 任务　钢材的化学成分及其对钢材性能的影响

| | |
|---|---|
| 任务导入 | 钢中除铁、碳两种基本元素外，还含有其他的一些元素，它们对钢的性能和质量有一定的影响。本任务将学习不同化学成分对钢材性能的影响。 |
| 任务目标 | 掌握影响钢材性能的有益成分和有害成分，了解不同化学成分对钢材性能的影响。 |

化学成分对钢材性能的影响主要是通过固溶于铁素体，或形成化合物及改变晶粒大小等来实现的。钢材中除了主要化学成分铁（Fe）以外，还含有少量的碳（C）、硅（Si）、锰（Mn）、磷（P）、硫（S）、氧（O）、氮（N）、钛（Ti）、钒（V）等元素，这些元素虽然含量少，但对钢材性能有很大影响：

注：钢中有益元素：硅、锰等；有害元素：硫、磷、氧、氮等。

（1）碳。碳是决定钢材性能的最重要元素。碳对钢材性能的影响如图 6-23 所示。

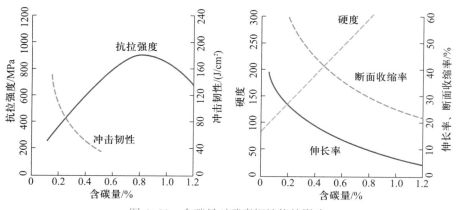

图 6-23　含碳量对碳素钢性能的影响

当钢中含碳量在 0.8% 以下时，随着含碳量的增加，钢材的强度和硬度提高，而塑性和韧性降低；但当含碳量在 1.0% 以上时，随着含碳量的增加，钢材的强度反而下降。随着含碳量的增加，钢材的焊接性能变差（含碳量大于 0.3% 的钢材，可焊性显著下降），冷脆性和时效敏感性增大，耐大气锈蚀性下降。

一般工程所用碳素钢均为低碳钢，即含碳量小于 0.25%；工程所用低合金钢，其含碳量小于 0.52%。

（2）硅。硅是作为脱氧剂而存在于钢中，是钢中的有益元素。硅含量较低（小于1.0%）时，能提高钢材的强度，而对塑性和韧性无明显影响。

（3）锰。锰是炼钢时用来脱氧去硫而存在于钢中的，是钢中的有益元素。锰具有很强的脱氧去硫能力，能消除或减轻氧、硫所引起的热脆性，大大改善钢材的热加工性能，同时能提高钢材的强度和硬度。锰是我国低合金结构钢中的主要合金元素。

（4）磷。磷是钢中很有害的元素。随着磷含量的增加，钢材的强度、屈强比、硬度均提高，而塑性和韧性显著降低。特别是温度愈低，对塑性和韧性的影响愈大，显著加大钢材的冷脆性。

磷也使钢材的可焊性显著降低。但磷可提高钢材的耐磨性和耐蚀性，故在低合金钢中可配合其他元素作为合金元素使用。

（5）硫。硫是钢中很有害的元素。硫的存在会加大钢材的热脆性，降低钢材的各种力学性能，也使钢材的可焊性、冲击韧性、耐疲劳性和耐蚀性等均降低。

（6）氧。氧是钢中的有害元素。随着氧含量的增加，钢材的强度有所提高，但塑性特别是韧性显著降低，可焊性变差。氧的存在会造成钢材的热脆性。

（7）氮。氮对钢材性能的影响与碳、磷相似。随着氮含量的增加，可使钢材的强度提高，塑性特别是韧性显著降低，可焊性变差，冷脆性加剧。氮在铝、铌、钒等元素的配合下可以减少其不利影响，改善钢材性能，可作为低合金钢的合金元素使用。

（8）钛。钛是强脱氧剂。钛能显著提高强度，改善韧性、可焊性，但稍降低塑性。钛是常用的微量合金元素。

（9）钒。钒是弱脱氧剂。钒加入钢中可减弱碳和氮的不利影响，有效地提高强度，但有时也会增加焊接淬硬倾向，钒也是常用的微量合金元素。

## 项目4  钢材的冷加工及热处理

### 任务1  钢材的冷加工

| 任务导入 | 钢筋经过冷加工后，在工程上可节省钢材。本任务将学习建筑钢材冷加工的基本概念和原理。 |
|---|---|
| 任务目标 | 掌握钢材冷拉、冷拔、冷轧的概念、原理及对钢材性能的影响。 |

将钢材于常温下进行冷拉、冷拔、冷轧、冷扭、刻痕等，使之产生一定的塑性变形，强度和硬度明显提高，塑性和韧性有所降低，这个过程称为钢材的冷加工（或冷加工强化、冷作强化）。

土木工程中大量使用的钢筋，往往是冷加工和时效处理同时采用，常用的冷加工方法是冷拉和冷拔。

## 一、冷拉

将热轧钢筋用拉伸设备在常温下拉长，使之产生一定的塑性变形称为冷拉，如图 6-24、图 6-25 所示。冷拉后的钢筋不仅屈服强度提高 20%～30%，同时还增加钢筋长度（4%～10%），因此冷拉是节约钢材（一般 10%～20%）的一种措施。

**注**：区分冷拉和冷拔。

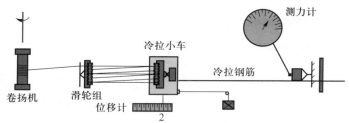

图 6-24　钢筋冷拉示意图

钢材经冷拉后屈服阶段缩短，伸长率减小，材质变硬。实际冷拉时，应通过试验确定冷拉控制参数。冷拉参数的控制，直接关系到冷拉效果和钢材质量。

钢筋的冷拉可采用控制应力或控制冷拉率的方法。当采用控制应力方法时，在控制应力下的最大冷拉率应满足规定要求，当最大冷拉率超过规定要求时，应进行力学性能

**拓展资源**
钢筋冷拉动画

图 6-25　钢筋冷拉夹具

检验。当采用控制冷拉率方法时，冷拉率必须由试验确定，测定冷拉率时钢筋的冷拉应力应满足规定要求。

冷拉仅能提高钢材的抗拉强度，不能提高抗压强度。

## 二、冷拔

冷拔指将光圆钢筋通过硬质合金拔丝模孔强行拉拔。钢筋在冷拔过程中，不仅受拉，同时还受到挤压作用。经过一次或多次冷拔后，钢筋的屈服强度可提高 40%～60%，但塑性大大降低，具有硬钢的性质。经冷拔后，钢材的抗压、抗拉强度均有一定的提高，如图 6-26、图 6-27 所示。

图 6-26　钢筋冷拔机

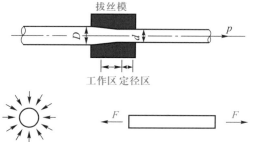

图 6-27　钢筋冷拔示意图

**拓展资源**
钢筋冷拔动画。

### 三、冷轧

冷轧是指将光圆钢筋在常温下用轧钢机轧成断面按一定规律变化的钢筋。轧制时，纵向与横向同时产生变形，因而能较好地保持其塑性和内部结构的均匀性。目前工程中使用的有冷轧带肋钢筋和冷轧扭钢筋，如图6-28、图6-29所示。

图6-28　冷轧带肋钢筋　　　　　图6-29　冷轧扭钢筋

总的来说，冷加工钢筋尽管强度有一定提高，但塑性、韧性均有所降低，且大多为作坊式生产，质量不宜保证，目前使用量呈下降趋势。

## 任务2　钢材的时效处理

| 任务导入 | 土木工程中大量使用的钢筋，往往是冷加工和时效处理同时采用。本任务将学习钢材时效处理的基本概念和原理。 |
| --- | --- |
| 任务目标 | 掌握钢材时效处理的概念及对钢材性能的影响。 |

将经过冷加工后的钢材，在常温下存放15~20 d，或加热至100~200 ℃并保持2 h左右，其屈服强度、抗拉强度及硬度进一步提高，这个过程称为时效处理。前者称为自然时效，后者称为人工时效。

通常对强度较低的钢筋可采用自然时效，强度较高的钢筋则需采用人工时效。

钢材经冷加工和时效处理后，其性能变化规律在应力－应变图上明显地得到反映，如图6-30所示。

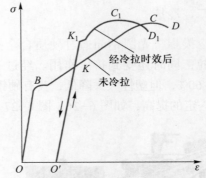

图6-30　钢筋经冷拉时效后应力－应变图的变化
OBCD—未冷拉钢筋曲线；O′KCD—冷拉钢筋曲线；
O′K₁C₁D₁—冷拉并经时效处理钢筋曲线

图中OBCD为未经冷拉和时效处理试件的曲线。当试件冷拉至超过屈服强度的任意一个K点时卸荷载，此时由于试件已产生塑性变形，曲线沿KO′下降，KO′大致与BO平行。如果立即重新拉伸，则新的屈服点将提高至K点，以后的曲线将与

原来曲线 *KCD* 相似，新的屈服点 *K* 比原屈服点提高，但伸长率降低。如果在 *K* 点卸荷载后不立即重新拉伸，而将试件进行自然时效或人工时效，然后再拉伸，则其屈服点又进一步提高至 $K_1$ 点，继续拉伸时曲线沿 $K_1C_1D_1$ 发展。这表明钢筋经冷拉和时效处理后，屈服强度得到进一步提高，抗拉强度亦有所提高，塑性和韧性则相应降低。

## 任务 3　钢材的热处理

| | |
|---|---|
| **任务导入** | 　热处理是一种改变钢材的组织从而得到所需要的性能的工艺。本任务将学习钢材热处理的基本概念和方法。 |
| **任务目标** | 　掌握钢材热处理的四种方法（淬火、回火、退火和正火）的概念及其对应钢材性能的影响。 |

热处理是将钢材按规定的温度，进行加热、保温和冷却处理，以改变其组织，得到所需要的性能的一种工艺。热处理包括淬火、回火、退火和正火，如图6-31所示。

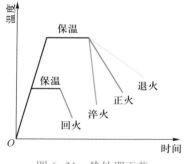

图 6-31　热处理工艺

### 一、淬火

将钢材加热至基本组织改变温度（723 ℃）以上，保温，然后投入水或矿物油中急冷的处理方法称淬火。淬火能使晶粒细化，碳的固溶量增加，强度和硬度增加，塑性和韧性明显下降。

### 二、回火

将比较硬脆、存在内应力的钢，再加热至基本组织改变温度以下（150~650 ℃），保温后按一定制度冷却至室温的热处理方法称回火。回火后的钢材，内应力消除，硬度降低，塑性和韧性得到改善。

### 三、退火

将钢材加热至基本组织转变温度以下（低温退火）或以上（完全退火），适当保温后缓慢冷却的处理方法称退火。退火能消除内应力，减少缺陷和晶格畸变，使钢的塑性和韧性得到改善。

### 四、正火

将钢件加热至基本组织改变温度以上，然后在空气中冷却的处理方法称正火。正火能使晶格细化，钢的强度提高而塑性有所降低，如图6-31所示。

对于含碳量高的高强度钢筋和焊接时形成的硬脆组织的焊件，适合以退火方式来消除内应力和降低脆性，保证焊接质量。

# 项目5 钢材的标准与选用

建筑工程用钢材主要分为钢结构用钢和钢筋混凝土结构用钢筋（钢丝）两大类。

## 任务1 建筑工程常用钢种

| 任务导入 | 建筑钢材作为必不可缺的建筑材料之一，种类很多，性质各异，不同的钢种使用部位也不尽相同。本任务将学习建筑工程中常用钢的种类。 |
| --- | --- |
| 任务目标 | 掌握建筑工程中常用钢种牌号、表示方式、主要技术性能、特性及其选用。 |

我国建筑工程中常用钢种主要有碳素结构钢和合金钢两大类。其中合金钢中使用较多的是普通低合金结构钢。

### 一、碳素结构钢

碳素结构钢是碳素钢中的一种，可加工成各种型钢、钢筋和钢丝，适用于一般结构和工程。

**拓展资源**
碳素结构钢（GB/T 700—2006）

注：除非需方有特殊要求并在合同中注明，冶炼方法一般由供方自行选择。

注：铬、镍、铜、氮、砷等化学成分的含量见国家标准《碳素结构钢》（GB/T 700—2006）。

1. 牌号及其表示方法

根据国家标准《碳素结构钢》（GB/T 700—2006）的规定，钢的牌号由代表屈服点的字母、屈服点数值、质量等级符号、脱氧方法符号四个部分按顺序组成，其中，以Q代表屈服点，屈服点数值共分195 MPa、215 MPa、235 MPa和275 MPa四种。按硫、磷等杂质含量由多到少，质量等级分为A、B、C、D。脱氧方法以F代表沸腾钢，Z和TZ分别表示镇静钢和特殊镇静钢，Z和TZ在钢的牌号中予以省略。如Q235AF表示屈服点为235 MPa的A级沸腾钢；Q215B表示屈服点为215 MPa的B级镇静钢。

2. 碳素结构钢的主要技术性能

国家标准《碳素结构钢》（GB/T 700—2006）规定了碳素结构钢的牌号、尺寸、外形、重量、允许偏差、技术要求、试验方法、检验规则、包装、标志和质量证明书。其中碳素结构钢的化学成分、力学性能、冷弯试验指标应符合表6-1~表6-3的要求。碳素结构钢的冶炼方法采用氧气转炉。一般为热轧状态交货。表面质量也应符合有关规定。

表 6-1　碳素结构钢的牌号及化学成分（GB/T 700—2006）

| 牌号 | 统一数字代码[a] | 等级 | 厚度（或直径）/mm | 脱氧方法 | 化学成分（质量分数）/%，不大于 | | | | |
|---|---|---|---|---|---|---|---|---|---|
| | | | | | C | Si | Mn | P | S |
| Q195 | U11952 | — | — | F、Z | 0.12 | 0.3 | 0.5 | 0.035 | 0.04 |
| Q215 | U12152 | A | — | F、Z | 0.15 | 0.35 | 1.2 | 0.045 | 0.05 |
| | U112155 | B | | | | | | | 0.045 |
| Q235 | U12352 | A | — | F、Z | 0.22 | 0.35 | 1.4 | 0.045 | 0.05 |
| | U12355 | B | | F、Z | 0.2[b] | | | | 0.045 |
| | U12358 | C | | Z | 0.17 | | | 0.04 | 0.04 |
| | U12359 | D | | T、Z | | | | 0.035 | 0.035 |
| Q275 | U12752 | A | — | F、Z | 0.24 | 0.35 | 1.5 | 0.045 | 0.05 |
| | U12755 | B | ≤ 40 | Z | 0.21 | | | 0.04 | 0.045 |
| | | | > 40 | Z | 0.22 | | | | |
| | U12758 | C | — | Z | 0.2 | | | 0.04 | 0.04 |
| | U12759 | D | | T、Z | | | | 0.035 | 0.035 |

注：a. 表中为镇静钢、特殊镇静钢牌号的统一数字，沸腾钢牌号的统一数字代号如下：
Q195AF-U11950；Q215AF-U12150，Q215BF-U12153，Q235AF-U12350，Q235BF-U12353，
Q275AF-U12750。

b. 经需方同意，Q235B 的碳含量可不大于 0.22%。

表 6-2　碳素结构钢的力学性能要求（GB/T 700—2006）

| 牌号 | 等级 | 拉伸试验 | | | | | | | | | | | | 冲击试验（V 形） | |
|---|---|---|---|---|---|---|---|---|---|---|---|---|---|---|---|
| | | 屈服强度[a] $\sigma_s$/MPa，不小于 | | | | | | 抗拉强度[b] $\sigma_b$/MPa | 断后伸长率 $\delta$/%，不小于 | | | | | 温度/℃ | 冲击功（纵向）/J 不小于 |
| | | 厚度（或直径）/mm | | | | | | | 钢材厚度（或直径）/mm | | | | | | |
| | | ≤16 | >16~40 | >40~60 | >60~100 | >100~150 | >150~200 | | ≤40 | >40~60 | >60~100 | >100~150 | >150~200 | | |
| Q195 | — | 195 | 185 | — | — | — | — | 315~430 | 33 | | | | | | |
| Q215 | A | 215 | 205 | 195 | 185 | 175 | 165 | 335~450 | 31 | 30 | 29 | 27 | 26 | — | — |
| | B | | | | | | | | | | | | | +20 | 27[c] |
| Q235 | A | 235 | 225 | 215 | 215 | 195 | 185 | 370~500 | 26 | 25 | 24 | 22 | 21 | — | — |
| | B | | | | | | | | | | | | | +20 | 27[c] |
| | C | | | | | | | | | | | | | 0 | |
| | D | | | | | | | | | | | | | −20 | |

续表

| 牌号 | 等级 | 拉伸试验 | | | | | | | | | | | | 冲击试验（V形） | |
|---|---|---|---|---|---|---|---|---|---|---|---|---|---|---|---|
| | | 屈服强度 [a] $\sigma_s$/MPa，不小于 | | | | | | 抗拉强度 [b] $\sigma_b$/MPa | 断后伸长率 $\delta$/%，不小于 | | | | | 温度/℃ | 冲击功（纵向）/J 不小于 |
| | | 厚度（或直径）/mm | | | | | | | 钢材厚度（或直径）/mm | | | | | | |
| | | ≤16 | >16~40 | >40~60 | >60~100 | >100~150 | >150~200 | | ≤40 | >40~60 | >60~100 | >100~150 | >150~200 | | |
| Q275 | A | 275 | 265 | 255 | 245 | 225 | 215 | 410~540 | 22 | 21 | 20 | 18 | 17 | — | — |
| | B | | | | | | | | | | | | | +20 | 27[c] |
| | C | | | | | | | | | | | | | 0 | |
| | D | | | | | | | | | | | | | −20 | |

注：a. Q195 的屈服强度值仅供参考，不作为交货条件。

b. 厚度大于 100 mm 的钢材抗拉强度下限允许降低 20 MPa。宽带钢（包括剪切钢板）抗拉强度上限不作为交货条件。

c. 厚度小于 25 mm 的 Q235B 级钢材，如供方能保证冲击吸收功值合格，经需方同意，可不做检验。

表 6-3 碳素结构钢的冷弯性能（GB/T 700—2006）

| 牌号 | 试样方向 | 冷弯试验 180° $B = 2a$ [a] | |
|---|---|---|---|
| | | 钢材厚度（或直径）[b]/mm | |
| | | ≤60 | >60~100 |
| | | 弯心直径 $d$ | |
| Q195 | 纵 | 0 | — |
| | 横 | 0.5a | |
| Q215 | 纵 | 0.5a | 1.5a |
| | 横 | a | 2a |
| Q235 | 纵 | a | 2a |
| | 横 | 1.5a | 2.5a |
| Q275 | 纵 | 1.5a | 2.5a |
| | 横 | 2a | 3a |

注：a. $B$ 为试样宽度，$a$ 为试样厚度（或直径）。

b. 钢材厚度（或直径）大于 100 mm 时，弯曲试验由双方协商确定。

从表 6-1～表 6-3 可以看出，碳素结构钢随着牌号的增大，其含碳量增加，强度提高，塑性和韧性降低，冷弯性能逐渐变差。

3. 碳素结构钢的特性与选用

碳素结构钢由于其综合性能较好，且成本较低，目前在土木工程中应用广泛。工程中应用最广泛的碳素结构钢牌号为 Q235，其含碳量为 0.14%～0.22%，属低碳钢。由于该牌号钢既具有较高的强度，又具有较好的塑性和韧性，可焊性也好，故能较好地满足一般钢结构和钢筋混凝土结构的用钢要求。

Q195、Q215 号钢，强度低，塑性和韧性较好，易于冷加工，常用作钢钉、铆钉、螺栓及铁丝等。Q215 号钢经冷加工后可代替 Q235 号钢使用。

Q275 号钢强度较高，但塑性、韧性和可焊性较差，不易焊接和冷加工，可用于轧制钢筋、制作螺栓配件等。

工程结构选用碳素结构钢，应综合考虑结构的工作环境条件、承受荷载类型、承受荷载方式、连接方式等。

### 二、低合金高强度结构钢（GB/T 1591—2018）

低合金高强度结构钢是一种在碳素结构钢的基础上添加总量小于 5% 的一种或多种合金元素的钢材。所加的合金元素主要有锰、硅、钒、钛、铌、铬、镍及稀土元素等。其目的是为了提高钢的屈服强度、抗拉强度、耐磨性、耐蚀性及耐低温性能等。因此，它是综合性能较为理想的建筑钢材，尤其在大跨度、承受动荷载和冲击荷载的结构中更适用。

1. 牌号的表示方法

根据国家标准《低合金高强度结构钢》（GB/T 1591—2018）的规定，低合金高强度结构钢的交货状态分为热轧、正火、正火轧制、热机械轧制。

热轧（AR 或 WAR）：钢材未经任何特殊扎制和 / 或热处理的状态。

正火（N）：钢材加热到高于相变点温度以上的一个合适的温度，然后在空气中冷却至低于某相变点温度的热处理工艺。

正火轧制（+N）：最终变形是在一定温度范围内的轧制过程中进行，使钢材达到一种正火后的状态，以便即使正火后，也可达到规定的力学性能数值的轧制工艺。

热机械轧制（M）：钢材的最终变形在一定温度范围内进行的轧制工艺，从而保证钢材获得仅通过热处理无法获得的性能。

低合金高强度结构钢牌号由代表屈服强度"屈"字的汉语拼音首字母 Q、规定的最小上屈服强度数值、交货状态代号、质量等级符号 (B、C、D、E、F) 四个部分组成。其中，交货状态为热轧时，交货状态代号 AR 或 WAR 可省略；交货状态为正火或正火轧制状态时，交货状态代号均用 N 表示。示例：Q355ND，其中：Q——钢的屈服强度的"屈"字汉语拼音的首字母；355——规定的最小上屈服强度数值，单位为兆帕 (MPa)；N——交货状态为正火或正火轧制；D——质量等级为 D 级。

2. 主要技术性能与选用

低合金高强度结构钢中热轧钢材的牌号及化学成分、拉伸性能见表 6-4、表 6-5。

低合金高强度结构钢与碳素结构钢相比，具有较高的强度，同条件下可节省用钢，对减轻结构自重有利。同时，还具有良好的塑性、韧性、可焊性、耐磨性、耐蚀性、耐低温性等性能，有利于延长结构的使用寿命。

低合金高强度结构钢主要用于轧制各种型钢、钢板、钢管和钢筋，广泛用于钢结构和钢筋混凝土结构中，特别适用于各种重型结构、高层结构、大跨度结构及大柱网结构等。

注：另外，与使用碳素钢相比，可节约钢材 20%~30%，而成本并不很高。

**拓展资源**
《低合金高强度结构钢》（GB/T 1591—2018）

注：当需方要求钢板具有厚度方向性能时，则在上述规定的牌号后加上代表厚度方向(Z 向)性能级别的符号，如：Q355NDZ25

注：正火钢、正火轧制钢、热机械轧制钢的牌号及化学成分拉伸性能，低合金高强度结构钢的试验方法、检验规则、包装、标志、质量证明书均应符合国家标准《低合金高强度结构钢》（GB/T 1591—2018）

表 6-4　热轧钢的牌号及化学成分（GB/T 1591—2018）

| 钢级 | 质量等级 | C[a] ≤40[b] | C[a] >40 | Si | Mn | P[c] | S[c] | Nb[d] | V[e] | Ti[e] | Cr | Ni | Cu | Mo | N[f] | B |
|---|---|---|---|---|---|---|---|---|---|---|---|---|---|---|---|---|
| | | 不大于 | 不大于 | | | 不大于 | | | | | | | | | | |
| Q355 | B | 0.24 | 0.24 | 0.55 | 1.60 | 0.035 | 0.035 | — | — | — | 0.30 | 0.30 | 0.40 | — | 0.012 | — |
| | C | 0.20 | 0.22 | | | 0.030 | 0.030 | | | | | | | | 0.012 | |
| | D | 0.20 | 0.22 | | | 0.025 | 0.025 | | | | | | | | — | |
| Q390 | B | 0.20 | 0.20 | 0.55 | 1.70 | 0.035 | 0.035 | 0.05 | 0.13 | 0.05 | 0.30 | 0.50 | 0.40 | 0.10 | 0.15 | — |
| | C | | | | | 0.030 | 0.030 | | | | | | | | | |
| | D | | | | | 0.025 | 0.025 | | | | | | | | | |
| Q420[g] | B | 0.20 | 0.20 | 0.55 | 1.70 | 0.035 | 0.035 | 0.05 | 0.13 | 0.05 | 0.30 | 0.80 | 0.40 | 0.20 | 0.15 | — |
| | C | | | | | 0.030 | 0.030 | | | | | | | | | |
| Q460[g] | C | 0.20 | 0.20 | 0.55 | 1.80 | 0.030 | 0.030 | 0.05 | 0.13 | 0.05 | 0.30 | 0.80 | 0.40 | 0.20 | 0.15 | 0.004 |

注：a. 公称厚度大于 100mm 的型钢，碳含量可由供需双方协商确定。

b. 公称厚度大于 30m 的钢材，碳含量不大于 0.22%。

c. 对于型钢和棒材，其磷和硫含量上限值可提高 0.005%。

d. Q390、Q420 最高可到 0.07%，Q460 最高可到 0.11%。

e. 最高可到 0.20%。

f. 如果钢中酸溶铝（Als）含量不小于 0.015% 或全铝（Alt）含量不小于 0.020%，或添加了其他固氮合金元素，氮元素含量不做限制，固氮元素应在质量证明书中注明。

g. 仅适用于型钢和棒材。

表 6-5　热轧钢的拉伸性能（GB/T 1591—2018）

| 钢级 | 质量等级 | 上屈服强度 $R_{eH}$[a]/MPa 不小于 公称厚度或直径/mm | | | | | | | | | 抗拉强度 $R_m$/MPa | | | |
|---|---|---|---|---|---|---|---|---|---|---|---|---|---|---|
| | | ≤16 | >16~40 | >40~63 | >63~80 | >80~100 | >100~150 | >150~200 | >200~250 | >250~400 | ≤100 | >100~150 | >150~250 | >250~400 |
| Q355 | B、C | 355 | 345 | 335 | 325 | 315 | 295 | 285 | 275 | — | 470~630 | 450~600 | 450~600 | — |
| | D | | | | | | | | | 265[b] | | | | 450~600[b] |
| Q390 | B、C、D | 390 | 380 | 360 | 340 | 340 | 320 | — | — | — | 490~650 | 470~620 | — | — |
| Q420[c] | B、C | 420 | 410 | 390 | 370 | 370 | 350 | — | — | — | 520~680 | 500~650 | — | — |
| Q460[c] | C | 460 | 450 | 430 | 410 | 410 | 390 | — | — | — | 550~720 | 530~700 | — | — |

注：a. 当屈服不明显时，可用规定塑性延伸强度 $R_{p0.2}$ 代替上屈服强度。

b. 只适用于质量等级为 D 的钢板。

c. 只适用于型钢和棒材。

## 任务 2　建筑工程常用钢材

| | |
|---|---|
| **任务导入** | 现代建筑工程中最常用的钢筋混凝土结构、预应力混凝土结构以及钢结构都离不开钢材的使用。本任务将学习建筑工程常用钢材的种类、概念、相关国家标准。 |
| **任务目标** | 掌握建筑工程常用钢材的种类、概念、相关国家标准对其性能的要求以及不同钢材的适用范围。 |

建筑工程中常用的钢筋混凝土结构及预应力混凝土结构钢筋，根据生产工艺、性能和用途的不同，主要品种有热轧钢筋、冷轧带肋钢筋、热处理钢筋、冷拔低碳钢丝、预应力混凝土用钢丝及钢绞线等。钢结构构件一般直接选用型钢。

### 一、钢筋及钢丝

#### 1. 热轧钢筋

热轧钢筋是经热轧成型并自然冷却的成品钢筋，由低碳钢和普通合金钢在高温状态下压制而成，主要用于钢筋混凝土和预应力混凝土结构的配筋，是建筑工程中使用量最大的钢材品种之一。它不仅具有较高的强度，而且具有良好的塑性、韧性和可焊性能。热轧钢筋分为热轧光圆钢筋和热轧带肋钢筋。其中 H、P、R、B 分别为热轧（hot-rolled）、光圆（plain）、带肋（ribbed）、钢筋（bars）四个英文单词首字母。

（1）热轧光圆钢筋

热轧光圆钢筋（HPB）指经热轧成型，横截面通常为圆形，表面光滑的成品钢筋，如图 6-32，图 6-33 所示。

图 6-32　热轧光圆钢筋（直条）　　　图 6-33　热轧光圆钢筋（盘条）

热轧光圆钢筋强度较低，但具有塑性、焊接性能好、伸长率高，便于弯折成型和进行各种冷加工。根据《钢筋混凝土用钢 第 1 部分：热轧光圆钢筋》（GB 1499.1—2017），热轧光圆钢筋的牌号和化学成分应符合表 6-6 的规定，力学性能和工艺性能应符合表 6-7 的规定。

**拓展资源**
《钢筋混凝土用钢第 1 部分：热轧光圆钢筋》（GB 1499.1—2017）

注：热轧光圆钢筋的冶炼方法、力学性能、工艺性能等相关规定应符合国家标准《钢筋混凝土用钢 第1部分：热轧光圆钢筋》（GB 1499.1—2017），钢筋的成品化学成分允许偏差应符合 GB/T 222 的规定。

表 6-6　热轧光圆钢筋的牌号和化学成分（熔炼分析）（GB 1499.1—2017）

| 牌号 | 化学成分（质量分数）/mm | | | | |
| --- | --- | --- | --- | --- | --- |
| | C | Si | Mn | P | S |
| HPB300 | 0.25 | 0.55 | 1.50 | 0.045 | 0.045 |

表 6-7　热轧光圆钢筋力学、工艺性能（GB 1499.1—2017）

| 外形 | 牌号 | 下屈服强度 /MPa | 抗拉强度 /MPa | 断后伸长率 /% | 最大力总伸长率 /% | 冷弯试验 180° |
| --- | --- | --- | --- | --- | --- | --- |
| | | 不小于 | | | | |
| 光圆 | HPB300 | 300 | 420 | 25 | 10 | $d = a$ |

注：$d$—弯芯直径。
$a$—钢筋公称直径。

热轧光圆钢筋广泛用于普通钢筋混凝土构件中，主要用于钢筋混凝土构件的主要受力钢筋、构件的箍筋，钢、木结构的拉杆等；也可作为冷轧带肋钢筋的原材料，盘条还可作为冷拔低碳钢丝原材料。

（2）热轧带肋钢筋

热轧带肋钢筋常为圆形横截面且表面带有两条纵肋和沿长度方向均匀分布的横肋，如图 6-34、图 6-35 所示。

图 6-34　热轧带肋钢筋（直条）　　图 6-35　热轧带肋钢筋（盘条）

按钢筋晶相组织中晶粒度的粗细程度分为普通热轧带肋钢筋（HRB）和细晶粒热轧带肋钢筋（HRBF）。F 为"细"（fine）的英文单词首字母。

普通热轧带肋钢筋的金相组织主要是铁素体加珠光体，不得有影响使用性能的其他组织存在。

细晶粒热轧带肋钢筋是在热轧过程中，通过控轧和控冷工艺形成的细晶粒钢筋，其金相组织主要是铁素体加珠光体，不得有影响使用性能的其他组织存在，晶粒度不粗于 9 级。

热轧带肋钢筋按肋文的形状分为月牙肋和高等肋。月牙肋的纵横不相交，而高等肋则纵横相交，如图 6-36 所示。

(a) 月牙肋　　　　　　　　　　(b) 高等肋

图 6-36　带肋钢筋

图片资源
带肋钢筋

月牙肋钢筋生产简便、强度高、应力集中敏感性小、疲劳性能好，但其与混凝土的黏结锚固性能稍逊于等高肋钢筋。根据《钢筋混凝土用钢　第 2 部分：热轧带肋钢筋》（GB 1499.2—2018），热轧带肋钢筋按屈服强度特征值分为 400、500、600 级。钢筋牌号的构成及其含义见表 6-8，公称直径范围为 6~50mm。化学成分应符合表 6-9 的规定，力学性能符合表 6-10 的规定。热轧带肋钢筋应进行弯曲实验，按表 6-11 规定的弯曲压头直径弯曲 180° 后，钢筋受弯曲部位表面不得产生裂纹。

拓展资源
《钢筋混凝土用钢　第 2 部分：热轧带肋钢筋》（GB 1499.2—2018）。

表 6-8　热轧带肋钢筋牌号的构成

| 类别 | 牌号 | 牌号构成 | 英文字母含义 |
|---|---|---|---|
| 普通热轧钢筋 | HRB400 | 由 HRB+ 屈服强度特征值构成 | HRB——热轧带肋钢筋的英文（Hot rolled Ribbed Bars）缩写。E——"地震"的英文（Earthquake）首位字母 |
| | HRB500 | | |
| | HRB600 | | |
| | HRB400E | 有 HRB+ 屈服强度特征值 +E 构成 | |
| | HRB500E | | |
| 细晶粒热轧钢筋 | HRBF400 | 由 HRBF+ 屈服强度特征值构成 | HRBF——在热轧带肋钢筋的英文缩写后加"细"的英文（Fine）首位字母。E——"地震"的英文（Earthquake）首位字母 |
| | HRBF500 | | |
| | HRBF400E | 由 HRBF+ 屈服强度特征值 +E 构成 | |
| | HRBF500E | | |

表 6-9　热轧带肋钢筋牌号及化学成分（熔炼分析）（GB 1499.2—2018）

| 牌号 | 化学成分（质量分数）/% | | | | |
|---|---|---|---|---|---|
| | C | Si | Mn | P | S |
| | 不大于 | | | | |
| HRB400 HRBF400 HRB400E HRBF400E | 0.25 | 0.80 | 1.60 | 0.045 | 0.045 |
| HRB500 HRBF500 HRB500E HRBF500E | | | | | |
| HRB600 | 0.28 | | | | |

热轧带肋钢筋的成品化学成分允许偏差应符合 GB/T 222 的规定。

表 6-10　热轧带肋钢筋的力学性能（GB 1499.2—2018）

| 牌号 | 下屈服强度 $R_{eL}$/MPa | 抗拉强度 $R_m$/MPa | 断后伸长率 $A$/% | 最大力总延伸率 $A_{gt}$/% | $R_m^o/R_{eL}^o$ | $R_{eL}^o/R_{eL}$ |
|---|---|---|---|---|---|---|
| | | | 不小于 | | | 不大于 |
| HRB400<br>HRBF400 | 400 | 540 | 16 | 7.5 | — | — |
| HRB400E<br>HRBF400E | | | — | 9.0 | 1.25 | 1.35 |
| HRB500<br>HRBF500 | 500 | 630 | 15 | 7.5 | — | — |
| HRB500E<br>HRBF500E | | | — | 9.0 | 1.25 | 1.35 |
| HRB600 | 600 | 730 | 14 | 7.5 | — | — |

注：$R_m^o$ 为钢筋实测抗拉强度；$R_{eL}^o$ 为钢筋实测下屈服强度。

公称直径 28~40mm 各牌号钢筋的断后伸长 $A$ 可降低 1%；公称直径大于 40mm 各牌钢筋的断后伸长 $A$ 可降低 2%。

表 6-11　热轧带肋钢筋的弯曲性能（GB 1499.2—2018）

| 牌号 | 公称直径 $d$/mm | 弯曲压头直径 |
|---|---|---|
| HRB400<br>HRBF400<br>HRB400E<br>HRBF400E | 6~25 | $4d$ |
| | 28~40 | $5d$ |
| | > 40~50 | $6d$ |
| HRB500<br>HRBF500<br>HRB500E<br>HRBF500E | 6~25 | $6d$ |
| | 28~40 | $7d$ |
| | > 40~50 | $8d$ |
| HRB600 | 6~25 | $6d$ |
| | 28~40 | $7d$ |
| | > 40~50 | $8d$ |

注：热轧带肋钢筋的其他工艺性能、试验方法、检测规则、包装、标志和质量证明书等相关规定应符合国家标准《钢筋混凝土用钢 第 2 部分：热轧带肋钢筋》（GB 1499.2—2018）。

热轧带肋钢筋强度较高，塑性和焊接性能较好，因表面带肋，加强了钢筋和混凝土之间的黏结力，广泛用于大、中型钢筋混凝土结构的受力钢筋，经过冷拉后可用作预应力钢筋。

2. 冷轧带肋钢筋

冷轧带肋钢筋是用热轧圆盘条经冷轧后，在其表面带有沿长度方向均匀分布的横肋的钢筋。

根据《冷轧带肋钢筋》（GB 13788—2017）的规定，冷轧带肋钢筋按延伸高低分为冷轧带肋钢筋（CRB）和高延性冷轧带肋钢筋（CRB+ 抗拉强度特征值 +H），C、R、B、H 分别为冷轧（Cold rolled）、带肋（Ribbed）、钢筋（Bar）、高延性（High elongation）四个词的英文首位字母。冷轧带肋钢筋分为 CRB550、CRB650、CRB800、CRB600H、CRB680H、CRB800H 六个牌号。CRB550、CRB600H、CRB680H 钢筋的公称直径范围为 4 ~ 12mm，CRB650、CRB800、CRB800H 钢筋公称直径为 4mm、5mm、6mm。冷轧带肋钢筋各等级的力学性能和工艺性能应符合表 6-12 的规定。进行弯曲试验时，受弯曲部位表面不得产生裂纹，反复弯曲试验的弯曲半径应符合表 6-13 的规定。

拓展资源
《冷轧带肋钢筋》
GB 13788—2017

　　与冷拔低碳钢丝相比较，冷轧带肋钢筋具有强度高、塑性好、与混凝土握裹力强、节约钢材、降低成本、提高构件整体质量、改善构件的延性等优点。CRB550、CRB600H 为普通钢筋混凝土用钢筋，CRB650、CRB800、CRB800H 为预应力混凝土用钢筋，CRB680H 既可作为普通钢筋混凝土用钢筋，也可作为预应力混凝土用钢筋。

表 6-12　冷轧带肋钢筋的性能（GB 13788—2017）

| 分类 | 牌号 | 规定塑性延伸强度 $R_{P0.2}$/MPa，不小于 | 抗拉强度 $R_m$/MPa，不小于 | $R_m/R_{P0.2}$ 不小于 | 断后伸长率 /%，不小于 | | 最大力总延伸率 /%，不小于 | 弯曲试验 [a] 180° | 反复弯曲次数 | 应力松弛（初始应力应相当于公称抗拉强度的 70%） |
|---|---|---|---|---|---|---|---|---|---|---|
| | | | | | $A$ | $A_{100mm}$ | $A_{gt}$ | | | 1 000h 松弛率 /%，不大于 |
| 普通钢筋混凝土用 | CRB550 | 500 | 550 | 1.05 | 11.0 | — | 2.5 | $D=3d$ | — | — |
| | CRB600H | 540 | 600 | 1.05 | 14.0 | — | 5.0 | $D=3d$ | — | — |
| | CRB680H[b] | 600 | 680 | 1.05 | 14.0 | — | 5.0 | $D=3d$ | 4 | 5 |
| 预应力混凝土用 | CRB650 | 585 | 650 | 1.05 | — | 4.0 | 2.5 | — | 3 | 8 |
| | CRB800 | 720 | 800 | 1.05 | — | 4.0 | 2.5 | — | 3 | 8 |
| | CRB800H | 720 | 800 | 1.05 | — | 7.0 | 4.0 | — | 4 | 5 |

　　注：a. $D$ 为弯芯直径，mm；$d$ 为钢筋公称直径，mm。
　　b. 当该牌号钢筋作为普通混凝土用钢筋使用时，对反复弯曲和应力松弛不做要求；当该牌号钢筋作为预应力混凝土用钢筋使用时应进行反复弯曲试验代替 180° 弯曲试验，并检测松弛率。

表 6-13　反复弯曲试验的弯曲半径（GB 13788—2017）

| 钢筋公称直径 /mm | 4 | 5 | 6 |
|---|---|---|---|
| 弯曲半径 /mm | 10 | 15 | 15 |

注：冷轧带肋钢筋的化学成分、力学性能、工艺性能、试验方法、检测规则、包装、标志和质量证明书等相关规定应符合国家标准《冷轧带肋钢筋》（GB 13788—2017）。

### 3. 热处理钢筋

　　预应力混凝土用热处理钢筋是用热轧带肋钢筋经淬火和回火调质处理制成的钢筋。有直径为 6 mm、8.2 mm、10 mm 三种规格。热处理钢筋成盘供应，每盘长 100~120 m，开盘后钢筋自然伸直，按要求的长度切断。

　　预应力混凝土用热处理钢筋的优点是：强度高，可代替高强钢丝使用；配筋根数少，节约钢材；锚固性好，不易打滑，预应力值稳定；施工简便，开盘后钢筋自然伸直，不需调直，不能焊接。主要用作预应力钢筋混凝土轨枕，也用于预应力梁、板结构及吊车梁等。

#### 4. 冷拔低碳钢丝

冷拔低碳钢丝是指用直径 6.5 mm 或 8 mm 的碳素结构钢热轧盘条，经过多次强力拔制而成的直径为 3 mm、4 mm 或 5 mm 的圆钢丝，如图 6-37 所示。低碳钢经冷拔后，屈服强度可提高 40%～60%，同时塑性显著降低。所以，冷拔低碳钢丝变得硬脆，属硬钢类钢丝。建筑用冷拔低碳钢丝分为甲、乙两级。甲级钢丝为预应力钢丝，主要用于小型预应力混凝土构件的预应力钢材；乙级钢丝为非预应力钢丝，一般用作焊接或绑扎骨架、网片或箍筋。

图 6-37　冷拔低碳钢丝

#### 5. 预应力混凝土用钢丝及钢绞线

##### （1）预应力混凝土用钢丝

预应力混凝土用钢丝是高碳钢盘条经淬火、酸洗、冷拉加工而制成的高强度钢丝。

根据《预应力混凝土用钢丝》（GB/T 5223—2014）的规定，钢丝按加工状态分为冷拉钢丝（WCD）和消除应力钢丝两种。钢丝按外形分为光圆钢丝（代号 P）、螺旋肋钢丝（代号 H）、刻痕钢丝（代号 I），如图 6-38、图 6-39 所示。

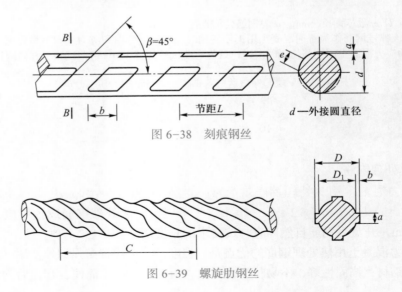

图 6-38　刻痕钢丝

$d$—外接圆直径

图 6-39　螺旋肋钢丝

根据《预应力混凝土用钢丝》（GB/T 5223—2014）的要求，压力管道用无涂（镀）层冷拉钢丝的力学性能应符合表 6-14 的规定，0.2% 屈服力 $F_{p0.2}$ 应不小于最大力的特征值 $F_m$ 的 75%。

表 6-14  冷拉钢丝的力学性能（GB/T 5223—2014）

| 公称直径 $d_m$/mm | 公称抗拉强度 $R_m$/MPa | 最大力的特征值 $F_m$/kN | 最大力的最大值 $F_{m, max}$/kN | 0.2% 屈服力 $F_{p0.2}$/kN ≥ | 每 210 mm 扭矩的扭转次数 $N$ ≥ | 断面收缩率 $Z$/%，≥ | 氢脆敏感性能（负载为 70% 最大力时，断裂时间）$t$/h，≥ | 应力松弛性能（初始力为最大力 70% 时，1 000 h 应力松弛率）$r$/%，≤ |
|---|---|---|---|---|---|---|---|---|
| 4.00 | 1 470 | 18.48 | 20.99 | 13.86 | 10 | 35 | 75 | 7.5 |
| 5.00 | | 28.86 | 32.79 | 21.65 | 10 | 35 | | |
| 6.00 | | 41.56 | 47.21 | 31.17 | 8 | 30 | | |
| 7.00 | | 56.57 | 64.27 | 42.42 | 8 | 30 | | |
| 8.00 | | 73.88 | 83.93 | 55.41 | 7 | 30 | | |
| 4.00 | 1 570 | 19.73 | 22.24 | 14.80 | 10 | 35 | 75 | 7.5 |
| 5.00 | | 30.82 | 34.75 | 23.11 | 10 | 35 | | |
| 6.00 | | 44.38 | 50.03 | 33.29 | 8 | 30 | | |
| 7.00 | | 60.41 | 68.11 | 45.31 | 8 | 30 | | |
| 8.00 | | 78.91 | 88.96 | 59.18 | 7 | 30 | | |
| 4.00 | 1 670 | 20.99 | 23.50 | 15.74 | 10 | 35 | | |
| 5.00 | | 32.78 | 36.71 | 24.59 | 10 | 35 | | |
| 6.00 | | 47.21 | 52.86 | 35.41 | 8 | 30 | | |
| 7.00 | | 64.26 | 71.96 | 48.20 | 8 | 30 | | |
| 8.00 | | 83.93 | 93.99 | 62.95 | 6 | 30 | | |
| 4.00 | 1 770 | 22.25 | 24.76 | 16.69 | 10 | 35 | | |
| 5.00 | | 34.75 | 38.68 | 26.06 | 10 | 35 | | |
| 6.00 | | 50.04 | 55.69 | 37.53 | 8 | 30 | | |
| 7.00 | | 68.11 | 75.81 | 51.08 | 6 | 30 | | |

消除应力的光圆及螺旋肋钢丝的力学性能应符合表 6-15 的规定，0.2% 屈服力 $F_{p0.2}$ 应不小于最大力的特征值 $F_m$ 的 88%。

消除应力的刻痕钢丝的力学性能，除弯曲次数外其他应符合表 6-15 的规定，对所有规格消除应力的刻痕钢丝，其弯曲次数均应不小于 3 次。

表 6-15 消除应力光圆、螺旋肋钢丝的力学性能（GB/T 5223—2014）

| 公称直径 $d_m$/mm | 公称抗拉强度 $R_m$/MPa | 最大力的特征值 $F_m$/kN | 最大力的最大值 $F_{m, max}$/kN | 0.2%屈服力 $F_{p0.2}$/kN ≥ | 最大力总伸长率（$L_0$=200 mm）$A_{gt}$/%，≥ | 弯曲次数/（次/180°），≥ | 弯曲半径 $R$/m | 初始力应相当于实际最大力的百分数 $l$/% | 1 000 h应力松弛率 $r$/%，≤ |
|---|---|---|---|---|---|---|---|---|---|
| 4.00 | | 18.48 | 20.99 | 16.22 | | 3 | 10 | | |
| 4.80 | | 26.61 | 30.23 | 23.35 | | 4 | 15 | | |
| 5.00 | | 28.86 | 32.78 | 25.32 | | 4 | 15 | 70~80 | 2.5~4.5 |
| 6.00 | | 41.56 | 47.21 | 36.47 | | 4 | 15 | | |
| 6.25 | | 45.10 | 51.24 | 39.58 | | 4 | 20 | | |
| 7.00 | | 56.57 | 64.26 | 49.64 | | 4 | 20 | | |
| 7.50 | 1 470 | 64.94 | 73.78 | 56.99 | | 4 | 20 | | |
| 8.00 | | 73.88 | 83.93 | 64.84 | | 4 | 20 | | |
| 9.00 | | 93.52 | 106.25 | 82.07 | | 4 | 25 | | |
| 9.50 | | 104.19 | 118.37 | 91.44 | | 4 | 25 | | |
| 10.00 | | 115.45 | 131.16 | 101.32 | | 4 | 25 | | |
| 11.00 | | 139.69 | 158.70 | 122.59 | | — | — | | |
| 12.00 | | 166.26 | 188.88 | 145.90 | | — | — | | |
| 4.00 | | 19.73 | 22.24 | 17.37 | | 3 | 10 | | |
| 4.80 | | 28.41 | 32.03 | 25.00 | | 4 | 15 | | |
| 5.00 | | 30.82 | 34.75 | 27.12 | | 4 | 15 | | |
| 6.00 | | 44.38 | 50.03 | 39.06 | | 4 | 15 | | |
| 6.25 | | 48.17 | 54.31 | 42.39 | 3.5 | 4 | 20 | | |
| 7.00 | | 60.41 | 68.11 | 53.16 | | 4 | 20 | | |
| 7.50 | 1 570 | 69.36 | 78.20 | 61.04 | | 4 | 20 | 70~80 | 2.5~4.5 |
| 8.00 | | 78.91 | 88.96 | 69.44 | | 4 | 20 | | |
| 9.00 | | 99.88 | 112.60 | 87.89 | | 4 | 25 | | |
| 9.50 | | 111.28 | 125.46 | 97.93 | | 4 | 25 | | |
| 10.00 | | 123.31 | 139.02 | 108.51 | | 4 | 25 | | |
| 11.00 | | 149.20 | 168.21 | 131.30 | | — | — | | |
| 12.00 | | 177.57 | 200.19 | 156.26 | | — | — | | |
| 4.00 | | 20.99 | 23.50 | 18.47 | | 3 | 10 | | |
| 5.00 | | 32.78 | 36.71 | 28.85 | | 4 | 15 | | |
| 6.00 | | 47.21 | 52.86 | 41.54 | | 4 | 15 | | |
| 6.25 | | 51.24 | 57.38 | 45.09 | | 4 | 20 | | |
| 7.00 | 1 670 | 64.26 | 71.96 | 56.55 | | 4 | 20 | | |
| 7.50 | | 73.78 | 82.62 | 64.93 | | 4 | 20 | | |
| 8.00 | | 83.93 | 93.98 | 73.86 | | 4 | 20 | | |
| 9.00 | | 106.25 | 118.97 | 93.50 | | 4 | 25 | | |

| 公称直径 $d_m$/mm | 公称抗拉强度 $R_m$/MPa | 最大力的特征值 $F_m$/kN | 最大力的最大值 $F_{m,\,max}$/kN | 0.2%屈服力 $F_{p0.2}$/kN ≥ | 最大力总伸长率（ $L_0$ = 200 mm） $A_{gt}$/%，≥ | 反复弯曲性能 | | 应力松弛性能 | |
|---|---|---|---|---|---|---|---|---|---|
| | | | | | | 弯曲次数/（次/180°），≥ | 弯曲半径 $R$/m | 初始力应相当于实际最大力的百分数 $l$/% | 1 000 h 应力松弛率 $r$/%，≤ |
| 4.00 | 1 770 | 22.25 | 24.76 | 19.58 | 3.5 | 3 | 10 | 70～80 | 2.5～4.5 |
| 5.00 | | 34.75 | 38.68 | 30.58 | | 4 | 15 | | |
| 6.00 | | 50.04 | 55.69 | 44.03 | | 4 | 15 | | |
| 7.00 | | 68.11 | 75.81 | 59.94 | | 4 | 20 | | |
| 7.50 | | 78.02 | 87.04 | 68.81 | | 4 | 20 | | |
| 4.00 | 1 860 | 23.38 | 25.89 | 20.57 | | 3 | 10 | | |
| 5.00 | | 36.51 | 40.44 | 32.13 | | 4 | 15 | | |
| 6.00 | | 52.58 | 58.23 | 46.27 | | 4 | 15 | | |
| 7.00 | | 71.57 | 79.27 | 62.98 | | 4 | 20 | | |

预应力混凝土用钢丝具有强度高、柔性好、无接头等优点。施工方便，不需冷拉、焊接接头等加工，而且质量稳定、安全可靠。预应力混凝土用钢丝主要应用于大跨度屋架及薄腹梁、大跨度吊车梁、桥梁、电杆、枕轨或曲线配筋的预应力混凝土构件。刻痕钢丝由于屈服强度高且与混凝土的握裹力大，主要用于预应力钢筋混凝土结构以减少混凝土裂缝。

（2）预应力混凝土用钢铰线

预应力混凝土用钢绞线是由若干根一定直径的冷拉光圆钢丝或刻痕钢丝捻制，再经一定热处理清除内应力而制成。根据成形及表面形状又分为标准型钢绞线、刻痕钢绞线、模拔型钢绞线三类。

根据《预应力混凝土用钢绞线》（GB/T 5224—2014），钢绞线按结构分为 8 类，其代号为：1×2（用 2 根钢丝捻制）、1×3（用 3 根钢丝捻制）、1×3I（用 3 根刻痕钢丝捻制）、1×7（用 7 根钢丝捻制的标准型）、1×7I（用 6 根刻痕钢丝和 1 根光圆中心钢丝捻制）、1×7C（用 7 根钢丝捻制又经模拔）、1×19S（用 19 根钢丝捻制的 1+9+9 西鲁式）、1×19W（用 19 根钢丝捻制的 1+6+6/6 瓦林吞式）。图 6-40 为各类钢绞线截面示意图，预应力钢绞线如图 6-41 所示。

预应力混凝土用钢绞线的产品标记是由预应力钢绞线、结构代号、公称直径、强度级别、标准号五部分组成。例如，公称直径为 15.20 mm、抗拉强度为 1 860 MPa 的 7 根钢丝捻制的标准型钢绞线的标记为：预应力钢绞线 1×7-15.20-1860-GB/T 5224—2014。

以 1×3 结构钢绞线的力学性能为例，根据《预应力混凝土用钢绞线》（GB/T 5224—2014）规定，预应力混凝土用钢绞线的力学性能应符合表 6-16 的规定。

**拓展资源**
预应力混凝土用钢绞线（GB/T 5224—2014）

注：不同截面钢绞线的力学性能等相关规定应符合国家标准《预应力混凝土用钢绞线》（GB/T 5224—2014）。

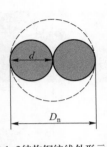
(a) 1×2结构钢绞线外形示意图

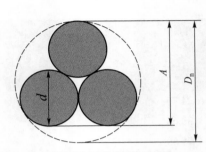
(b) 1×3结构钢绞线外形示意图

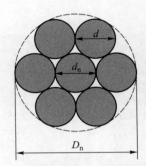
(c) 1×7结构钢绞线外形示意图

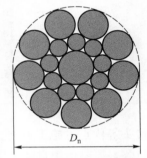
(d) 1×19结构西鲁式钢绞线外形示意图

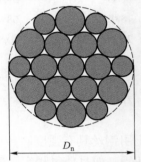
(e) 1×19结构瓦林吞式钢绞线外形示意图

图 6-40　钢绞线截面示意图

图 6-41　预应力钢绞线

表 6-16　1×3 结构钢绞线的力学性能

| 钢绞线结构 | 钢绞线公称直径 $D_n$/mm | 公称抗拉强度 $R_m$/MPa | 整根钢绞线的最大力 $F_m$/KN，≥ | 整根钢绞线最大力的最大值 $F_{m,max}$/kN，≤ | 0.2%屈服力 $F_{p0.2}$/kN，≥ | 最大力下总伸长率（$L_0$=400 mm）$A_{gt}$/%，≥ | 应力松弛性能 | |
|---|---|---|---|---|---|---|---|---|
| | | | | | | | 初始负荷相当于实际最大力的百分数 $l$/% | 1 000 h 应力松弛率 $l$/%，≤ |
| 1×3 | 8.60 | 1 470 | 55.4 | 63.0 | 48.8 | 对所有规格 | 对所有规格 | 对所有规格 |
| | 10.80 | | 86.6 | 98.4 | 76.2 | 3.5 | 70~80 | 2.5 4.5 |
| | 12.9 | | 125 | 142 | 110 | | | 4.5 |

续表

| 钢绞线结构 | 钢绞线公称直径 $D_n$/mm | 公称抗拉强度 $R_m$/MPa | 整根钢绞线的最大力 $F_m$/kN, ≥ | 整根钢绞线最大力的最大值 $F_{m,max}$/kN ≤ | 0.2%屈服力 $F_{p0.2}$/kN ≥ | 最大力下总伸长率 ($L_0=400$ mm) $A_{gt}$/%, ≥ | 应力松弛性能 | |
|---|---|---|---|---|---|---|---|---|
| | | | | | | | 初始负荷相当于实际最大力的百分数 /% | 1 000 h 应力松弛率 /%, ≤ |
| 1×3 | 6.20 | 1 570 | 31.1 | 35.0 | 27.4 | 3.5 | 70~80 | 2.5~4.5 |
| | 6.50 | | 33.3 | 37.5 | 29.3 | | | |
| | 8.60 | | 59.2 | 66.7 | 52.1 | | | |
| | 8.74 | | 60.6 | 68.3 | 53.3 | | | |
| | 10.80 | | 92.5 | 104 | 81.4 | | | |
| | 12.90 | | 133 | 150 | 117 | | | |
| | 8.74 | 1 670 | 64.5 | 72.2 | 56.8 | | | |
| | 6.20 | 1 720 | 34.1 | 38.0 | 30.0 | | | |
| | 6.50 | | 36.5 | 40.7 | 32.1 | | | |
| | 8.60 | | 64.8 | 72.4 | 57.0 | | | |
| | 10.80 | | 101 | 113 | 88.9 | | | |
| | 12.80 | | 146 | 163 | 128 | | | |
| | 6.20 | 1 860 | 36.8 | 40.8 | 32.4 | | | |
| | 6.50 | | 39.4 | 43.7 | 34.7 | | | |
| | 8.60 | | 70.1 | 77.7 | 61.7 | | | |
| | 8.74 | | 71.8 | 79.5 | 63.2 | | | |
| | 10.80 | | 110 | 121 | 96.8 | | | |
| | 12.90 | | 158 | 175 | 139 | | | |
| | 6.20 | 1 960 | 38.8 | 42.8 | 34.1 | | | |
| | 6.50 | | 41.6 | 45.8 | 36.6 | | | |
| | 8.60 | | 73.9 | 81.4 | 65.0 | | | |
| | 10.80 | | 115 | 127 | 101 | | | |
| | 12.90 | | 166 | 183 | 146 | | | |
| 1×3I | 8.70 | 1 570 | 60.4 | 68.1 | 53.2 | | | |
| | | 1 670 | 66.2 | 73.9 | 58.3 | | | |
| | | 1 860 | 71.6 | 79.3 | 63.0 | | | |

钢绞线具有强度高、与混凝土黏结性好、断面面积大，使用根数少，在结构中布置方便，易于锚固等优点。钢绞线主要用于大跨度、大负荷的后张法预应力屋架、桥梁和薄腹梁等结构的预应力筋。

## 二、型钢

型钢是一种有一定截面形状和尺寸的条形钢材，是钢材四大品种（板、管、型、丝）之一。

在钢结构用钢中一般可直接选用各种规格与型号的型钢，构件之间可直接连接或附连接钢板进行连接。连接方式有铆接、螺栓连接或焊接。所用母材主要是碳素结构钢及低合金高强度结构钢。

型钢有热轧和冷轧成形两种。钢板也有热轧（厚度为 0.35~200 mm）和冷轧（厚度为 0.2~5 mm）两种。

### 1. 热轧普通型钢

钢结构常用的型钢有 H 型钢、T 型钢、工字钢、槽钢、角钢、Z 字钢和 U 型钢等。截面形式如图 6-42 所示。型钢由于截面形式合理，材料在截面上分布对受力最为有利，且构件间连接方便，所以是钢结构构件中采用的主要钢材。

图 6-42　型钢截面形式

（1）工字钢

工字钢也称为钢梁，是截面为工字形状的长条钢材，如图 6-43 所示。

工字钢的翼缘由根部向边上逐渐变薄，有一定的角度。普通工字钢和轻型工字钢，其型号是用其腹板高厘米数的阿拉伯数字表示的，腹板、翼缘厚度和翼缘宽度不同，其规格以腹板高（$h$）× 翼缘宽（$b$）× 腹板厚（$d$）的毫米数表示，如"普工 $160 \times 88 \times 6$"，即表示腹板高为 160 mm，翼缘宽为 88 mm，腹板厚为 6 mm 的

图 6-43　工字钢

普通工字钢。"轻工 $160 \times 81 \times 5$"，即表示腹板高为 160 mm，翼缘宽为 81 mm，腹板厚为 5 mm 的轻型工字钢。普通工字钢的规格也可用型号表示，型号表示腹板高的厘米数，如普工 16#。腹板高相同的工字钢，如有几种不同的翼缘宽和腹板厚，需在型号右边加 a、b、c 予以区别，如 32a#、32b#、32c# 等。

普通工字钢广泛用于各种建筑结构、桥梁、车辆、支架、机械等。热轧轻型工字钢与普通工字钢相比，当腹板高相同时，翼缘较宽，腹板和翼缘较薄，即宽翼缘薄腹板。在保证承载能力的条件下，轻型工字钢较普通工字钢具有较好的稳定性，且节约金属，所以有较好的经济效果，主要用于厂房、桥梁等大型结构及车船制造等。

（2）热轧 H 型钢

H 型钢是一种截面面积分配更加优化、强重比更加合理的经济断面高效型材，因其断面与英文字母"H"相同而得名，如图 6-44 所示。由于 H 型钢的翼缘都是等厚度的，各个部位均以直角排布，因此 H 型钢在各个方向上都具有抗弯能力强、施工简单、节约成本和结构重量轻等优点，已被广泛应用。H 型钢、H 型钢桩的规格标记采用：高度 $H×$ 宽度 $B×$ 腹板宽度 $t_1×$ 翼缘厚度 $t_2$ 表示，如 H340×250×9×14。

（3）槽钢

槽钢是截面为凹槽形的长条钢材，如图 6-45 所示。其规格表示方法，如 120×53×5，即表示腰高为 120 mm、腿宽为 53 mm、腰厚为 5 mm 的槽钢，或称 12# 槽钢。腰高相同的槽钢，如有几种不同的腿宽和腰厚也需在型号右边加 a、b、c 予以区别，如 25a#、25b#、25c# 等。

槽钢主要用于建筑结构、车辆制造和其他工业结构，槽钢还常常和工字钢配合使用。

图 6-44　H 型钢　　　　　　　　图 6-45　槽钢

图片资源
槽钢的应用图片

（4）角钢

角钢俗称角铁，是两边互相垂直成角形的长条钢材，如图 6-46 所示。有等边角钢和不等边角钢之分。等边角钢的两个边宽相等，其规格以边宽 × 边宽 × 边厚的毫米数表示。如"∟30×30×3"，即表示边宽为 30 mm、边厚为 3 mm 的等边角钢。也可用型号表示，型号是边宽的厘米数，如∟3，表示边宽为 30 mm。型号不表示同一型号中不同边厚的尺寸，因而在合同等单据上将角钢的边宽、边厚尺寸填写齐全，避免单独用型号表示。

图 6-46　角钢

图片资源
角钢的应用

角钢可按结构的不同需要组成各种不同的受力构件，也可用作构件之间的连接件。广泛地用于各种建筑结构和工程结构，如房梁、桥梁、输电塔、起重运输机械、船舶、工业炉、容器架以及仓库货架等。

2. 冷弯薄壁型钢

通常是用 2~6 mm 薄钢板冷弯或模压而成，有角钢、槽钢等开口薄壁型钢及方形、矩形等空心薄壁型钢，截面形式如图 6-47 所示。冷弯薄壁型钢主要用于轻型钢结构，其表示方法与热轧型钢相同，如图 6-48、图 6-49 所示。

图 6-47　冷弯薄壁型钢截面形式

图 6-48　C 形开口薄壁型钢

图 6-49　空心薄壁型钢

### 3. 钢管

钢结构中常用钢管分为无缝钢管和焊接钢管两大类，如图 6-50、图 6-51 所示。焊接钢管采用优质带材焊接而成，按焊接形式分为直纹焊管和螺纹焊管。焊管成本低，易加工，但一般抗压性能差。无缝钢管多采用热轧–冷拔工艺生产，也可采用冷轧方式生产，但成本昂贵。热轧无缝钢管具有良好的力学性能与工艺性能。

图 6-50　无缝钢管

图 6-51　焊接钢管

无缝钢管主要用于压力管道，在特定的钢结构中，往往也设计使用无缝钢管。

### 4. 板材

板材包括钢板、花纹钢板、建筑用压型钢板和彩色涂层钢板等，如图 6-52~ 图 6-55 所示。钢板可由矩形平板状的钢材直接轧制而成或由宽钢带剪切而成，按轧制方式分为热轧钢板和冷轧钢板。钢板规格表示方法为宽度 × 厚度 × 长度（以 mm 计）。钢板分厚板（厚度 ≥ 4 mm）和薄板（厚度 ≤ 4 mm）两种。厚板主要用于结构，薄板主要用于屋层面板、楼板和墙板等。在钢结构中，单块钢板一般较少使用，而是用几块钢板组合而成工字形、箱形等结构来承受荷载。

图 6-52  钢板

图 6-53  花纹钢板

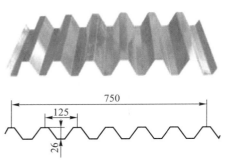

图 6-54  建筑用压型钢板

图 6-55  彩色涂层钢板

5. 棒材

六角钢、八角钢、扁钢、圆钢和方钢是常用的棒材，如图 6-56~图 6-60 所示。热轧六角钢和八角钢是截面为六角形和八角形的长条钢材，规格以"对边距离"表示。建筑钢结构的螺栓常以此种钢材为坯材。热轧扁钢是截面为矩形并稍带钝边的长条钢材，规格以"厚度 × 宽度"表示，规格范围为 3×10~60×150（单位为 mm）。扁钢在建筑上用作房架构件、扶梯、桥梁和栅栏等。

图 6-56  六角钢

图 6-57  八角钢

图 6-58　扁钢

图 6-59　方钢

图 6-60　圆钢

# 项目 6　钢材的防护

## 任务 1　钢 筋 腐 蚀

| 任务导入 | 现代建筑中钢筋锈蚀已成为导致钢筋混凝土建筑物耐久性不足、过早破坏的主要原因，是世界普遍关注的一大灾害。因此对混凝土中的钢筋应采取相应措施防止或减轻锈蚀的发生。本任务将学习钢筋的腐蚀原理及防护。 |
|---|---|
| 任务目标 | 掌握钢筋锈蚀的原因及防护方法。 |

　　钢材表面与周围环境接触，在一定条件下，可发生作用而使钢材表面腐蚀，如图 6-61 所示。腐蚀不仅造成钢材受力截面减小、表面不平整而导致应力集中，降低了钢材的承载能力；还会使疲劳强度大为降低，尤其是显著降低钢材的冲击韧性，使钢材脆断。混凝土中的钢筋腐蚀后，产生体积膨胀，使混凝土顺筋开裂，如图 6-62 所示。因此为了确保钢材不产生腐蚀，必须采取防腐措施。

图片资源
各类钢筋腐蚀

图 6-61　钢筋锈蚀

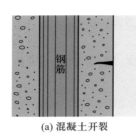 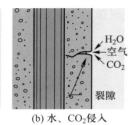 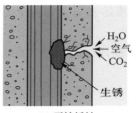 

(a) 混凝土开裂　　(b) 水、$CO_2$侵入　　(c) 开始锈蚀　　(d) 钢筋体积膨胀

图6-62　混凝土结构钢筋锈蚀示意图

## 一、钢筋腐蚀的原因

根据钢材表面与周围介质的不同作用，一般把腐蚀分为下列两种。

### 1. 化学腐蚀

化学腐蚀指由非电解质溶液或各种干燥介质（如$O_2$、$CO_2$、$SO_2$等）所引起的一种纯化学性质的腐蚀，无电流产生。这种腐蚀多数是氧化作用，在钢材的表面形成疏松的氧化物，在干燥的环境下进展很缓慢，但在温度和湿度较高的条件下，这种腐蚀进展很快。

### 2. 电化学腐蚀

钢材与电解质溶液相接触产生电流，形成原电池而发生的腐蚀称电化学腐蚀。钢材中含有铁素体、渗碳体、非金属夹杂物等，这些成分的电极电位不同，即活泼性不同，在电解质存在时，很容易形成原电池的两个极。钢材与潮湿介质空气、水、土壤接触时，表面覆盖一层水膜，水中溶有来自空气的各种离子，便形成了电解质。首先钢中的铁素体失去电子即$Fe \rightarrow Fe^{2+} + 2e$成为阳极，渗碳体成为阴极。在酸性电解质中$H^+$得到电子变成氢气逸出；在中性介质中，由于氧的还原作用使水中含有$OH^-$离子，随之生成不溶于水的$Fe(OH)_2$；进一步氧化成$Fe(OH)_3$及其脱水产物$Fe_2O_3$，即红褐色铁锈的主要成分。

## 二、钢材腐蚀的防止

防止钢材腐蚀的方法常见的有保护膜法、电化学保护法和合金化三种。

### 1. 保护膜法

用保护膜使钢材与周围介质隔离，从而避免或减缓外界腐蚀性介质对钢材的破坏作用。例如在钢材的表面喷刷涂料、搪瓷、塑料等或以金属镀层作为保护膜，如锌、锡、铬等。

图片资源

钢材表面保护膜

### 2. 电化学保护法

无电流保护法是在钢铁结构上接一块较钢铁更为活泼的金属如锌、镁，因为锌、镁比钢铁的电位低，所以锌、镁成为腐蚀电池的阳极遭到破坏（牺牲阳极），而钢铁结构得到保护。这种方法适用于那些不容易或不能覆盖保护层的地方，如蒸汽锅炉、轮船外壳、地下管道、港口结构、道桥建筑等。

外加电流保护法是在钢铁结构附近，安放一些废钢铁或其他难熔金属，如高硅铁及铅银合金等，将外加直流电源的负极接在被保护的钢铁结构上，正极接在难熔的金属上，通电后者难熔金属成为阳极而被腐蚀，钢铁结构成为阴极得到保护。

### 3. 合金化

在碳钢中加入能提高抗腐蚀能力的合金元素，如镍、铬、钛、铜等制成不同的合金钢。

防止混凝土中钢筋的腐蚀可以采用上述的方法，但最经济有效的方法是提高混凝土的密实度，并保证钢筋有足够的保护层厚度。

## 任务 2　钢材防火

| 任务导入 | 钢材具有强度高，韧性、塑性好等优点，但在高温时易丧失强度。本任务将学习钢材在火灾中的表现及其防火措施。 |
| --- | --- |
| 任务目标 | 了解钢材在火灾中的表现，掌握钢材的防火措施。 |

### 一、钢在火灾中的表现

钢是不燃性材料，但这并不表明钢材能够抵抗火灾。耐火试验与火灾案例调查表明：以失去支持能力为标准，无保护层时钢柱和钢屋架的耐火极限仅为 0.25 h，而裸露钢梁的耐火极限仅为 0.15 h。温度在 200 ℃以内，可以认为钢材的性能基本不变；超过 300 ℃以后，弹性模量、屈服点和极限强度均开始下降，应变急剧增大；到达 600 ℃时已失去承载能力。所以，没有防火保护层的钢结构是不耐火的，如图6-63 所示。

图 6-63　钢结构火灾

### 二、钢材的防火

钢结构防火保护的基本原理是采用绝热或吸热材料，阻隔火焰和热量，推迟钢结构的升温速率。防火方法以包覆法为主即以防火涂料、不燃性板材或混凝土和砂浆将钢构件包裹起来。

### 1. 防火涂料

防火涂料按受热时的变化分为膨胀型（薄型）和非膨胀型（厚型）两种。

膨胀型防火涂料的涂层厚度一般为 2~7 mm，附着力很强，有一定的装饰效果。由于其内含膨胀组分，遇火后会膨胀增厚 5~10 倍，形成多孔结构，从而起到良好的隔热防火作用，根据涂层厚度可使构件的耐火极限达到 0.5~1.5 h。非膨胀型防火涂料的涂层厚度一般为 8~50 mm，呈粒状面，密度小、强度低，喷涂后需再用装饰面层隔护，耐火极限可达 0.5~3.0 h。为使防火涂料牢固地包裹钢构件，可在涂层内埋设钢丝网，并使钢丝网与钢构件表面的净距离保持在 6 mm 左右。

### 2. 不燃性板材

常用的不燃性板材有石膏、硅酸钙板、蛭石板、珍珠岩板、岩棉板等，可通过黏结剂或钢钉、钢箍等固定在钢构件上。

## 墙体及门窗材料

本学习情境主要内容包括墙体、屋面建筑材料及附属在墙体上的门窗材料等。通过本学习情境的学习，学生应掌握墙体及门窗材料的基本组成、分类及其选用原则，了解墙体及门窗材料的不同特性和使用范围。本学习情境的教学重点包括墙体材料的应用，门窗材料的特点。教学难点包括根据具体情况如何选择墙体及门窗材料。

## 项目 1  墙 体 材 料

### 任务  墙体材料的种类及应用

| 任务导入 | 任何建筑都离不开墙体围护结构，组成墙体的材料就尤为重要。本任务将学习各类建筑墙体材料。 |
|---|---|
| 任务目标 | 掌握墙体材料的基本概念、组成和品种，不同墙体材料的特性及应用范围。 |

墙体、屋面及门窗材料是由墙体砌筑材料（图7-1）、屋面承重材料及门窗等外围护材料共同组成。分别为水平围护结构和垂直围护结构，构成了建筑的外表皮。

黏土砖墙(烧结砖)　　　　　　石砌墙(毛石)　　　　　　砌块墙(轻质混凝土砌块)

轻质隔墙(GRC成品)　　　　　剪力墙(钢筋混凝土)　　　　幕墙(明框玻璃幕墙)

图 7-1　墙体材料

## 一、墙体材料的特点

注：不同墙体适用于不同的结构形式，也可能在同一个建筑中有多种墙体形式。

（1）黏土砖作为曾经广泛使用的墙体材料，具有材料丰富、成本低的优点，但有对耕地破坏巨大、生产高能耗、整体抗震性能差、自重大、生产效率低等缺点。

（2）砌块是利用混凝土、工业废料（炉渣、粉煤灰等）制成的人造墙体块材，规格比实心黏土砖大，具有自重轻、施工快等优点。

（3）轻质隔墙板具有质量轻、强度高、多重环保、隔热隔声性能良好、防火能力好、机械化施工快、施工成本低等优点。

（4）剪力墙的优点是侧向刚度大，在水平荷载作用下侧移小，既承担水平构件传来的竖向荷载，同时承担风力或地震作用传来的水平作用；其缺点是间距有一定限制，建筑平面布置不灵活，不适合要求大空间的公共建筑，另外结构自重也较大，灵活性就差。

（5）幕墙则是现代轻质高强墙体的代表，具有自重轻、施工方便快捷、便于维修更换、外形美观时尚、抗震效果好等优点。

## 二、分类

### （一）砖

砖的种类很多，按所用原材料可分为黏土砖、页岩砖、煤矸石砖、粉煤灰砖、灰砂砖和炉渣砖等（图 7-2~图 7-5）；按生产工艺可分为烧结砖和非烧结砖，其中非烧结砖又可分为压制砖、蒸养砖和蒸压砖等；按有无孔洞可分为多孔砖和实心砖。

图 7-2　烧结黏土砖（黏土为主）

图 7-3　烧结粉煤灰砖（粉煤灰为主）

图 7-4　烧结页岩砖（页岩为主）

图 7-5　烧结煤矸石空心砖（煤矸石）

注：烧结材料不同会影响砖的使用性质和物理性能。目前能耗高的烧结黏土砖已经淘汰。

### 1. 烧结普通砖

凡通过高温焙烧而制得的砖统称为烧结砖。根据原料不同分为烧结黏土砖、烧结粉煤灰砖、烧结页岩砖和烧结煤矸石砖等。对孔洞率小于 15% 的烧结砖，称为烧结普通砖。

动画扫一扫
烧结砖砌筑

烧结黏土实心砖，目前已被限制或淘汰使用，但由于我国已有建筑中的墙体材料绝大部分为此类砖，是一段不能割裂的历史。而且，烧结多孔砖可以认为是从实心砖演变而来。另一方面，烧结粉煤灰砖、烧结页岩砖和烧结煤矸石砖等的规格尺寸和基本要求均与烧结黏土实心砖相似。

（1）主要技术性质

烧结普通砖的技术要求包括形状、尺寸、外观质量、强度等级和耐久性等方面。根据尺寸偏差和外观质量分为优等品、一等品和合格品 3 个等级。

注：黏土砖的构造和施工都会在今后的课程有所涉及。

烧结普通砖为长方体，其标准尺寸为 240 mm×115 mm×53 mm，加上砌筑用灰缝的厚度 10 mm，则 4 块砖长、8 块砖宽、16 块砖厚分别恰好为 1 m，故每 1 m³ 砖砌体需用砖 512 块。

烧结黏土实心砖的强度等级根据 10 块砖的抗压强度平均值、标准值或最小值划分，共分为 MU30、MU25、MU20、MU15、MU10 五个等级，其具体要求如表 7-1 所示。

表 7-1　普通黏土砖的强度等级　　　　　　　　　　　MPa

| 强度等级 | 抗压强度平均值 $\bar{f}$ | 变异系数 $\delta \leqslant 0.21$ | 变异系数 $> 0.21$ |
| --- | --- | --- | --- |
| | | 强度标准值 $f_k$ | 单块最小值 $f_{min}$ |
| MU30 | ≥30.0 | ≥22.0 | ≥25.0 |
| MU25 | ≥25.0 | ≥18.0 | ≥22.0 |
| MU20 | ≥20.0 | ≥14.0 | ≥16.0 |
| MU15 | 15.0 | 10.0 | 12.0 |
| MU10 | 10.0 | 7.5 | 7.5 |

烧结页岩砖以页岩为主要原料,经破碎、粉磨、成形、制坯、干燥和焙烧等工艺制成,其焙烧温度一般在 1 000 ℃左右。生产这种砖可完全不用黏土,配料时所需水分较少,有利于砖坯的干燥,且制品收缩小。砖的颜色与黏土砖相似,但表观密度较大,为 1 500~2 750 kg/m³,抗压强度为 7.5~15 MPa,吸水率为 20% 左右,可代替实心黏土砖应用于建筑工程。为减轻自重,可制成烧结页岩多孔砖。页岩砖的质量标准与检验方法及应用范围均与烧结普通砖相同。

烧结煤矸石砖以煤矸石为原料,经配料、粉碎、磨细、成形、焙烧而制得。焙烧时基本不需外投煤,因此生产煤矸石砖不仅节省大量的黏土原料和减少废渣的占地,也节省了大量燃料。烧结煤矸石砖的表观密度一般为 1 500 kg/m³ 左右,比实心黏土砖小,抗压强度一般为 10~20 MPa,吸水率为 15% 左右,抗风化性能优良。煤矸石砖的质量标准与检验方法及应用范围均与烧结普通砖相同。

烧结粉煤灰砖以粉煤灰为主要原料,掺入适量黏土(二者体积比为 1:1~1.25)或膨润土等无机复合掺合料,经均化配料、成形、制坯、干燥、焙烧而制成。由于粉煤灰中存在部分未燃烧的碳,能耗降低,也称为半内燃砖。表观密度为 1 400 kg/m³ 左右,抗压强度 10~15 MPa,吸水率为 20% 左右,颜色从淡红至深红。烧结粉煤灰砖的质量标准与检验方法及应用范围均与烧结普通砖相同。

(2)烧结普通砖的应用

烧结普通砖具有良好的耐久性,主要应用于承重和非承重墙体,以及砖混结构墙、柱、拱、烟囱、市政管沟等的砌筑。

2. 烧结多孔砖和烧结空心砖

烧结多孔砖的孔洞率要求大于 16%,一般超过 25%,孔洞尺寸小而多,且为竖向孔。多孔砖使用时孔洞方向平行于受力方向。主要用于六层及以下的承重砌体。烧结空心砖的孔洞率大于 35%,孔洞尺寸大而少,且为水平孔。空心砖使用时的孔洞通常垂直于受力方向。主要用于非承重砌体。

多孔砖的技术性能应满足国家规范《烧结多孔砖》(GB 13544—2000)的要求。根据其尺寸规格分为 M 型和 P 型两类,如图 7-6 和表 7-2 所示。圆孔直径≤22 mm,非圆孔内切圆直径≤15 mm,手抓孔一般为(30~40)mm×(75~85)mm。

注:多孔砖比实心砖主要是自重轻,节省能源。

图 7-6  烧结多孔砖

表 7-2  烧结多孔砖规格尺寸

| 代号 | 长度 /mm | 宽度 /mm | 厚度 /mm |
|---|---|---|---|
| M | 190 | 190 | 90 |
| P | 240 | 115 | 90 |

与烧结普通砖相比，多孔砖和空心砖可节省黏土 20%~30%，节约燃料 10%~20%，减轻自重 30% 左右，且烧成率高，施工效率高，并改善绝热性能和隔声性能。

多孔砖根据抗压强度平均值和抗压强度标准值或抗压强度最小值分为 MU30、MU25、MU20、MU15、MU10 共 5 个强度等级。强度指标与烧结普通砖相同。

3. 非烧结砖

非烧结砖是通过配料中掺入一定量胶凝材料或在生产过程中形成一定量的胶凝物质而制得，是替代烧结普通砖的新型墙体材料之一。非烧结砖的主要缺点是干燥收缩较大和压制成形产品的表面过于光洁，干缩值一般在 0.50 mm/m 以上，容易导致墙体开裂和粉刷层剥落。

（1）蒸压灰砂砖和空心砖

蒸压灰砂砖和空心砖是以石灰和砂为主要原料，经磨细、混合搅拌、陈化、压制成形和蒸压养护制成的。一般石灰占 10%~20%，砂占 80%~90%。蒸压养护的压力为 0.8~1.0 MPa、温度 175 ℃左右，经 6 h 左右的湿热养护，使原来在常温常压下几乎不与 $Ca(OH)_2$ 反应的砂（晶态二氧化硅），产生具有胶凝能力的水化硅酸钙凝胶，水化硅酸钙凝胶与 $Ca(OH)_2$ 晶体共同将未反应的砂粒黏结起来，从而使砖具有强度。

蒸压灰砂砖（图 7-7）的规格与烧结普通砖相同，分为 MU25、MU20、MU15、MU10 四个强度等级。强度等级 MU15 及以上的砖可用于基础及其他建筑部位，MU10 砖可用于砌

图 7-7  蒸压灰砂砖（石灰和石英砂）

演示文稿
各类墙体砌筑材料

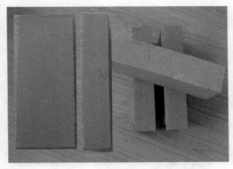

图 7-8　粉煤灰砖（粉煤灰）

筑防潮层以上的墙体。

灰砂砖不宜在温度高于 200 ℃以及承受急冷、急热或有酸性介质侵蚀的建筑部位长期使用。

（2）粉煤灰砖

粉煤灰砖是以粉煤灰和石灰为主要原料，掺加适量石膏和炉渣，加水混合拌成坯料，经陈化、轮碾、加压成形，再通过常压或高压蒸汽养护而制成的一种墙体材料。其尺寸规格与烧结普通砖相同（图 7-8）。

粉煤灰砖根据外观质量、强度、抗冻性和干燥收缩值分为优等品、一等品和合格品。粉煤灰砖的强度等级分为 MU30、MU25、MU20、MU15 和 MU10 五级。一般要求优等品和一等品干燥收缩值不大于 0.65 mm/m，合格品干燥收缩值不大于 0.75 mm/m。

粉煤灰砖可用于工业与民用建筑的墙体和基础。但用于基础或用于易受冻融和干湿交替作用的建筑部位时，必须采用一等品与优等品。用粉煤灰砖砌筑的建筑物，应适当增设圈梁及伸缩缝或其他措施，以避免或减少收缩裂缝。粉煤灰砖不得用于长期受热（200 ℃以上）、受急冷急热和有酸性介质侵蚀的部位。

（二）建筑砌块

建筑砌块的尺寸大于砖，并且为多孔或轻质材料，主要品种有：混凝土空心砌块（包括小型砌块和中型砌块两类）、蒸压加气混凝土砌块、轻骨料混凝土砌块、粉煤灰砌块、煤矸石空心砌块、石膏砌块、菱镁砌块、大孔混凝土砌块等。其中目前应用较多的是混凝土小型空心砌块、蒸压加气混凝土砌块、粉煤灰硅酸盐砌块和石膏砌块。

1. 普通混凝土小型空心砌块

普通混凝土小型空心砌块主要以水泥、砂、石和外加剂为原材料，经搅拌成形和自然养护制成，空心率为 25%~50%，采用专用设备进行工业化生产。

混凝土小型空心砌块（图 7-9）于 19 世纪末期起源于美国，目前在各发达国家已经十分普及。它具有强度高、自重轻、耐久性好等优点，部分砌块还具有美观的饰面及良好的保温隔热性能，适合于建造各种类型的建筑物，包括高层和大跨度建筑，以及围墙、挡土墙、花坛等设施，应用范围十分广泛。砌块建筑还具有使用面积增大、施工速度较快、建筑造价和维护费用较低等优点。但混凝土小型空心砌块的收缩较大，易产生收缩变形、不便砍削施工和管线布置等不足之处。

混凝土小型空心砌块主要技术性能指标有：

（1）形状、规格（图 7-10）。混凝土砌块主规格尺寸为 390 mm×190 mm×190 mm，空心率不小于 25%。根据尺寸偏差和外观质量分为优等品（A）、一等品（B）和合格品（C）三级。

为了改善单排孔砌块对管线布置和砌筑效果带来的不利影响，近年来对孔洞结构做了大量的改进。目前实际生产和应用较多的为双排孔、三排孔和多排孔结构。另一方面，为了确保肋与肋之间的砌筑灰缝饱满和布浆施工的方便，砌块的底部均采用半封底结构。

(a) 外观

(b) 施工

图 7-9　混凝土空心砌块

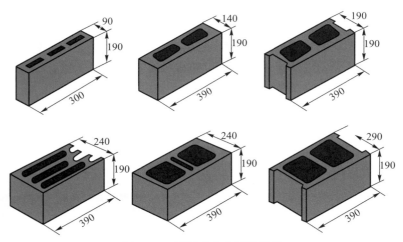

图 7-10　混凝土空心砌块规格

（2）强度等级。根据混凝土砌块的抗压强度值划分为 MU3.5、MU5.0、MU7.5、MU10.0、MU15.0、MU20.0 共 6 个等级。抗压强度试验每组 5 个砌块，上下表面用水泥砂浆抹平，养护后进行抗压试验，以 5 个砌块的平均值和单块最小值确定砌块的强度等级（表 7-3）。

表 7-3　混凝土砌块强度等级表　　　　　　　　　　　　　　　MPa

| 强度等级 | 砌块抗压强度 | |
| --- | --- | --- |
| | 平均值不小于 | 单块最小值不小于 |
| MU3.5 | 3.5 | 2.8 |
| MU5.0 | 5.0 | 4.0 |

续表

| 强度等级 | 砌块抗压强度 | |
|---|---|---|
| | 平均值不小于 | 单块最小值不小于 |
| MU7.5 | 7.5 | 6.0 |
| MU10.0 | 10.0 | 8.0 |
| MU15.0 | 15.0 | 12.0 |
| MU20.0 | 20.0 | 16.0 |

（3）相对含水率。相对含水率指混凝土砌块出厂含水率与砌块的吸水率之比值，是控制收缩变形的重要指标。对年平均相对湿度大于75%的潮湿地区，相对含水率要求不大于45%；对年平均相对湿度 RH 在50%~75%的地区，相对含水率要求不大于40%；对年平均相对湿度 RH < 50% 的地区，相对含水率要求不大于35%。

（4）抗渗性。用于外墙面或有防渗要求的砌块，尚应满足抗渗性要求。它以3块砌块中任一块水面下降高度不大于10 mm 为合格。此外，混凝土砌块的技术性质尚有抗冻性、干燥收缩值、软化系数和抗碳化性能等。

由于混凝土砌块的收缩较大，特别是肋厚较小，砌体的黏结面较小，黏结强度较低，砌体容易开裂，因此应采用专用砌筑砂浆和粉刷砂浆，以提高砌体的抗剪强度和抗裂性能。同时应增加构造措施。

2. 蒸压加气混凝土砌块

目前常用的蒸压加气混凝土砌块（图7-11、图7-12）有以粉煤灰、水泥和石灰为主要原料生产的粉煤灰加气混凝土砌块，以水泥、石灰、砂为主要原料生产的砂加气混凝土砌块两大类。

注：了解加气的目的和作用，提高了砌块哪些性能。

图片资源
蒸压混凝土

图7-11  蒸压加气混凝土砌块

图7-12  蒸压加气混凝土砌块

（1）规格尺寸。根据《蒸压加气混凝土砌块》（GB 11968—2006），加气混凝土砌块的长度一般为600 mm，宽度有100 mm、125 mm、150 mm、200 mm、250 mm、300 mm、120 mm、180 mm、240 mm 九种规格，高度有200 mm、250 mm、300 mm 三种规格。在实际应用中，尺寸可根据需要进行生产。因此，可适应不同砌体的需要。

（2）强度及等级。抗压强度是加气混凝土砌块的主要指标，以100 mm×100 mm×100 mm 的立方体试件强度表示，一组三块，根据平均抗压强度划分为A1.0、A2.0、

A2.5、A3.5、A5.0、A7.5、A10.0 共 7 个等级，同时要求各强度等级的砌块单块最小抗压强度分别不低于 0.8 MPa、1.6 MPa、2.0 MPa、2.8 MPa、4.0 MPa、6.0 MPa、8.0 MPa 的要求。

（3）体积密度。加气混凝土砌块根据干燥状态下的体积密度划分为 B03、B04、B05、B06、B07、B08 共 6 个级别。

（4）干燥收缩。加气混凝土的干燥收缩值一般较大，特别是粉煤灰加气混凝土，由于没有粗细骨料的抑制作用收缩率达 0.5 mm/m。因此，砌筑和粉刷时宜采用专用砂浆，并增设拉结钢筋或钢筋网片，如图 7-13、图 7-14 所示。

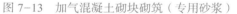

图 7-13　加气混凝土砌块砌筑（专用砂浆）　　图 7-14　砌块抹面（聚合物砂浆）

（5）导热性能和隔声性能。加气混凝土中含有大量小气孔，导热系数为 0.10~0.20 W/（m·K），因此具有良好的保温性能，既可用于屋面保温，也可用于墙体自保温。加气混凝土的多孔结构，使得其具有良好的吸声性能，平均吸声系数可达 0.15~0.20。

（6）加气混凝土砌块的应用。蒸压加气混凝土砌块具有表观密度小、导热系数小［0.10~0.20 W/（m·K）］、隔声性能好等优点。B03、B04、B05 级一般用于非承重结构的围护和填充墙，也可用于屋面保温。B06、B07、B08 可用于不高于 6 层建筑的承重结构。在标高 ±0.000 以下，长期浸水或经常受干湿循环、受酸碱侵蚀以及表面温度高于 80 ℃的部位一般不允许使用蒸压加气混凝土砌块。

3. 轻骨料混凝土小型空心砌块

轻骨料混凝土小型空心砌块是以粉煤灰陶粒、黏土陶粒、页岩陶粒、膨胀珍珠岩等各种轻骨料替代普通骨料，再配以水泥、砂制作而成，其生产工艺与普通混凝土小型空心砌块类似。尺寸规格为 390 mm×190 mm×190 mm，密度等级有 500、600、700、800、900、1 000、1 200、1 400 共 8 个，强度等级有 1.5、2.5、3.5、5.0、7.5、10.0 共 6 级。与普通混凝土小型空心砌块相比，轻骨料混凝土小型空心砌块重量更轻，保温性能、隔声性能、抗冻性能更好。主要应用于非承重结构的围护和框架结构填充墙。

4. 粉煤灰砌块

粉煤灰砌块又称为粉煤灰硅酸盐砌块，是以粉煤灰、石灰、石膏和骨料，经加水搅拌、振动成形、蒸汽养护而制成的砌块。粉煤灰砌块的主规格尺寸为 880 mm×380 mm×240 mm、880 mm×430 mm×240 mm，其外观形状如图 7-15、图 7-16 所示。根据外观质量和尺寸偏差可分为一等品（B）和合格品（C）两种。

图 7-15　粉煤灰空心砌块

图 7-16　粉煤灰蒸压砌块

### 5. 泡沫混凝土砌块

注：应会区分不同砌块适用的场合。

泡沫混凝土砌块（图 7-17）可分为两种，一种是在水泥和填料中加入泡沫剂和水等经机械搅拌、成形、养护而成的多孔、轻质、保温隔热材料，又称为水泥泡沫混凝土砌块；另一种是以粉煤灰为主要材料，加入适量的石灰、石膏、泡沫剂和水经机械搅拌、成型、蒸压或蒸养而成的多孔、轻质、保温隔热材料，又称为硅酸盐泡沫混凝土砌块。泡沫混凝土砌块的外形、物理力学性质均类似于加气混凝土砌块，其表观密度为 $300\sim1\,000\ \mathrm{kg/m^3}$，抗压强度为 $0.7\sim3.5\ \mathrm{MPa}$，导热系数为 $0.15\sim0.20\ \mathrm{W/(m\cdot K)}$、吸声性和隔声性均较好，干缩值为 $0.6\sim1.0\ \mathrm{mm/m}$。

图片资源
墙体板材

图 7-17　泡沫混凝土砌块

### （三）墙体板材

注：应了解各种板材在墙体组成中的作用及其特性。

建筑墙体板材主要有用于内墙或隔墙的轻质墙板以及用于外墙的挂板和承重墙板，有纸面石膏板、石膏纤维板、石膏空心条板、石膏刨花板、GRC 轻质多孔条板、GRC 平板、纤维水泥平板、水泥刨花板、轻质陶粒混凝土条板、固定式挤压成形混凝土多孔条板、轻骨料混凝土配筋墙板、移动式挤压成形混凝土多孔条板、SP 墙板等（图 7-18~图 7-23）。

### 1. 建筑石膏板

建筑石膏板是以建筑石膏为主要原料，掺入纤维增强材料和外加剂，加水搅拌均匀，浇筑成形的板材的统称。包括纸面石膏板、纤维石膏板、空心石膏板、石膏刨花板等。

图 7-18　纸面石膏板
（普通型）

图 7-19　石膏纤维板
（石膏加纤维）

图 7-20　石膏空心板
（隔墙整板）

微课扫一扫
石膏板分类

图 7-21　GRC 空心隔板

图 7-22　纤维水泥平板

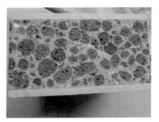
图 7-23　轻质陶粒混凝土
条板

图片资源
各类石膏板

（1）纸面石膏板。以建筑石膏为主要原料，掺入适量添加剂与纤维做板芯，以特制的板纸为护面，经加工制成的板材。其具有良好的柔韧性、阻燃性能，平整度好，可以根据需要任意裁切，可锯、可刨、可钉，施工速度快、工效高、劳动强度小，特殊的纸面石膏板还能防水、防火，主要用于吊顶、隔墙、内墙贴面等。

普通纸面石膏板的耐火极限一般为 5~15 min。板材的耐水性差，受潮后强度明显下降，且会产生较大变形或较大的挠度。

规格：3 000 mm × 1 200 mm × 9.5 mm、3 000 mm × 1 200 mm × 12 mm、2 400 mm × 1 200 mm × 9.5 mm、2 400 mm × 1 200 mm × 12 mm、3 000 mm × 1 200 mm × 15 mm。

（2）耐水纸面石膏板（图 7-24、图 7-25）。耐水纸面石膏板是以建筑石膏为主要原料，掺入适量纤维增强材料和耐水外加剂等构成耐水芯材，并与耐水护面纸牢固地黏结在一起的吸水率较低的建筑板材。

图 7-24　耐水纸面石膏板（单板）

图 7-25　耐水纸面石膏板成型（有防水要求处）

耐水纸面石膏板具有较高的耐水性，其他的性能与普通纸面石膏板相同。耐水纸面石膏板主要用于厨房、卫生间、厕所等潮湿场合的装饰。其表面也需进行饰面处理，以提高装饰性。

规格：3 000 mm×1 200 mm×9.5 mm、3 000 mm×1 200 mm×12 mm、2 400 mm×1 200 mm×9.5 mm、2 400 mm×1 200 mm×12 mm。

（3）耐火纸面石膏板。耐火纸面石膏板是以建筑石膏为主，掺入适量轻骨料、无机耐火纤维增强材料和外加剂构成耐火芯材，并与护面纸牢固地黏结在一起的改善高温下芯材结合力的建筑板材。

耐火纸面石膏板属难燃性建筑材料，具有较高的遇火稳定性，其遇火稳定时间大于 20~30 min。耐火纸面石膏板主要用作防火等级要求高的建筑物的装饰材料，如影剧院、体育馆、幼儿园、展览馆、博物馆、售票厅、商场、娱乐场所及其通道、楼梯间等的吊顶、墙面、隔断等，如图 7-26、图 7-27 所示。

注：同样是石膏板，利用颜色和添加剂的改变，其使用范围也有所改变。

图 7-26　耐火纸面石膏板（单板）　　图 7-27　耐火纸面石膏板成型（有防火要求处）

规格：3 000 mm×1 200 mm×9.5 mm、3 000 mm×1 200 mm×12 mm、2 400 mm×1 200 mm×9.5 mm、2 400 mm×1 200 mm×12 mm。

（4）石膏空心条板是以熟石膏为胶凝材料，掺入适量的水、粉煤灰或水泥和少量的纤维，同时掺入膨胀珍珠岩为轻质骨料，经搅拌、成形、抽芯、干燥等工序制成的空心条板。

2. 纤维复合板

注：通过复合纤维的改变和板材的组合达到轻质高强的目的。

纤维复合板的基本形式有三：第一类是在黏结料中掺加各种纤维质材料经"松散"搅拌复制在长纤维网上制成的纤维复合板；第二类是在两层刚性胶结材之间填充一层柔性或半硬质纤维复合材料，通过钢筋网片、连接件和胶结作用构成复合板材；第三类是以短纤维复合板作为面板，再用轻钢龙骨等复制岩棉保温层和纸面石膏板构成复合墙板。复合纤维板材集轻质、高强、高韧性和耐水性于一体，可以按要求制成任意规格的形状和尺寸，适用于外墙及内墙承重或非承重结构。

根据所用纤维材料的品种和胶结材料的种类，目前主要品种有：纤维增强水泥平板（TK 板）、玻璃纤维增强水泥复合内隔墙平板和复合板（GRC 外墙板）、混凝土岩棉复合外墙板（包括薄壁混凝土岩棉复合外墙板）、石棉水泥复合外墙板、钢丝网岩棉夹芯板（GY 板）等十几种。

（1）GRC 板材（玻璃纤维增强水泥复合墙板）

按照其形状可分为 GRC 平板和 GRC 轻质多孔条板。

GRC 复合外墙板是以低碱度水泥砂浆为基材，耐碱玻璃纤维（图 7-28）做增强材料，制成板材面层，内置钢筋混凝土肋，并填充绝热材料内芯，以台座法一次制成的新型轻质复合墙板。GRC 板材具有质量轻、防水、

图 7-28  玻璃纤维丝

防火性能好，同时具有较高的抗折、抗冲击性能和良好的热工性能。其生产工艺主要有两种，即喷射 - 抽吸法和布浆 - 脱水 - 辊压法，前种方法生产的板材又称为 S-GRC 板，后种称为雷诺平板。以上两种板材的主要技术性质有：密度不大于 1 200 kg/m³，抗弯强度不小于 8 MPa，抗冲击强度不小于 3 kJ/m²，干湿变形不大于 0.15%，含水率不大于 10%，吸水率不大于 35%，导热系数不大于 0.22 W/（m·k），隔声系数不小于 22 dB 等。GRC 平板可以作为建筑物的内隔墙（图 7-29）和吊顶板，经过表面压花、覆涂之后也可作为建筑物的外墙（图 7-30）。

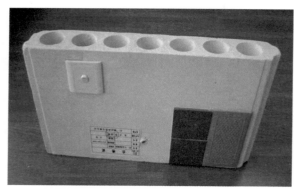

图 7-29  GRC 内墙板

图 7-30  GRC 构件（室外）

注：分别为填充纤维、内墙成品板材和室外景观造型成品构件。

（2）纤维增强水泥平板（TK 板）

纤维增强水泥平板是以低碱水泥、中碱玻璃纤维或短石棉纤维为原料生产的建筑用水泥平板。耐火极限为 9.3～9.8 min，导热系数为 0.58W/（m·k）。常用规格为：长 1 220 mm、1 550 mm、1 800 mm，宽 820 mm，厚 40 mm、50 mm、60 mm、80 mm，适用于框架结构的复合外墙板和内墙板。

纤维增强水泥平板分为无压板和压力板。中低密度（低密度 0.9～1.2 g/cm³，中密度 1.2～1.5 g/cm³）的纤维水泥板都是无压板，一般用于低档建筑吊顶隔墙等部位，中档的建筑隔墙吊顶等部位。高密度（1.5～2.0 g/cm³）的是压力板（图 7-31、图 7-32），一般用于高档建筑的钢结构外墙、钢结构楼板等。

纤维增强水泥具有良好的防火绝缘性能，防火等级达到 A 级。还有较好的防水防潮性能，可以在露天和高湿度环境下使用而不变形。还具有较好的隔热隔声、耐

酸碱、耐腐蚀、施工简便、加工性能良好、干作业等优点。

图 7-31　水泥加压板（室内隔墙使用）　　　图 7-32　水泥加压板外墙（室外）

（3）纤维增强硅酸钙板

注：托贝莫来石为水化硅酸钙矿物，是一种在我国广泛应用的高效保温节能材料。

通常称为"硅钙板"（图 7-33），是由钙质材料、硅质材料和纤维作为主要原料，经制浆、成坯、蒸压养护，发生水热合成反应，形成晶体结构稳定的托贝莫来石，再经表面磨光等处理而成的轻质板材，其中建筑用板材厚度一般为 5～12 mm。制造纤维增强硅酸钙板的钙质原料为消石灰或普通硅酸盐水泥，硅质原料为磨细石英砂、硅藻土或粉煤灰，纤维可用石棉或纤维素纤维。同时为进一步减低板的密度并提高其绝热性，可掺入膨胀珍珠岩；为进一步提高板的耐火极限温度并降低其在高温下的收缩率，有时也加入云母片等材料。硅钙板按其抗折强度、外观质量和尺寸偏差可分为优等品、一等品和合格品三个等级。导热系数为 0.15～0.29 W/（m·k）。

此种板材具有密度低、比强度高、湿胀率小、防火、防潮、防霉蛀、加工性良好等优点，缺点是吸水性强，施工中采用传统的水泥砂浆抹面较为困难，表面容易开裂，抹面材料与基材不易黏合，须使用专门的抹面材料。主要用作高层、多层建筑或工业厂房的内隔墙（图 7-34）和吊顶，经表面防水处理后可用作建筑物的外墙板。由于该板材具有很好的防火性，特别适用于高层、超高层建筑。

图 7-33　纤维增强硅酸钙板（原板）　　　图 7-34　纤维增强硅酸钙板隔墙（室内）

# 项目2 门窗材料

## 任务 门窗的种类及应用

| | |
|---|---|
| **任务导入** | 上一任务讲授了组成墙体的各类建筑材料。本任务将学习各类门窗材料。 |
| **任务目标** | 掌握各类门窗材料的特点、组成和品种，不同门窗材料的适用范围。 |

门窗是建筑围护结构的重要组成部分，门窗的材料直接决定了建筑的舒适、节能和安全效果。门窗材料工艺随着人们生活水平的提高在不断发展，功能及装饰效果也是越来越好。门窗在满足其基本功能的要求后，对其装饰性和其他特殊功能的要求，如高性能、高强度、密闭隔声性能、防火、防盗、节能等功能要求也越来越高。

演示文稿
各类门窗材料

### 一、木门窗

木门窗的防火性能、抗腐蚀性能、气密性、水密性相对较差，室外木门窗已基本停止使用。但由于木质材料有比较好的保温性能和装饰性能，木材以其独特的花纹和装饰性能仍然在室内装修工程（图7-35）中占据主导地位。

图7-35 木门窗（室内）

#### 1. 木材的种类

**软木材**：用针叶树生产的木材称为软木材，其树干通直高大，纹理平顺，材质均匀，木质较软，易加工，强度高，密度、变形小，如松、柏等。

**硬木材**：由阔叶树生产的木材为硬木材。其树干直通部分较短，密度大，木质硬，较难加工，易变形且变形较大，易开裂，但其表面有美丽的花纹，如榉木、水曲柳等。

## 2. 木材的选择

木材的性能对木材的选择是至关重要的，首先选择硬木还是软木。硬木因为变形大不宜作为重要的承重构件，但其有美丽的花纹，因此是饰面的好材料。硬木可作为小型构件的骨架，如家具骨架，不宜用于吊顶、龙骨架、门窗框等。软木变形小，强度较高，特别是顺纹强度，可制作成承重构件，也可制作成各类龙骨，但花纹平淡。其次根据构件在结构中的所在位置及受力情况来选择使用边材还是芯材（木材在树中横截面的位置不同，其变形、强度均不一致）。

## 3. 木门窗的构造

（1）木窗的构造，如图 7-36 所示。

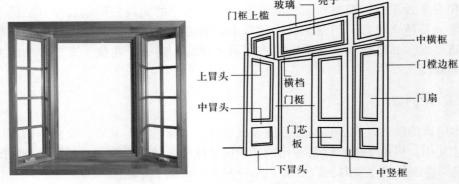

图 7-36 木窗构造

（2）木门的构造，以夹板门、实木门为例：

① 夹板门的门扇中间为轻型骨架双面粘贴薄板。骨架一般是由木条构成的纵横肋条，肋距为 200~400 mm，也可用蜂巢状芯材即浸渍过合成树脂的牛皮纸、玻璃布或铝片经加工黏合而成骨架，两面粘贴面板和饰面层后，四周钉压边木条固定。夹板门自重轻、表面平整光滑、造价低，如图 7-37 所示。

图 7-37 夹板门构造

② 实木门。实木门是用较厚的条形木板拼接成门扇的门。一般分为实木拼板门、实木镶板门、实木框架玻璃门和实木雕刻门。实木镶板门、实木框架玻璃门与

实木雕刻门的共同之处是门扇是由边梃、冒头及门芯板组成。若门芯镶入木板即为实木镶板门，若门芯镶入玻璃即成为实木框架玻璃门，如图 7-38 所示。

图 7-38　实木门构造

二、金属门窗

金属门窗主要是指用金属材料如铝合金、钢材等制作的门窗（图 7-39），具有刚度大、耐腐蚀、质量轻、难燃、安全等优点。其中又以铝合金门窗使用最为普遍。铝合金门窗，是指采用铝合金挤压型材为框、梃、扇料制作的门窗。除此之外金属门窗还包括钢门窗、彩板门窗等。

动画扫一扫
铝合金推拉窗构造

图片资源
金属门窗

图 7-39　金属门窗

铝合金门窗由门窗框、门窗扇、五金零件及连接件组成。铝合金门窗框一般由上槛、下槛及两侧边框组成。框料用直角或 45° 对接的方式通过角码或自攻螺钉进行连接，用连接扁铁固定在门窗洞口上。铝合金门窗扇由上、下冒头、边梃及密封毛条组成。窗扇有玻璃窗扇和纱窗扇两种。窗扇和窗框之间为了开启和固定需要安装五金件，其构造如图 7-40 所示。

三、塑钢门窗

塑料门窗是以聚氯乙烯或其他树脂为主要原料，以轻质碳酸钙为填料，添加适量助剂和改性剂，经挤压成形的空腹异形材，以专门的工艺将异形材组装而成。由于塑料的刚度较差，一般在空腹内嵌装型钢或铝合金型材进行加强，从而增强了塑

注：铝合金门窗和塑钢门窗各有其优缺点，需要仔细甄别。

动画扫一扫
铝合金平开窗

微课扫一扫
塑钢门窗

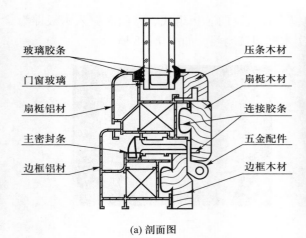

玻璃胶条
门窗玻璃
扇梃铝材
主密封条
边框铝材

压条木材
扇梃木材
连接胶条
五金配件
边框木材

(a) 剖面图

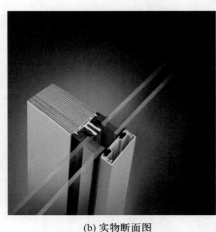

(b) 实物断面图

图 7-40 铝木复合窗

料门窗的刚度,因此塑料门窗又称为"塑钢门窗"。

塑钢门窗的构造与其他门窗基本相同,由门窗框、门扇玻璃、附件组成,如图 7-41 所示。门框由上框、下框、边框、加强筋、中竖框、中横框组成。门扇由上冒头、下冒头、边梃组成。常用的塑钢窗有固定窗、平开窗、水平旋窗、立式旋窗、推拉窗等。

图片资源
塑料门窗

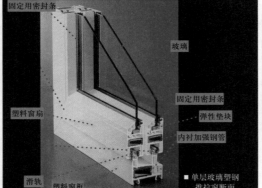

固定用密封条
玻璃
固定用密封条
弹性垫块
内衬加强钢管
塑料窗扇
滑轨
塑料窗框
■ 单层玻璃塑钢推拉窗断面

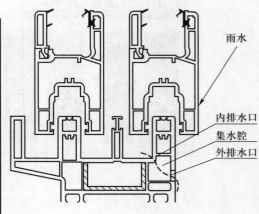

雨水
内排水口
集水腔
外排水口

图 7-41 推拉塑料门窗构造

建筑装饰材料

本学习情境主要介绍各类建筑装饰材料，如石材、木材、陶瓷、玻璃、金属等。通过本学习情境的学习，学生应掌握各类装饰材料组成、分类及其选用原则，了解不同装饰材料特性和使用范围。本学习情境的教学重点包括装饰材料应用和特点。教学难点是如何鉴别装饰材料的优劣并合理选材。

## 项目 1    建筑装饰材料概述

### 任务    建筑装饰材料的种类

| 任务导入 | 随着人们生活水平的提高，人们对装饰的品位和要求也越来越高，因此选择合适的装饰的材料就尤为重要。本任务将学习各类建筑装饰材料。 |
| --- | --- |
| 任务目标 | 掌握装饰材料的基本性能、组成和品种，不同装饰材料的选择及应用范围。 |

建筑装饰材料，也称为建筑装修材料、饰面材料，是在建筑施工中，当结构和

水暖电管道安装等工程基本完成，在最后装修阶段所使用的起装饰效果的材料。而现代的室内装饰材料不仅能改善室内环境，给人以美的感受，同时还有绝热、防潮、防火、吸声、隔声等多种功能，还具有保护建筑物主体的结构，延长使用寿命以及满足某些特殊功能的要求，同时还加入了"绿色环保"的理念。

一、建筑装饰材料的分类

建筑装饰材料的品种繁多，其用途不同，基本性能也千差万别，按照装饰部位分类有外墙装饰材料、内墙装饰材料、顶棚装饰材料、地面装饰材料。按照材质分类有石材、木材、无机矿物、涂料、纺织品、塑料、金属、陶瓷、玻璃等种类。按材料来源分有天然材料、人造材料；按照功能分类有吸声、隔热、防水、防潮、防火、防霉、耐酸碱、耐污染等种类。按照市场上装饰材料销售品种的分类，其类别与种类见表 8-1。

**演示文稿**
各类建筑装饰材料

表 8-1　装饰材料的种类

| 类别 | 种类 |
|---|---|
| 装饰石材 | 天然大理石、天然花岗石、人造石材 |
| 装饰陶瓷 | 通体砖、抛光砖、釉内墙面砖、玻化砖、彩胎砖、仿古砖、渗花砖、麻面砖、劈离砖、金属光泽釉面砖、陶瓷锦砖等 |
| 装饰骨架材料 | 木龙骨、轻钢龙骨、铝合金骨架、塑钢骨架等 |
| 装饰线条 | 木线条、石膏线条、金属线条等 |
| 装饰板材 | 木芯板、胶合板、贴面板、纤维板、刨花板、人造装饰板、防火板、铝塑板、吊顶扣板、石膏板、矿棉板、阳光板、彩钢板、不锈钢装饰板、实木拼花地板、实木复合地板、人造板地板、复合强化地板、薄木敷贴地板、立木拼花地板、集成地板、竹制条状地板、竹制拼花地板等 |
| 装饰塑料 | 塑料地板、铺地卷材、塑料地毯、塑料装饰板、墙纸、塑料门窗型材、塑料管材、模制品等 |
| 装饰纤维织品 | 地毯、墙布、窗帘、家具覆饰、床上用品、巾类织物、餐厨类纺织品、纤维工艺美术品等 |
| 装饰玻璃 | 平板玻璃、磨砂玻璃、压花玻璃、夹层玻璃、钢化玻璃、中空玻璃、雕花玻璃、玻璃砖、泡沫玻璃、镭射玻璃等 |
| 装饰涂料 | 清油清漆、厚漆、调和漆、硝基漆、防锈漆、乳胶漆、石质漆等 |
| 装饰五金配件 | 门锁拉手、合页铰链、滑轨道、开关插座面板等 |
| 管线材料 | 电线、铝塑复合管、PPR 给水管、PVC 排水管等 |
| 胶凝材料 | 水泥、白乳胶、801 胶、816 胶、粉末壁纸胶、玻璃胶等 |
| 装饰灯具 | 吊灯、吸顶灯、筒灯、射灯、壁灯、软管灯带等 |
| 卫生洁具 | 洗面盆、抽水马桶、浴缸、淋浴房、水龙头、水槽等 |
| 电气设备 | 热水器、浴霸、抽油烟机、整体橱柜等 |

### 二、建筑装饰材料的装饰功能

（1）墙面

墙面装饰的功能或者目的是为了保护墙体及墙体内铺设的电线、水管、网线、电视线等隐蔽工程项目，同时还要满足室内环境的绿色环保、美观、舒适，合理的使用条件及特殊空间的要求。对于室内墙面材料的使用，以及色彩的搭配和不同的使用空间，质感上要求细腻，造型上要兼顾美观与实用，所以色彩上要根据不同的空间、不同的功能以及主人的爱好而决定。

（2）顶棚

顶棚属于墙面的延伸，由于所处位置不同、使用功能不同，对材料的要求也不同。不仅要满足保护顶棚及装饰目的，还要具有一定的防潮，耐脏、重量轻，美观等特点。顶棚装饰材料色彩应选择淡色，常见多为白色，色彩要简洁、明快、以增强光线反射能力，增加室内亮度，造型上有平板、层叠、浮雕、镂空等样式。顶棚装饰还应与相应灯具相配合，合理的光源、不同光感设计，都会给人意想不到的空间效果。

（3）地面

室内地面装饰的功能及目的是为了保护楼板及地坪，保证使用功能及装饰作用。地面装饰材料要保证一定的强度、硬度，具有耐擦洗、耐腐蚀、防潮、保温、吸声、平整、光滑、防滑等基本使用条件。特殊的空间，如卫生间、厨房等要保证地面装饰具有防水、防潮功能。根据需要，地面装饰还应与原地面预留一定的空间，以便合理施工一些隐蔽工程中的项目，如地面走线、地热铺设等。

对于一些使用标准较高的地面装饰，还应具有隔声、隔气、隔热、保温、降低硬度等功能。地面装饰在室内装饰装修中占据非常重要的地位，它不仅可以增加室内环境的美观性，而且不同的材质和颜色会带不同的感受。

## 项目 2　建筑装饰石材

### 任务 1　天然大理石

| | |
|---|---|
| **任务导入** | 人们生活水平的提高，伴随着对装饰材料要求也越来越高，石材作为高档装饰材料不可或缺的重要组成，日益被人们关注。本任务将学习天然大理石的应用。 |
| **任务目标** | 掌握天然大理石的基本性能、组成和品种，以及大理石的优缺点、特性及选用方法。 |

## 一、大理石的定义和特点

天然饰面装饰石材中应用最多的大理石，它因云南大理盛产而得名。天然大理石是石灰石与白云石经过地壳内的高温、高压的作用形成的一种变质岩或沉积的碳酸类岩石，主要矿物质成分有方解石和白云石等；通常是层状结构，抗压强度较高，质地紧密但硬度不大，属于中硬石材，纯大理石为白色，我国又称为汉白玉，但分布较少。普通大理石含有氧化铁、二氧化硅、云母、石墨、蛇纹石等杂石，使大理石呈现为红、黄、黑、绿、棕等各色斑纹，色泽肌理效果装饰性极佳（图 8-1~图 8-3）。

图 8-1　天然大理石（荒料）　　图 8-2　天然大理石（大板）　　图 8-3　天然大理石（抛光板）

大理石不宜用作室外装饰，空气中的二氧化硫与大理石中的碳酸钙发生反应，生成易溶于水的硫酸钙，使表面失去光泽、粗糙多孔，从而失去了装饰效果。

## 二、大理石的品种及产地

天然大理石石质细腻、光泽柔润。我国有很多地方盛产大理石，花色品种较多，国内常用的大理石品种、特征及产地如表 8-2 所示。

表 8-2　国内常用的大理石品种、特征及产地

| 品种 | 特征 | 产地 |
|---|---|---|
| 汉白玉 | 石相为玉白色微有杂点或脉纹 | 北京、湖北 |
| 雪花 | 石相为白色间淡灰色，有规则中晶，有较多的黄黟杂点 | 山东掖县 |
| 风雪 | 石相为灰白间有深灰色晕带 | 云南大理 |
| 冰琅 | 石相为灰白色均匀粗晶 | 河北曲阳 |
| 黄花玉 | 石相为淡黄色，有较多稻黄脉纹 | 湖北黄石 |
| 碧玉 | 石相为深绿色或嫩绿色和白色絮状相渗 | 辽宁连山关 |
| 彩云 | 石相为浅翠绿色底，深浅绿絮状相渗，有紫斑或脉纹 | 河北获鹿 |
| 斑绿 | 石相为灰白色底布有深草绿点斑 | 山东莱阳 |
| 云灰 | 石相为浅灰底有烟状或云状黑灰纹带 | 北京房山 |
| 驼灰 | 石相为土灰色底有深黄赭色浅色疏松脉纹 | 江苏苏州 |
| 裂玉 | 石相为浅灰带微红色脉纹和青灰色斑点 | 湖北大冶 |

续表

| 品种 | 特征 | 产地 |
| --- | --- | --- |
| 艾叶青 | 石相为青底深灰间白色叶状，斑云间有片状纹缕 | 北京房山 |
| 残雪 | 石相为灰白色有黑色斑带 | 河北铁山 |
| 晚霞 | 石相为石黄间土黄斑底，有深黄叠脉间有黑晕 | 北京顺义 |
| 蟹青 | 石相为黄灰底遍布深灰，或黄色砾斑间有白夹层 | 河北 |
| 虎纹 | 石相为赭色底布有流纹状石黄色经络 | 江苏宜兴 |
| 灰黄玉 | 石相为浅黑灰底，有陷红色黄色和浅灰色脉络 | 湖北大冶 |
| 桃红 | 石相为桃红色粗晶，有黑色缕纹或斑点 | 河北曲阳 |
| 紫螺纹 | 石相为灰红底布满红灰相间螺纹 | 安徽灵璧 |
| 螺红 | 石相为绛红底夹有红灰相间的螺纹 | 辽宁金县 |
| 墨壁 | 石相为黑色杂有少量土黄纹理 | 河北获鹿 |
| 星夜 | 石相为黑色间有白纹和白斑 | 江苏苏州 |
| 电花 | 石相为黑灰底布满红色间白色脉络 | 浙江杭州 |
| 秋风 | 石相为灰红底有血红脉晕 | 江苏南京 |
| 岭红 | 石相为紫红碎螺脉纹杂有白斑 | 辽宁铁岭 |
| 红花玉 | 石相为肝红底夹有大小浅红碎石块 | 湖北大冶 |

### 三、大理石的应用

天然大理石质地致密但硬度不大，容易加工、雕琢磨平、抛光等；大理石抛光后光洁细腻，纹理自然流畅，有较好的装饰性。大理石吸水率小，耐久性高，可以使用 40～100 年。常用于宾馆、酒店、商务会所、商场、机场、展厅、娱乐场所、部分居住环境等的室内墙面、地面、楼梯踏板、栏板、台面、窗台板等，如图 8-4 所示。

图 8-4　天然大理石（酒店大厅）

注：大理石的性质与应用部位不同，选型也应不同。

动画扫一扫
石材加工及堆放

## 任务 2 天然花岗岩

| 任务导入 | 花岗岩作为另一种主要建筑装饰石材，是天然大理石的有益补充，有其独有的特点，本任务将学习天然花岗岩的应用。 |
|---|---|
| 任务目标 | 掌握天然花岗岩的基本性能、组成和品种，以及花岗岩的优缺点、特性及选用方法。 |

### 一、天然花岗岩的定义和特点

注：花岗岩与大理石的化学成分区别和性质区别。

天然花岗岩属于岩浆岩（火成岩），主要矿物质成分有石英、长石和云母，是一种全晶质天然岩石（图 8-5、图 8-6）。由于岩石坚硬密实，属于硬石材。纯花岗岩为黑色，以山东的济南青最出名，按晶体颗粒大小可分为细晶、中晶、粗晶及斑状等多种，颜色与光泽因含长石、云母及暗色矿物质多少而不同，通常呈现灰色、黄色、深红色等。优质的花岗岩质地均匀，构造紧密，石英含量多而云母含量少，不含有害杂质，长石光泽明亮，无风化现象。

花岗岩在室内外装修中应用广泛（图 8-7、图 8-8），具有硬度高、抗压强度好，密实度好，孔隙率小，吸水性小，导热快，耐磨性好，耐久性高，抗冻性强，耐酸、耐腐蚀，不易风化，表面平整光滑，色泽持续力强且色泽稳重大方等优点。缺点是花岗岩一般存于地表深层处，具有一定的放射性，此外，花岗岩中所含的石英会在 570～870 ℃时发生晶体转变，从而导致石材爆裂，失去强度。一般使用年限数十年至数百年，是一种较高档的装饰材料。

图片资源
花岗岩

图 8-5　天然花岗岩（荒料）

图 8-6　天然花岗岩板（毛板－黄金麻）

图 8-7　天然花岗岩（室内地面）

图 8-8　天然花岗岩（外墙）

## 二、花岗岩的应用和种类

花岗岩主要用作建筑室内外饰面材料，是一种优良的建筑石材，常用于基础、桥墩、路面。还可用于室内外的墙面、柱的干挂，以及楼梯踏步、地面、厨房台柜面、窗台面的铺贴。花岗岩的大小可随意加工，用于铺设室内地面的厚度为 20~30 mm，铺设家具台柜面的厚度为 15~20 mm。规格有 500 mm×500 mm×20 mm、800 mm×800 mm×25 mm、800 mm×600 mm×20 mm、1 000 mm×1 000 mm×30 mm、1 200 mm×1 200 mm×30 mm 等。

国产部分花岗岩的主要性能及产地如表 8-3 所示。

表 8-3　国产部分花岗岩的主要性能及产地

| 品种 | 颜色 | 表观密度 / ( g/cm³ ) | 抗压强度 /MPa | 硬度 /HS | 产地 |
|---|---|---|---|---|---|
| 白虎涧 | 粉红 | 2.58 | 137.3 | 86.5 | 北京昌平 |
| 济南青 | 纯黑色（辉长岩） | 2.5 | 250 | 100 | 山东济南 |
| 将军红 | 黑色、棕红 | 2.4 | 250 | 100 | 湖北省 |
| 花岗石 | 粉红 | 2.58 | 180.4 | 89.5 | 广东汕头 |
| 日中石 | 灰白 | 2.62 | 171.3 | 97.8 | 福建惠安 |
| 厦门白 | 灰白 | 2.61 | 169.8 | 91.2 | 福建厦门 |
| 龙石 | 浅红 | 2.61 | 214.2 | 94.1 | 福建南安 |
| 大黑白点 | 灰白 | 2.62 | 103.6 | 87.4 | 福建同安 |

# 任务 3　人 造 石 材

| 任务导入 | 人造石材作为天然石材的补充，吸收了天然石材的优点也克服了天然石材的缺点，本任务将学习人造石材的应用。 |
|---|---|
| 任务目标 | 掌握人造石材的分类组成、性能、优缺点及适用原则。 |

人造石材是采用无机或有机胶凝材料作为胶黏剂，以天然砂、碎石、石粉或工业废渣为粗细骨料，经成型、固化、表面处理而成的一种石材（图 8-9、图 8-10）。人造石材一般指人造大理石、人造花岗岩、人造玛瑙、人造玉石等。人造石材具有花纹美丽、色泽鲜艳、重量轻、强度高、厚度薄、装饰性好、耐腐蚀、耐污染、品种多、生产工艺简单、易施工等特点，其经济性、选择性等均优于天然石材等饰面材料，因而得到了广泛的应用。人造石材一般分为水泥型人造石、树脂型人造石、复合型人造石、烧结型人造石四类。

## 一、水泥型人造石

水泥型人造石是以水泥为胶凝材料，砂为细骨料，碎大理石、花岗岩、工业废

图 8-9　人造石材（样块）

图 8-10　人造石英石（台面板）

渣等为粗骨科，按比例经配料、搅拌、成形、研磨、抛光等工序而制成的人工石材。水泥型人造石材取材方便，价格低，但装饰性较差（如水磨石，图 8-11）。

## 二、树脂型人造石

树脂型人造石是以不饱和聚酯树脂为黏结剂，与石英砂、大理石渣、方解石粉、玻璃粉等无机物料搅拌混合，浇注成型，经固化、脱模、烘干、抛光等工序制成的人工石材。

图 8-11　水磨石（地面）

树脂型人造石材（图 8-12）具有天然石材的花纹，光泽度好，质地高雅，强度硬度较高，耐水、耐污染，花色品种繁多、装饰效果好等优点。市场上销售的树脂型人造大理石一般用于厨房台柜面、卫生间台面长度为 2 400～3 200 mm，宽度在 650 mm 内，厚度为 10～15 mm。

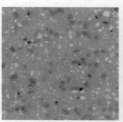

图 8-12　人造石材（亚克力）

## 三、复合型人造石材

复合型人造石材采用的黏结剂中，既有无机材料，又有有机高分子材料。对板材而言，底层用性能稳定而价廉的无机材料，面层用聚酯和大理石粉制作。无机胶结材料可用快硬水泥、普通硅酸盐水泥、铝酸盐水泥、粉煤灰水泥、矿渣水泥及熟石膏等，有机单体可用苯乙烯、甲基丙烯酸甲酯、醋酸乙烯、丙烯腈、丁二烯等，这些单体可单独使用，也可组合使用。复合型人造石材制品的造价较低，但它受温差影响后聚酯面易产生剥落或开裂。

### 四、烧结型人造石材

烧结型人造石材是以斜长石、石英、辉石、石粉及赤铁矿粉和高岭土等混合，一般用 40% 的黏土和 60% 的矿粉制成泥浆后，采用注浆法制成坯料，再用半干压法成形，经 1 000 ℃左右的高温焙烧而制成的人造型石材（图 8-13）。

劈开砖(红色系列)　　劈开砖(黄色系列)　　劈开砖(咖啡系列)

图片资源
劈开砖

劈开砖(青灰系列)　　劈开砖(光面)　　劈开砖(文化砖)

图 8-13　劈开砖

人造石材之所以能得到较快的发展，是因为具有如下特点：

（1）重量较天然石材小，一般为天然大理石和花岗岩的 80%。因此，其厚度一般为天然石材的 40%，从而可大幅度降低建筑物重量，方便了运输与施工。

（2）耐酸。天然大理石一般不耐酸，而人造大理石可广泛用于酸性介质场所。

（3）制造容易。人造石材生产工艺与设备不复杂，原料易得，色调与花纹可按需要设计，也可比较容易地制成形状复杂的制品。

（4）人造石材的成本只有天然石材的十分之一，且无放射性，是目前最理想的绿色环保材料，符合 21 世纪人们的消费理念。

## 项目 3　建筑装饰陶瓷

在建筑装饰工程中，陶瓷是最古老的装饰材料之一。陶瓷或称烧土制品，是指以黏土为主要原料，经成形、焙烧而成的制品。

陶瓷强度高、耐火、耐酸碱腐蚀、耐水、耐磨、易于清洗，加之生产简单，价格适宜故而用途极为广泛。陶瓷墙地砖是室内装饰装修不可缺少的材料，厨房、卫生间、阳台、客厅、走廊地面都大面积采用这种材料。更以其色彩魅力、富丽堂皇而为剧院、宾馆、商场、会议中心等大型公共建筑所青睐。

演示文稿
装饰陶瓷

授课视频
建筑装饰陶瓷

# 任务 1　陶瓷的概念与分类

| 任务导入 | 陶瓷在我国有着悠久的历史，是生活家居、建筑装饰最常见的材料，随着现代工艺的发展，建筑陶瓷焕发出了新的生命。 |
| --- | --- |
| 任务目标 | 掌握陶瓷的分类、基本性能、组成、特性及选用方法。 |

注：区分陶和瓷的区别。

微课扫一扫
陶瓷的分类

陶瓷是陶器和瓷器的总称，它们虽然都是由黏土和其他材料经烧结而成，但所含杂质不同，陶杂质含量大，瓷杂质含量少或无杂质。

介于陶和瓷之间的一种材料是炻，因此根据陶瓷制品的结构特点，陶瓷可以分为陶、炻和瓷三大类。陶杂质含量大烧结程度低，有一定的吸水率（大于 10%），断面粗糙无光，不透明，敲之声音粗哑，可施釉或不施釉。根据其原黏土杂质含量的不同，又分为粗陶和精陶两种。建筑上用的黏土砖、瓦及日用器皿均属于粗陶；釉面内墙砖及卫生洁具等为精陶。瓷杂质含量少，坯体致密，烧结程度高，基本不吸水（吸水率小于 1%），有一定的半透明性，敲击时声音清脆，通常施釉，例如日用瓷。炻与陶的区别在于陶的坯体多孔，而炻的坯体孔隙率低，吸水率小（小于 2%）。炻与瓷的区别主要是炻的坯体致密，炻的吸水率大于瓷。炻可分为粗炻和细炻。粗炻是指建筑装饰上用的外墙面砖、地砖及陶瓷锦砖；细炻是指陈列品。如驰名中外的宜兴紫砂是一种不施釉的有色细炻制品。

## 一、釉的特点

釉是指附着在陶瓷坯体表面的连续玻璃质材料（图 8-14），它具有与玻璃相类似的某些物理化学性质。没有确定的熔点，只有熔融的范围，硬、脆，各向同性，透明，具有光泽，这些性质与玻璃相似。但毕竟不是玻璃，二者并不完全相同。

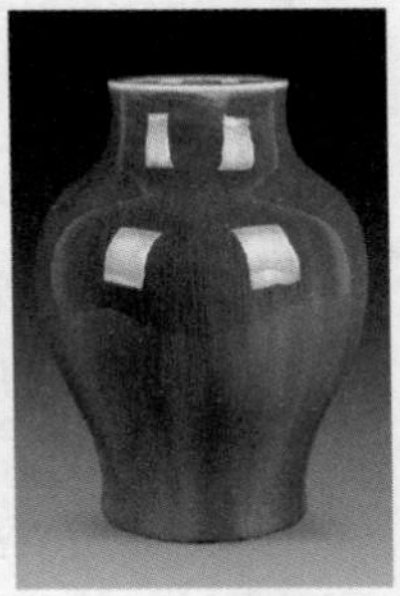

图 8-14　釉面瓶

## 二、釉面内墙砖

釉面内墙砖是用于建筑物内墙面装饰的薄板状精陶制品，是对建筑物内部墙面起保护和装饰作用的制品。

1. 釉面内墙砖的特点

釉面内墙砖是一种传统的厨房、卫生间、浴室、实验室、手术室等室内墙面砖，釉面内墙砖具有颜色丰富、朴素大方、表面光滑，并具有耐急冷热、防火、防潮、防水、耐腐蚀、抗污染、易清洁、装饰美观等特点。

釉面砖的正面有釉，背面成凹凸方格纹，以便于粘贴施工。由于釉料和生产工艺不同，一般有白色釉面砖、彩色釉面砖、印花釉面砖等多种。

2. 釉面砖的种类

釉面砖表面所施釉料品种很多，有白色釉、彩色釉、光亮釉、珠光釉、结晶釉等，按其所用的釉料和生产工艺的不同，分为白色釉面砖、彩色釉面砖（图8-15）、印花釉面砖（图8-16）及图案釉面砖等多种。

图 8-15 彩色釉面砖

图 8-16 印花釉面砖

图片资源
釉面砖

动画扫一扫
釉面内墙砖及其选择

**3. 釉面砖的规格**

釉面砖的尺寸规格多种多样，一般为（长 × 宽 × 厚）300 mm×300 mm×6 mm、600 mm×300 mm×6 mm、600 mm×450 mm×6 mm 等，另外还有各种配件砖，如阳角条、阴角条、压顶条、腰线砖、踢脚线砖等，如图8-17~图8-22所示。

图 8-17 釉面墙砖
（300mm × 300 mm × 6 mm）

图 8-18 釉面墙砖
（300mm × 600 mm × 6 mm）

图 8-19 釉面腰线砖
（300 mm × 70 mm × 6 mm）

注：腰线是上下瓷砖的分隔线，起装饰作用。阳角条起保护釉面砖阳角的作用。

图 8-20 阳角条

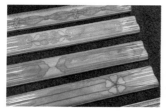

图 8-21 釉面砖欧姆线

图 8-22 釉面砖踢脚线

注：欧姆线因曲面造型而得名。

**4. 釉面内墙砖的应用**

釉面内墙砖的应用广泛，但不适宜用于室外，因为冻胀和雨水浸泡容易使釉面内墙砖的釉面开裂、脱落。其主要使用在厨房、浴室、卫生间、医院等对清洁要求比较高的室内墙地面，更卫生、更易清洗和装饰效果更佳。

## 任务 2　通　体　砖

| | |
|---|---|
| **任务导入** | 通体砖作为现代建筑装饰行业地面装饰的主流产品，已经是不可替代的，其造价低廉、经久耐用，受到人们的一致认可。 |
| **任务目标** | 掌握通体砖的组成、基本规格、特性及选用方法。 |

### 一、概念

#### 1. 通体砖

通体砖是将岩石研磨成粉末，加入添加物和助剂等，经过设备高温压制，再将压制成形的砖表面抛光后而成。整个制作过程砖体不施釉，通体材质和色泽一致，质地坚硬，吸水率低，耐磨性好。因此耐磨砖、抛光砖、仿古砖、广场砖、防滑砖、外墙砖等都大多采用通体砖，既经济美观又实用，如图 8-23、图 8-24 所示。

图片资源
通体砖

微课扫一扫
通体砖

图 8-23　通体砖　　　　　　图 8-24　通体砖建筑外立面
（样块 45 mm×95 mm）　　　　　　　　粘贴效果

#### 2. 抛光砖

将通体砖打磨以提高砖体的光泽度和美观性，吸水率低于 0.5% 的称为玻化砖，吸水率高于 0.5% 的称为抛光砖（图 8-25、图 8-26）。抛光砖（玻化砖）吸

注：抛光砖是升级版的通体砖。

拓展资源
抛光砖施工视频。

图 8-25　抛光砖　　　　　　图 8-26　抛光砖客厅整体效果
（样块 800 mm×800 mm）　　　　　　（客厅，现代风格）

水率、弯曲强度、耐酸碱性、耐刮擦性能等方面都优于普通釉面砖。抛光砖具有通体砖的一切特性同时又比通体砖具有更好的视觉效果，通体砖在抛光过程中将坯体中的气泡打磨出露，因此在使用过程中这些开口孔隙会沉积灰尘，影响使用效果。抛光过后的通体砖遇水较湿滑，为了安全起见不适合用在有水的房间如厨房、卫生间、浴室等，在其他室内空间都可使用。抛光砖还可以通过喷墨渗花做出各种图案。

### 二、规格

通体砖的一般规格有：45 mm×45 mm×5 mm、45 mm×95 mm×5 mm、108 mm×108 mm×13 mm、200 mm×200 mm×13 mm、300 mm×300 mm×5 mm、400 mm×400 mm×6 mm、500 mm×500 mm×6 mm、600 mm×600 mm×8 mm、800 mm×800 mm×10 mm 等。

玻化砖规格一般较大，通常有 600 mm×600 mm×8 mm、800 mm×800 mm×10 mm、1 000 mm×1 000 mm×10 mm、1 200 mm×1 200 mm×12 mm 等几种。

### 三、特点及应用

通体砖价位适中，深受广大消费者欢迎。通体砖美观、耐用、性价比高，但砖体表面存在开放性孔隙，容易吸纳污物和划痕，清理起来比较麻烦，影响使用寿命。

抛光砖无放射元素，不会像天然石材那样对人体造成伤害；由于是生产线批量生产可以将色差降到最低点；经高温压制，所以抗弯曲强度大；砖体薄、重量轻。

通体砖被广泛使用于厅堂、过道和室外走道等灯装修项目的地面，多数的防滑砖都属于通体砖。

抛光砖主要应用于星级宾馆、银行、大型商场、高级别墅和住宅楼的墙体、柱体等的室内装饰装修，其表面平滑光亮，坚硬。

## 任务 3　抛　釉　砖

| 任务导入 | 抛釉砖作为抛光砖的升级产品，越来越多地得到人们的认可，虽然价格略高但是随着工艺的日渐成熟，逐渐被大家认可并广泛使用。 |
| --- | --- |
| 任务目标 | 掌握抛釉砖与抛光砖的区别，以及抛釉砖的特点、基本规格及选用方法、使用注意事宜等。 |

### 一、概念

抛釉砖是在砖体表面施一道透明特殊釉质，然后进行抛光的一种砖，它兼具抛光砖的光泽度、硬度与仿古砖的优美图案等优点于一身，是目前主流的中高档瓷砖，如图 8-27～图 8-29 所示。

注：区分抛光砖与抛釉砖的不同。

注：抛釉砖是在砖体施釉，抛制，成型。

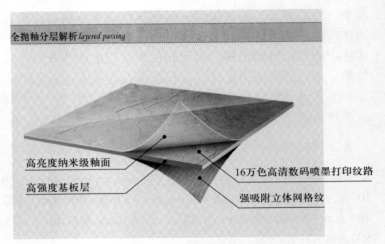

全抛釉分层解析 layered parsing

高亮度纳米级釉面
高强度基板层
16万色高清数码喷墨打印纹路
强吸附立体网格纹

图 8-27　抛釉砖
（样块 800 mm×800 mm）

图 8-28　抛釉砖分层解析

## 二、规格

抛釉砖通常有 600 mm×600 mm×8 mm、800 mm×800 m×10 mm、1 000 mm×1 000 mm×10 mm、1 200 mm×1 200 mm×12 mm 等几种。

## 三、特点及应用

（1）抛光砖色彩单一，花纹变化较少，花纹比较平淡。抛釉砖是印花后施釉，色彩更加鲜艳，图案花纹更具质感，也可以制作出类似各种材料的花纹，效果更佳。

图 8-29　波导线
（样块 600 mm×150 mm）

（2）抛光砖与抛釉砖在表面印花后也会在坯体上有所不同，抛光砖是渗花技术，颜色深入坯体，在砖坯体表面 1~2 mm 处的颜色与表面是相同的。而抛釉砖表面颜色不会渗入砖体，从侧面观察，釉面与砖体分层比较明显，釉面很薄，砖体无颜色渗入。

（3）抛釉砖就是在抛光砖表面加釉抛光，它结合了仿古砖和抛光砖的优点，外表既有釉面砖的丰富色彩，又有抛光砖的光亮洁净，仿真度高，可以做出各种仿石材、木纹效果，光泽度好，通透感好，但是耐磨度却有所降低。釉面太厚（1 mm以上）则容易在烧制时产生大量气泡，使产品抛光后防污能力差，失光。而釉层太薄，则釉面砖总有变形，抛光时易产生漏抛或局部露底现象。抛光砖则比较耐磨，生产也相对简单。抛光砖在使用中表面很容易渗入污染物，而且很难清理干净，而抛釉砖的抗污染效果则比抛光砖强许多倍。抛光砖适合在对耐磨性要求低的任何空间使用（图 8-30~图 8-33）。

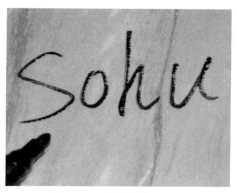

图 8-30　抛釉砖抗污测试
（记号笔书写擦拭）

图 8-31　抛釉砖吸水率测试
（看吸水量大小）

图 8-32　抛釉砖抗磨性测试
（用钢丝球擦拭）

图 8-33　抛釉砖抗划伤测试
（螺丝刀划伤）

注：图 8-30～图 8-33 所述四种测试以蒙娜丽莎 800 mm×800 mm 抛釉砖为测试样本，对其四个基本性质进行测试，来检验瓷砖的质量。

注：区分抛光砖、抛釉砖与微晶石砖的异同。

## 任务 4　微 晶 石 砖

| 任务导入 | 微晶石砖作为室内装饰的新贵，已经被越来越多的高档客户接受，虽然价格高昂但是效果极佳，已经越来越被市场认可。 |
| --- | --- |
| 任务目标 | 掌握微晶石的特点，以及微晶石砖基本规格及选用方法、裁切、使用注意事宜。 |

### 一、概念

微晶石是指通过基础玻璃在高温加热过程中进行晶化控制烧结制得的一种含有大量微晶体和玻璃体的复合固体材料。微晶石的表面特点与天然石材极其相似，加之材料形状多为板材，因而将其称为微晶石材或者微晶板材。微晶石具有华贵典雅、色泽美观、耐磨损、不褪色、无放射性污染等特性。微晶石砖全称是微晶玻璃陶瓷复合板，是将一层 3~5 mm 的微晶玻璃复合在陶瓷玻化石的表面，经二次烧结后完全融为一体的产品（图 8-34）。微晶玻璃陶瓷复合板厚度在 13~18 mm，光泽度大于 95。

800 mm × 800 mm　　　　　　铺贴效果（客厅，背景墙）

图 8-34　微晶石砖

## 二、规格

微晶石砖通常有 600 mm × 600 mm × 13 mm、800 mm × 800 mm × 13 mm、1 000 mm × 1 000 mm × 15 mm 等几种。

## 三、特点及应用

### 1. 微晶石砖的优点

（1）质感柔和细腻。微晶石是在高温条件下经煅烧结晶而成的材料。在外观质感方面，其抛光板的表面光洁度远高于石材，由于其特殊的微晶结构，光线无论从任何角度射入，都可通过微晶微粒的漫反射，将光线均匀分布到任何角度，使板材形成柔和的玉石质感，比天然石材更为晶莹柔润，使建筑更加流光溢彩（图 8-35）。

图片资源
微晶石砖

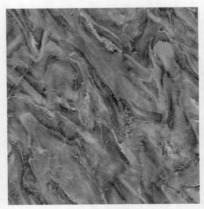

图 8-35　微晶石砖大面积铺贴效果（地面、墙面）

（2）性能优良。微晶石砖密度大、硬度高，抗压、抗弯、耐冲击等性能都优于天然石材、普通抛光砖，更不会出现天然石材常见的天然裂纹。

（3）色彩丰富、应用范围广泛。微晶石砖可以根据使用需要生产出各种花色品种，既能弥补天然石材色差大的缺陷，又能做出天然石材不能达到的效果。其广泛用于宾馆、写字楼、车站、机场等内外装饰，更适宜家庭的高级装修，如墙面、地面、饰板、台盆面板等。

（4）耐酸碱度佳，耐候性能优良。微晶石作为化学性能稳定的无机质晶化材料，又包含玻璃基质结构，其耐酸碱度、抗腐蚀性能都优于天然石材，尤其是耐候性更为突出，经受长期风吹日晒也不会褪色，更不会降低强度。

拓展资源
《建筑陶瓷薄板
应用技术规程》
（JGJ/T 172—
2012）

（5）抗污染性强，清洁维护方便。微晶石砖的吸水率极低，水渍、污渍、有机溶剂等都不易侵入渗透，附着于砖体表面的污渍很容易清除干净，特别方便于清洁维护。

（6）便于异形板材加工制作。微晶石板可用加热方法，制成客户所需的各种弧形、曲面板材，具有工艺简单、成本低的优点，避免了弧形石材加工所需的大量切削、研磨，减少了人力、物力的浪费。

（7）环保。微晶石砖的制作过程中已经剔除了放射性的元素危害，不会像天然石材那样对人体产生放射性危害，更为绿色环保。

2. 微晶石砖的缺点

（1）表面硬度低。微晶石砖表面微晶层莫氏硬度为 5~6 级，硬度低于抛光砖的莫氏硬度 6~7 级。因此表面容易划伤，铺贴于地面要注意保护，避免造成永久划痕而影响美观。

（2）划痕明显。微晶石砖表面过高的光泽度，既是优点也是缺点，带来美观的同时也会使尘土、污渍等十分明显。

（3）微晶层崩边、开裂。由于生产工艺的原因，陶瓷板与表面微晶层在使用过程中会由于膨胀系数不同，产生不同的温度变形，因此会导致开裂现象出现。微晶层硬度过大，所以在加工过程中会出现崩边现象，通常用高精度的水刀切割保证切割质量。

## 任务 5 　陶 瓷 锦 砖

| | |
|---|---|
| **任务导入** | 陶瓷锦砖作为室内装饰使用较久的装饰材料，已经发生了很大变化，花样种类更加丰富、使用范围更加广泛。 |
| **任务目标** | 掌握陶瓷锦砖的形成的特点、陶瓷锦砖基本规格及选用方法、特性、使用注意事项。 |

一、概念

陶瓷锦砖又称为马赛克，是以优质的瓷土烧制而成的小块瓷砖。分为有釉和无釉两种，常用的产品多为无釉，基本块形状有方形、矩形、六角形、斜条形等，可拼成多种形状，如图 8-36、图 8-37 所示。旧的工艺是将马赛克正面与牛皮纸粘贴，反面朝外，待用水泥砂浆粘贴后用水润湿并撕掉牛皮纸，故又称"纸皮砖"，一般以 300 mm×300 mm 为一联，便于施工、控制饰面效果。如今牛皮纸已经不常用，取而代之的是尼龙、塑料或者玻璃纤维网，背面与墙面粘贴。

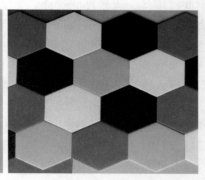

图 8-36　传统形状的马赛克
（300 mm×300 mm 联）

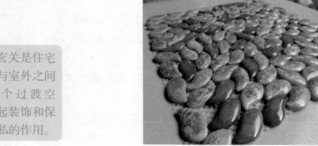

图 8-37　新型工艺的异形马赛克
（300 mm×300 mm 联）

## 二、规格

单块规格为 25 mm×25 mm、45 mm×45 mm、45 mm×95 mm、100 mm×100 mm，单联规格为 285 mm×285 mm、300 mm×300 mm、318 mm×318 mm 等。

## 三、特点及应用

陶瓷锦砖具有质地坚硬、经久耐用、色泽丰富、美观大方，耐酸碱、抗腐蚀、耐磨、耐火、防滑、吸水率小、强度高、易清洁等优点。适用于桑拿、会所、礼堂、宾馆、厨房、浴室、卫生间、卧室、客厅等。随着工艺不断进步，陶瓷锦砖可以做出各种形状和颜色、图案等，可以在客厅地面拼成客户需要的图案，可以镶嵌在墙上做背景墙等（图 8-38）。

图 8-38　陶瓷锦砖背景墙
（玄关、客厅、餐厅）

# 项目 4  建筑装饰玻璃

## 任务 1  普 通 玻 璃

| | |
|---|---|
| **任务导入** | 玻璃是建筑材料中最常见材料之一，我们生活中都有哪些玻璃，分别有什么用途和特性？ |
| **任务目标** | 掌握玻璃的基本概念和组成，平板玻璃有什么特点，怎么制作成的。 |

### 一、概念

玻璃是最为常见的建筑装饰材料，常以各种形式出现在我们的生活中。玻璃是以石英砂、纯碱、长石、石灰石等为主要材料，在 1 550~1 600 ℃高温下熔融成型，经急冷制成的固体材料，加入金属氧化物可以改变玻璃的颜色。普通玻璃的实际密度为 2.45~2.55 g/cm³，密实度高，孔隙率接近为零，故可以认为玻璃是绝对密实的材料。玻璃的抗压强度高，为 600~1 200 MPa，抗拉强度很小，为 40~80 MPa，故玻璃在冲击作用下易破碎，是典型的脆性材料。随着人们对建筑物功能、舒适性的要求不断提高，玻璃只能采光的单一功能已经过时，控制光线、调节热量、节约能源、控制噪声、降低建筑自重、改善建筑环境、提高建筑艺术等其他功能因此应运而生，人们在建筑装饰领域可以根据自己的需求选择各种合适的玻璃。玻璃按照性能分为平板玻璃、安全玻璃、节能玻璃、装饰玻璃和其他玻璃制品。

演示文稿
装饰玻璃

微课扫一扫
建筑玻璃

### 二、平板玻璃

平板玻璃指用有槽垂直引上、平拉、无槽垂直引上等工艺生产的平板状玻璃（图 8-39），也称白片玻璃或净片玻璃。平板玻璃按其公称厚度可分为 2 mm、3 mm、5 mm、6 mm、8 mm、10 mm、12 mm、15 mm、19 mm、22 mm、25 mm 等规格。平板玻璃可以通过着色、表面处理、复合处理、化学处理等工艺制作成各种类型的其他玻璃产品，如磨砂玻璃、钢化玻璃、夹层玻璃、压花玻璃、镀膜玻璃、热熔玻璃、中空玻璃、吸热玻璃等。

平板玻璃具有良好的透光、保温、隔声、耐磨性能，具有较高的化学稳定性，通常情况下，对酸、碱、盐及化学试剂及气体有较强的抵抗能力，但长期遭受侵蚀介质的作用也能发生性质改变。平板玻璃热稳性较差，在急冷急热作用下，易发生爆裂。常见的玻璃质量缺陷有波筋、气泡、砂粒、疙瘩等。平板玻璃被广泛应用于建筑物的门窗、墙面、室内装饰等处。

注：化学组成相同，性能却有很大差异。

图 8-39  平板玻璃（原片）

### 三、浮法玻璃

在通入保护气体的锡槽中，将熔融玻璃从池窑连续流入并漂浮在相对密度较大的锡液表面，在重力和表面张力的作用下，玻璃液在锡液面上铺开、摊平、形成上下表面平整、厚薄均匀的玻璃，等玻璃硬化、冷却后被引上过渡辊台。辊台的辊子转动，把玻璃带拉出锡槽进入退火窑，经退火、切裁，就得到浮法玻璃（图 8-40）。浮法玻璃没有波筋、厚度均匀、上下表面平整、单位产品的能耗低、成品利用率高、易于科学化管理和实现全线机械化、自动化。浮法玻璃主要应用在高档建筑、高档玻璃加工、太阳能光电幕墙、仿水晶制品、灯具玻璃、精密电子行业、汽车风挡、制镜等。

注：浮法玻璃减少了平板玻璃的大部分缺点。

图 8-40　浮法玻璃生产线（退火、切割部分）

## 任务 2　安全玻璃

| 任务导入 | 安全玻璃是玻璃的重要组成之一，本任务将学习安全玻璃的种类、用途和特性。 |
| --- | --- |
| 任务目标 | 掌握安全玻璃的组成，安全玻璃通过什么方法达到安全的目的，如何合理使用安全玻璃。 |

### 一、概念

注：安全玻璃主要体现在安全性能的提升上。

安全玻璃相比普通玻璃有更好的抗压强度和抗拉强度，普通玻璃破碎后的碎片有尖锐棱角容易伤人，而安全玻璃破碎后对人伤害很小，经特殊处理后还具有防盗、防爆的功能。常见的安全玻璃有钢化玻璃、夹层玻璃、夹丝玻璃、防火玻璃等。

## 二、钢化玻璃

钢化玻璃是将普通退火玻璃先加工成要求尺寸，然后加热到接近软化点的 700 ℃ 左右，再进行快速均匀冷却而得到的。钢化处理后玻璃表面形成均匀压应力，而内部则形成张应力，使玻璃的抗弯和抗冲击强度得以提高。已钢化处理后的钢化玻璃，不能再作任何切割、磨削等加工或碰击，否则会因破坏均匀压应力平衡而粉碎。

### 1. 钢化玻璃的特性

（1）安全性能良好。抗冲击性好，不易破坏，当受外力破坏时，碎片会成若干碎小钝角颗粒，不易对人体造成伤害，如图 8-41、图 8-42 所示。

钢化玻璃在破碎时呈蜂窝状钝角小颗粒，不易伤人

当玻璃被外力破坏时，成为豆粒大的颗粒，减少对人体的伤害。

图片资源
钢化玻璃

图 8-41　钢化玻璃碎裂（钝角小颗粒）　　　图 8-42　钢化玻璃碎粒（不伤人）

（2）强度高。其抗弯强度是普通玻璃的 5~6 倍，抗冲击强度是普通玻璃的 3 倍，韧性提高约 5 倍。

（3）热稳定性好。钢化玻璃具有良好的热稳定性，在受急冷急热作用时，不易发生炸裂，能承受的温差是普通玻璃的 3 倍，最大安全工作温度是 288 ℃，可承受 200 ℃的温差变化。

（4）钢化后的玻璃不能再进行切割、加工，只能在钢化前就按需对玻璃进行加工，然后再进行钢化处理（图 8-43、图 8-44）。钢化玻璃强度虽然比普通玻璃高，但是钢化玻璃有自爆（自己破裂）的可能性，而普通玻璃则不存在。

图 8-43　钢化玻璃（圆棱）

图 8-44　异形钢化玻璃
（提前加工成形再钢化）

### 2. 钢化玻璃的应用

钢化玻璃广泛应用于高层建筑门窗、玻璃幕墙、室内隔断、观光电梯通道、玻璃护栏、采光顶棚等建筑装修工程（图 8-45、图 8-46）；玻璃茶几、家具配套等家具制造行业，电视机、烤箱、空调、燃气灶面板等家电行业，汽车挡风玻璃等；手机、计算机、钟表等电子数码产品等行业。

注：玻璃肋是全玻式幕墙的主要支撑方式，以玻璃肋作为水平支撑。

动画扫一扫
点式玻璃幕墙构造

图 8-45　钢化玻璃栏板（点式）

图 8-46　幕墙玻璃（玻璃肋支撑）

### 三、夹层玻璃

夹层玻璃是安全玻璃的一种，它是在两片或多片平板玻璃之间嵌夹一层有机聚合物中间膜 PVB（聚乙烯醇缩丁醛），再经热压黏合而成的平面或弯曲的复合玻璃制品（图 8-47、图 8-48）。夹层玻璃的层数有 2 层、3 层、5 层、7 层、9 层。

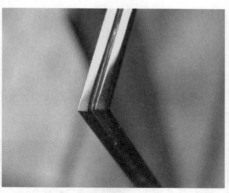

图 8-47　夹层玻璃（实物）

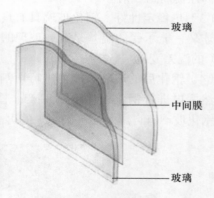

玻璃

中间膜

玻璃

图 8-48　夹层玻璃构造
（两层玻璃＋PVB 膜）

### 1. 夹层玻璃的特性

夹层玻璃的主要特点是安全性好，透明度好，抗冲击性要比普通平板玻璃高好几倍，故夹层玻璃破碎时，玻璃碎片不会到处飞溅，而是玻璃碎片还会被粘在薄膜上，整块玻璃仍保持一体性，破碎的玻璃表面仍保持整洁光滑。这样就避免了玻璃碎片扎伤人事件的发生，极大地确保了人身安全。

夹层玻璃非常坚韧，即使盗贼将玻璃敲裂，由于中间层同玻璃牢牢地黏附在一起，仍保持整体性（图 8-49、图 8-50），使盗贼无法进入室内。安装夹层玻璃后可省去护栏，既省钱又美观还可摆脱牢笼之感。夹层玻璃还具有良好的隔声性、防紫外线性、节能性和良好的装饰性能。

图 8-49　破坏夹层玻璃

图 8-50　夹层玻璃破坏后
（仍保持整体不脱落）

2. 夹层玻璃的应用

防弹玻璃作为夹层玻璃的一种，最具有代表性。防弹玻璃由多片不同厚度的透明浮法玻璃和多片 PVB 胶片/聚碳酸酯纤维热塑性塑料组合而成，总厚度一般在 20 mm 以上，要求较高的防弹玻璃总厚度可以达到 50 mm 以上。为了增强玻璃的防弹防盗性能，玻璃的厚度和 PVB 的厚度均增加了。由于玻璃和 PVB 胶片黏合得非常牢固，玻璃的刚度和 PVB 的柔韧性有机地结合，故能比较好地抵御子弹的冲击（图 8-51）。

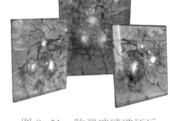

图 8-51　防弹玻璃破坏后
（保持原状不散落）

夹层玻璃主要应用于汽车和飞机的挡风玻璃、防弹玻璃、商店橱窗、建筑物门窗、幕墙、天窗、架空地面、玻璃家具、柜台、水族馆等几乎所有有安全要求的部位（图 8-52～图 8-54）。

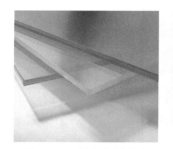

图 8-52　彩色夹层玻璃
（改变膜的颜色）

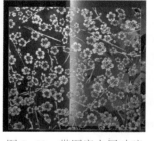

图 8-53　带图案夹层玻璃
（带图案的膜）

图 8-54　汽车风挡玻璃
（钢化夹层）

注：防弹玻璃是特殊的夹层玻璃，具有夹层玻璃的大部分特性。

图片资源
夹层玻璃

注：钢化和夹层共同组合的玻璃更安全，承受荷载和冲击能力更强。

四、夹丝玻璃

夹丝玻璃也称防碎玻璃或钢丝玻璃。它是将普通平板玻璃加热到红热软化状态时，再将成卷的金属丝网由供网装置展开后送往熔融的玻璃液中，随着玻璃熔液一起通过上、下压延辊制成（图 8-55、图 8-56）。夹丝玻璃所用的金属丝网网格形状一般为方形或者六角形，而玻璃表面可以带花纹，也可以是光面。夹丝玻璃厚度一般为 6~16 mm（不含中间丝的厚度）。

1. 夹丝玻璃的特性

（1）夹丝玻璃与钢化玻璃、夹层玻璃一样都具有极佳的安全性，钢丝网在夹丝玻璃中起增强的作用，使其抗弯强度和抗温度骤变能力都比普通玻璃有了很大提高，玻璃破碎后也会有钢丝网粘连，不会飞溅玻璃碎片导致伤人（图 8-57）。因此夹丝玻璃还具有很好的防盗性，可以避免因打破玻璃直接进入室内。

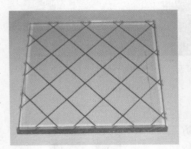

图 8-55　夹丝玻璃（白片）　　图 8-56　夹丝玻璃（磨砂处理）　　图 8-57　新型玻璃夹丝

拓展资源
《建筑内部装修防火施工及验收规范》(GB 50354—2005)

注：防火玻璃与防火门配合使用，才能起到防火的效果。

（2）夹丝玻璃受到高温灼烧时虽然破碎，但线或网也能连着碎片，很难崩落和破碎，可遮挡火焰和其他颗粒的侵入，有效防止从开口处火势蔓延，故又称防火玻璃。夹丝玻璃的缺点是在生产过程中，丝网受高温辐射容易氧化，玻璃表面有可能出现"锈斑"（钢丝被氧化）或气泡。

2. 夹丝玻璃的应用

夹丝玻璃适用于振动较大的工业厂房门窗、屋面、采光天窗，需要安全防火的仓库、图书馆门窗，公共建筑的阳台、走廊、防火门、楼梯间、电梯井以及家庭装修（图 8-58、图 8-59）等。

图片资源
夹丝玻璃

图 8-58　夹丝玻璃（客厅）　　　图 8-59　夹丝玻璃（玄关）

## 任务3　节 能 玻 璃

| 任务导入 | 节能在建筑和装饰中的作用日益凸显，作为玻璃的另一个重要组成部分之一，本任务学习节能玻璃的种类、用途和特性。 |
| --- | --- |
| 任务目标 | 掌握节能玻璃的组成，节能玻璃利用什么原理达到节能的目的，如何合理使用节能玻璃。 |

### 一、概念

节能玻璃兼具采光、调节热量、保温隔热隔声等功能，较好地改善了室内环境、极大地降低了能源的消耗，非常符合目前国家倡导的节能减排号召，已经日益成为当代建筑和装饰的主流产品。节能玻璃主要包括中空玻璃、热反射玻璃、吸热玻璃、镀膜玻璃等。

注：建筑节能、建材节能今后是同学们设计选材的重点方向。

### 二、中空玻璃

中空玻璃（图8-60～图8-62）是由两层或多层平板玻璃构成。四周用胶结（冷压）、熔接或焊接（热压）的方式将两片或多片玻璃密封，密封条内填充干燥剂，以保证玻璃片中间空气的干燥度，再在玻璃中间充入干燥空气或者惰性气体。中空玻璃可采用3 mm、4 mm、5 mm、6 mm、8 mm、10 mm、12 mm厚平板玻璃，空气层厚度可采用6 mm、9 mm、12 mm间隔。

1. 中空玻璃的特性

（1）保温隔热性能好。中空玻璃空气层的导热率小，空气的导热率是玻璃的1/27，中空玻璃再配合断桥隔热型材使用效果会更好，所以中空玻璃具有良好的保温隔热性能（图8-63）。

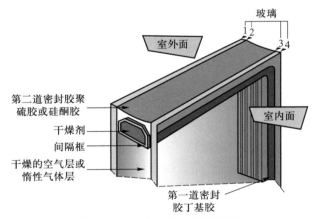

图8-60　中空玻璃（构造详图）

注：干燥空气的导热率远低于玻璃本身，因此干燥的空气才是减少热量损失的关键。干燥剂、惰性气体都是保证空气干燥的根本。

注：中空玻璃可以有多层玻璃和空气组成，表示方法为玻璃厚度＋空气层厚度。

图 8-61　中空玻璃
（5 mm 玻璃＋6 mm 空气＋5 mm 玻璃）

图 8-62　铝合金条（填充干燥剂用）

拓展资源
《中空玻璃》(GB/T 11944—2012)

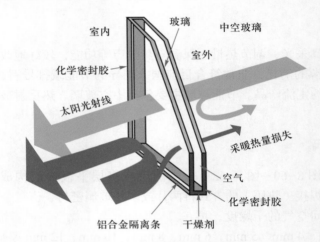

图 8-63　中空玻璃（隔热原理）

（2）隔声性能好。中空玻璃具有较好的隔声性能，可降低噪声 30～40 dB。

（3）防结露性能好。当室内外温差较大且室内湿度较大时，室内的水汽会附着在室内的玻璃上出现水珠，甚至结霜。但中空玻璃具有良好的保温隔热性、气密性，中间空气层减少了内外热量的交换，所以不会结露。

2. 中空玻璃的应用

中空玻璃适用于需要采暖、空调、防噪声、防结露等要求的房间，还可用于花棚温室、宾馆、住宅、商场、车船等。

### 三、热反射玻璃

热反射玻璃是既具有较高的热反射能力，又保持平板玻璃的良好透光性能的玻璃，又称镀膜玻璃或者镜面玻璃。它是采用热解法、真空蒸镀法、阴极溅射法等，在玻璃表面涂以金、银、铜、铝、铬、镍和铁等金属或金属氧化物薄膜，或采用电浮法等离子交换方法，以金属离子置换玻璃表层原有离子而形成热反射膜。热反射玻璃有金色、茶色、灰色、紫色、褐色、青铜色和浅蓝等颜色（图 8-64）。

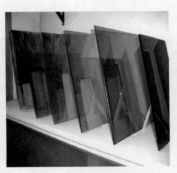

图 8-64　热反射玻璃
（不同颜色的镀膜）

1. 热反射玻璃的特性

（1）具有良好的隔热、遮阳性。玻璃表面的热反射膜，对来自太阳的红外线的反射率可达到 30%~40%。因此虽然外部日照强烈，但室内凉爽宜人，大大降低了空调的能耗。

（2）单向透视性和镜面效应。白天，从迎光面看去，热反射玻璃如同镜子一样可以映衬周围建筑的景色，使安装热反射玻璃的建筑与周围环境融为一体。从室外看不到室内活动，对建筑内部起到很好的遮蔽和帷幕的作用。而从室内则可以看清外面的景色，这就是单向透视性和镜面效应。晚上，室内灯光亮起，室外光线变暗，则室外可以清楚看清室内的灯光，整个建筑也在灯光的衬托下变得宏伟美丽。

2. 热反射玻璃的应用

热反射玻璃主要用在高级建筑的门窗、玻璃幕墙、装饰玻璃等，尤其适合用在夏季光照强、有较高遮阳要求的地区，具有极佳的隔热、遮阳效果（图 8-65）。

图 8-65　热反射玻璃幕墙
（单向透视性）

### 四、吸热玻璃

吸热玻璃（图 8-66）是指能大量吸收红外线辐射，又能使可见光透过并保持良好透视性的玻璃。吸热玻璃是在普通钠钙硅酸盐玻璃的原料中加入一定量的有吸热性能的着色剂或者在平板玻璃表面喷镀一层或多层具有吸热性能的金属或金属氧化物薄膜而制成。吸热玻璃有灰色、茶色、蓝色、绿色、古铜色、青铜色、粉红色和金黄色等。

1. 吸热玻璃的特性

吸热玻璃的特点是可以将照射在玻璃上的辐射能吸收，明显降低夏季的室内温度，降低空调能耗。吸热玻璃加入金属氧化物之后颜色鲜艳美丽，还有很好的装饰效果（图 8-67），吸热玻璃通过对可见光的吸收，使室内光线变得柔和而不刺眼，舒适度增加。

图 8-66　吸热玻璃（不同颜色）

图 8-67　吸热玻璃建筑（装饰加节能）

注：热反射玻璃主要是镀膜而吸热玻璃，既可以通过镀膜又可以通过添加金属氧化物改变玻璃性能。

**2. 吸热玻璃的应用**

吸热玻璃适用于既需要采光，又需要隔热之处，尤其是夏季炎热地区，需设置空调、避免眩光的大型公共建筑的门窗、幕墙以及汽车、轮船的挡风玻璃等。

## 任务 4 装饰玻璃

| | |
|---|---|
| **任务导入** | 随着工艺的不断进步，装饰玻璃的种类越来越多，功能越来越全，使用也越来越广泛，本任务将学习装饰玻璃的种类、用途和特性。 |
| **任务目标** | 掌握装饰玻璃的组成，不同装饰玻璃的独特性有什么，如何在正确部位合理使用装饰玻璃。 |

### 一、概念

微课扫一扫
装饰玻璃

随着人民生活水平的提高和玻璃工艺的快速发展，玻璃的装饰作用越来越被人们所重视，装饰玻璃在我们的生活中也丰富多样起来。常见的装饰玻璃主要有磨砂玻璃、压花玻璃、冰花玻璃、彩绘玻璃、镭射玻璃、浮雕玻璃、热熔玻璃、镜面玻璃等。

### 二、磨砂玻璃

磨砂玻璃（图 8-68），又被称为毛玻璃。是用普通平板玻璃经机械喷砂、手工研磨或氢氟酸溶蚀等方法将普通平板玻璃表面处理成均匀毛面制成的。

**1. 磨砂玻璃的特性**

由于磨砂玻璃表面粗糙，光线穿过时产生漫反射，光线透过，而人看不到玻璃另一面的景象（透光不透视），因此具有较好的私密性。同时漫反射后的光线柔和而均匀，室内效果更好。

图 8-68 磨砂玻璃（原片）

**2. 磨砂玻璃的应用**

磨砂玻璃可用于有私密要求的浴室、卫生间（毛面朝外）、办公室的门窗（毛面朝向室内）及隔断（图 8-69、图 8-70）。

图片资源
磨砂玻璃

注：磨砂玻璃隔断适合用在空间不大，又有采光需要同时又有私密要求的房间。

注：生活中磨砂玻璃处处存在，如水杯、碗碟、工艺摆件等。

图 8-69 磨砂玻璃隔断（卧室）

图 8-70 磨砂玻璃隔断（办公室）

### 三、压花玻璃

压花玻璃又称花纹玻璃或滚花玻璃，采用压延法，在用双辊压延机的辊面上雕刻所需要的花纹，当玻璃带经过压辊时即被压延成压花玻璃。压花玻璃的品种有普通压花玻璃、真空镀膜压花玻璃、彩色压花玻璃等。它是各种公共设施的门窗装配，起着采光但又阻隔视线的作用。

#### 1. 压花玻璃的特性

压花玻璃的性能与磨砂玻璃相同，都具有透光不透视的特点，可使光线柔和，并具有隐私的保护作用和一定的装饰效果，光线透过压花玻璃更具有层次感和艺术美感。

#### 2. 压花玻璃的应用

压花玻璃适用于建筑的室内间隔、浴室、门窗、办公、会客厅等，使用时应注意将其花纹面朝外，以防表面浸水而透视，如图 8-71、图 8-72 所示。

图 8-71　压花玻璃（原片）　　　图 8-72　压花玻璃隔断（磨砂加压花）

### 四、雕刻玻璃

雕刻玻璃（又称雕花玻璃）是在普通平板玻璃上，用人工雕刻或激光雕刻两种方式对玻璃雕出图案或花纹后再进行钢化处理的玻璃，如图 8-73 所示。雕花图案透光不透明，立体感强，层次分明，似浮雕，效果高雅。

#### 1. 雕刻玻璃的特性

雕刻玻璃不再是对玻璃的平面处理，而是通过浮雕、深雕、彩雕、白雕、肌理雕等手段使玻璃质感增强，更具立体感、通透感。

#### 2. 雕刻玻璃的应用

雕刻玻璃多适用于装饰性部位如背景墙、隔断、玄关、屏风等。

### 五、镭射玻璃

镭射玻璃又称全息玻璃或激光玻璃，是在

图 8-73　雕刻玻璃（彩雕背景墙）

玻璃或透明有机涤纶薄膜上涂敷一层感光层，利用激光在上面微刻出全息光栅，再涂上保护漆制成的玻璃。镭射玻璃可以将光线通过衍射形成彩色光谱，人可以从不同视线角度看到变幻多端的三维彩色立体图像。

1. 镭射玻璃的特性

镭射玻璃的特点是当处于任何光源照射时，都将因衍射作用而产生色彩的变化。而且，对于同一受光点或受光面，随着光线入射角度及人的视角改变，所看到的色彩及图案也有所不同，因此镭射玻璃给人的感觉是色彩变幻、冷暖色交替、美丽而诱人，有其独特的装饰效果，如图 8-74、图 8-75 所示。

注：镭射玻璃的效果也可以通过在普通玻璃上贴相应的镭射膜来实现。

图片资源
镭射玻璃

图 8-74　镭射玻璃（单板）　　　　图 8-75　镭射玻璃（隔断）

2. 镭射玻璃的应用

镭射玻璃目前多用于酒吧、酒店、商场、电影院等商业性和娱乐性场所，在家庭装修中也可以把它用于吧台、视听室等空间。

六、热熔玻璃

热熔玻璃又称水晶立体艺术玻璃，是采用特制热熔炉，以平板玻璃和无机色料等为主要原料，加热到玻璃熔化点采用模压成型，退火而制成。再根据需要进行雕刻、钻孔、修裁等多道工序加工。热熔玻璃通过艺术化的设计与加工，使原本局限在平面的玻璃变得凹凸有致、色彩艳丽、更加灵动（图 8-76）。

图片资源
热熔玻璃

图 8-76　热熔玻璃（样板）

1. 热熔玻璃的特性

热熔玻璃优点显著，图案丰富、立体感强、装饰华丽、光彩夺目，解决了普通装饰玻璃立面单调呆板的感觉，使玻璃具有生动的造型，满足了人们对装饰风格多样化的需求和更高的艺术追求。

2. 热熔玻璃的应用

热熔玻璃种类较多，有热熔玻璃砖、门窗用热熔玻璃、大型墙体嵌入玻璃、隔断玻璃、一体式卫浴玻璃洗脸盆、玻璃艺术品等；在玻璃器皿特别是酒店用品方面较多，有玻璃冷冻盆、玻璃水果盘、玻璃毛巾托、玻璃筷子架、玻璃香皂碟、玻璃烟灰缸、玻璃碗等；热熔玻璃由于其较高的艺术效果得到人们越来越多的认可和使用（图 8-77）。

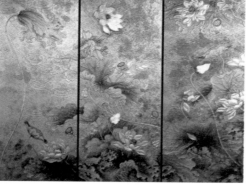

<table>
<tr><td>灯罩</td><td>屏风、隔断、背景墙</td></tr>
</table>

图 8-77　热熔玻璃应用

> 注：热熔玻璃卫浴的出现大大丰富了原本单一的以陶瓷为主的卫浴市场。
> 热熔玻璃饰品在灯光映衬下更加华丽大方；作为背景或屏风时单块尺寸不宜过大。

七、彩绘玻璃

彩绘玻璃有两种（图 8-78），一种是用装有彩绘强化专用墨水的数码彩绘印刷设备，将彩色图案打印在胶片或彩绘强化专用 PP 纸上，然后和平板玻璃进行黏合而成。另一种工艺是纯手绘彩绘玻璃工艺，用绘图工具，以特殊材料为颜料，先按照设计的图样描绘在玻璃上，再经 3~5 次高温烧制，便得到了彩绘玻璃。纯手绘彩绘玻璃图案永不掉色，不怕酸碱的腐蚀，易于清洁。

1. 彩绘玻璃的特性

彩绘玻璃图案丰富亮丽，可将绘画、色彩、灯光融于一体，家居中彩绘玻璃能较自如地创造出一种赏心悦目的和谐氛围，增添浪漫迷人的现代情调。彩绘玻璃虽然制作工艺复杂，但清洁起来却非常容易。因为玻璃本身的颜色制作时就已冶炼形成，所以不必担心擦拭时颜色脱落或起变化，普通的清洁就可以。

<table>
<tr><td>PP 纸</td><td>手绘</td></tr>
</table>

图 8-78　彩绘玻璃对比

## 2. 彩绘玻璃的应用

彩绘玻璃运用较多的是公共场所，如星级宾馆、酒店、会所、教堂等都会用彩绘玻璃来装点厅堂，体现空间的高雅和尊贵（图 8-79、图 8-80）。

图 8-79　彩绘玻璃（吊顶-教堂）　　　图 8-80　彩绘窗玻璃（彩绘＋白玻）

## 八、烤漆玻璃

烤漆玻璃也叫背漆玻璃，分为平面烤漆玻璃和磨砂烤漆玻璃两种，是通过喷涂、滚涂、丝网印刷或者淋涂等方式在玻璃背面上漆后再烘烤 8~12 h，经晾干而制成的一种玻璃。

### 1. 烤漆玻璃的特性

烤漆玻璃色彩鲜艳，可以为客户提供多种选择，耐水、耐污、耐酸碱能力强，选择好的漆和好的施工工艺，则有很好的漆面附着力、抗老化能力和耐候性。

### 2. 烤漆玻璃的应用

烤漆玻璃适用于居室、商业、办公、娱乐等场所的家具面板、玻璃台面、背景墙、玻璃门头、玻璃围栏、私密空间隔断等，如图 8-81、图 8-82 所示。

图 8-81　烤漆玻璃（门厅背景墙）　　　图 8-82　烤漆玻璃（整体橱柜面板）

## 九、镜面玻璃

镜面玻璃又叫镀膜玻璃，是用银、铝、铜、锡等化合物为原料，在玻璃表面通过化学或物理等方法在玻璃背面形成反射率极强的氧化物涂层，再在涂层上面刷漆保护，从而达到较好的镜面反射效果。为提高装饰效果，在镀镜之前可对原片玻璃进行彩绘、磨刻、喷砂、化学蚀刻等加工，形成具有各种花纹图案或精美字画的镜面玻璃。

1. 镜面玻璃的特性

镜面玻璃光泽感强，能够增加室内的空间感和采光效果、提高居室的装修效果，与其他装饰材料搭配更能提升空间的装修品位和档次。同时镜子还被很多人用来改善室内风水，不同镜子的搭配使用在中国有着悠久的历史。

2. 镜面玻璃的应用

镜面玻璃适用于室内、室外的墙柱面、门厅、走廊、背景墙、吊顶以及公共娱乐设施、宾馆、酒店等的装饰（图 8-83、图 8-84）。

图 8-83  镜面玻璃（居室）　　　图 8-84  镜面玻璃（酒店）

图片资源
镜面玻璃

### 十、镶嵌玻璃

镶嵌玻璃是将分散的各种小块钢化玻璃、浮法玻璃和彩色玻璃用金属或塑料嵌条、密封胶等材料，经过拼接、雕刻、磨削、研磨、焊接、清洗干燥密封等工艺制造成的高档艺术玻璃。

1. 镶嵌玻璃的特性

镶嵌玻璃是一个多种类型玻璃的综合体，它可以将彩色玻璃、磨砂玻璃、镜面玻璃、彩绘玻璃等任意组合，再用金属嵌条加以分隔，再进行艺术加工，呈现不同于以往的装饰效果。

2. 镶嵌玻璃的特性

镶嵌玻璃广泛应用于居室、宾馆、饭店和娱乐场所门窗、顶棚等的装修，如图 8-85 所示。

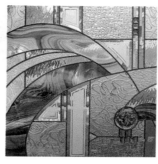 

图 8-85  镶嵌玻璃（磨砂、彩色、热熔、镜面玻璃组合）

注：镶嵌玻璃成本较高，对工艺要求也高，因此在局部使用较多。

图片资源
镶嵌玻璃

## 十一、玻璃马赛克

玻璃马赛克又称为玻璃锦砖或玻璃纸皮砖，它是一种小规格的彩色饰面玻璃镶嵌材料，是由天然矿物质和玻璃粉制成的。一般规格为 20 mm×20 mm、30 mm×30 mm、40 mm×40 mm，厚度为 4~6 mm。玻璃马赛克有无色透明、着色透明、半透明几类，随着工艺的进步可以做成各种颜色和形状，比陶瓷马赛克更加晶莹剔透，表面也更加光泽细腻，背面带有纤维网，用于粘贴。

### 1. 玻璃马赛克的特性

玻璃马赛克具有色彩柔和、美观大方、质地坚硬、耐腐蚀、耐酸碱、耐水耐磨、无放射性、冷热稳定性好等优点。

### 2. 玻璃马赛克的应用

玻璃马赛克已广泛应用于：宾馆、酒店、娱乐场所、游泳池、浴池、体育馆、厨房、卫生间、阳台等的墙地面，企业的形象商标、拼图等。用玻璃马赛克作为其他装饰材料的点缀，可以更好地凸显出高雅的装饰效果，如图 8-86~图 8-90 所示。

> 注：玻璃马赛克，陶瓷马赛克在功能上有很多相似之处，但玻璃马赛克由于其鲜艳的色彩使用上日益增多。

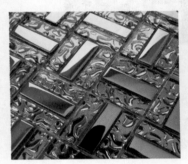
图 8-86　玻璃马赛克
（金属饰面）

图 8-87　玻璃马赛克
（石材马赛克和玻璃马赛克）

图 8-88　玻璃马赛克
（水滴状不规则）

> 图片资源
> 玻璃马赛克

> 注：异型玻璃马赛克和金属质感的玻璃马赛克成为目前装饰的主流产品。

图 8-89　玻璃马赛克
（均匀气泡状）

图 8-90　玻璃马赛克
（玄关和镜面搭配）

## 十二、玻璃砖

玻璃砖是用透明或彩色玻璃熔融后压制成形的块状或空心盒状。体形较大的玻璃制品。主要有空心砖玻璃、实心砖玻璃两类。实心玻璃砖是实心块状产品，空心玻璃砖是由两块凹形半块玻璃砖，熔结或黏结制成的。玻璃砖常见规格为190 mm×190 mm×80 mm、145 mm×145 mm×80 mm、145 mm×145 mm×95 mm、240 mm×240 mm×80 mm 等。

1. 玻璃砖的特性

玻璃砖具有良好的防火性、隔声性、防水性、节能性能、保温隔热性、良好透光性。选用玻璃砖，既可以作为室内分隔，又可以让光线进入室内，且有良好的隔声效果。

2. 玻璃砖的应用

玻璃砖作为外围护结构，强度高、耐久性好，遮风挡雨，不需要附属支撑，还有很好的透光性。玻璃砖隔断，既能分割大空间，同时又可以保持大空间的完整性，既满足私密性，又能保证室内的通透感。玻璃砖应用于走廊与通道，可以减少在狭窄的通道的压抑感和采光缺失。玻璃砖有规则地镶嵌于墙体之中，改善了墙体的死板与厚重，增加了建筑的跃动气息，如图 8-91~图 8-93 所示。

动画扫一扫
玻璃砖墙选材
及砌筑

图 8-91　玻璃砖（彩色样块）　　图 8-92　玻璃砖墙（卫生间）　　图 8-93　玻璃砖（外墙单独使用）

# 项目 5　建筑装饰木材

## 任务 1　木材基础知识

| 任务导入 | 木材是我国传统建筑材料中使用量最大的材料之一，如今在装饰领域仍在大量使用，正确认识和使用好木材十分关键。 |
| --- | --- |
| 任务目标 | 掌握木材的基本概念和组成，木材的性质和处理方式及防腐工艺等。 |

### 一、概念及分类

木材在中国古建筑中应用十分广泛，许多历史悠久的古代建筑都是木质结构的，我国也凭借着对木质材料的历史积淀对木材的应用有许多独到之处，木材有很多优良性能，如木材轻质高强、导电导热性低、有较好的韧性和弹性、能承受一定的冲

演示文稿
装饰木材

击和振动、易于加工、保温隔热性能好、天然环保、无毒副作用、装饰效果好等。但同时木材也有构造不均、取材受限、湿胀干缩率大、宜翘曲变形开裂、防火防腐性能差等缺点。

木材按树种不同分为针叶树（图 8-94）和阔叶树（图 8-95）两种，如表 8-4 所示。

注：阔叶树中也
有材质不是很
坚硬的木材，如
桦木、杨木等。

图片资源
各类树种

图 8-94  云杉（松科，云杉属，针叶树）　　　图 8-95  榉木（榆科，榉属，阔叶树）

表 8-4  木 材 分 类

| 分类 | 基本特征 | 性能特点与主要用途 | 主要树种 |
|---|---|---|---|
| 针叶树材 | 树叶细长，树干通直高大，纹理顺直，材质均匀，木质较软（又称软木材） | 强度较高，表观密度和胀缩变形较小，耐腐蚀性较强，易于加工，主要用作承重构件，制作门窗、模板等 | 红松、落叶松、云杉、冷杉、柏木等 |
| 阔叶树材 | 树叶宽大，多数树种的树干通直部分较短，材质坚硬（又称硬木材） | 表观密度较大，胀缩和翘曲变形明显，易开裂，较难加工，常用于室内装修和制作家具等 | 樟木、水曲柳、榉木、柞木、榆木等 |

### 二、木材的构造

木材的构造是决定木材性质的关键因素，树种不同，其构造差别很大，相应的性质也有巨大差别。通常从宏观和微观两个方面研究木材的构造。

#### 1. 木材的宏观构造

用肉眼或放大镜所观察到的木材的特征，称为木材的宏观构造或粗视构造。木材的宏观构造往往在木材的三切面上观察，即横切面、径切面和弦切面。横切面是指与树干主轴或木纹相垂直的切面，即树干的端面或横断面；径切面是指顺着树干轴向，通过髓心与木射线平行或与年轮垂直的切面；弦切面是没有通过髓心的纵切面，顺着木材纹理。

木材的宏观特征（图 8-96，图 8-97）包括木材的心材和边材，生长轮（年轮）和早材、晚材，阔叶树材的管孔、胞间道、木射线和轴向木薄壁组织。心材指许多树种木材（生材）的横切面上，靠近髓心部分，材色较深、水分较少；边材指许多树种木材的横切面上，靠近树皮部分，材色较浅，水分较多。早材指温带和寒带的树种，通常生长季节早期所形成的木材，材质较松软，材色浅；晚材指温带和寒带的树种，通常生长季节晚期所形成的木材，材质较致密，材色深。此外，木材的宏观特征还包括木材的颜色、光泽、结构、纹理、花纹、髓斑和色斑等。

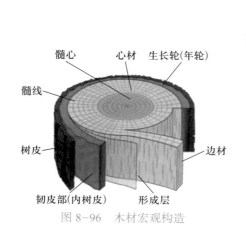

图 8-96　木材宏观构造

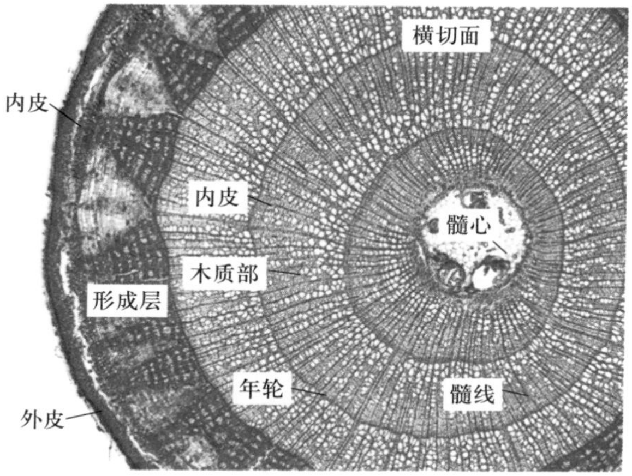

图 8-97　木材构造（横切面）

### 2. 木材的微观构造

用光学显微镜观察到的木材构造，称为微观构造；用电子显微镜观察到的木材构造，称为超微构造。与阔叶树材相比，针叶树材的解剖分子比较简单，排列也比较规则。木材组织由无数管状细胞紧密结合而成，它们绝大部分沿树干的轴向（纵向）排列，少数沿横向排列（图 8-98、图 8-99）。木材的细胞壁越厚，细胞腔越小，木材就越密实，其表观密度和强度越大，但胀缩变形也大。与春材相比，夏材的细胞壁较厚，其强度和硬度较大。

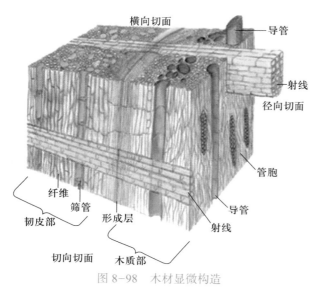

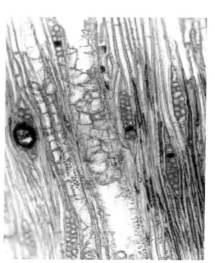

图片资源
木材显微构造

图 8-98　木材显微构造

图 8-99　显微图（紫柚木微观弦切面）

木材细胞因功能不同可分为管胞、导管、木纤维髓线等多种。针叶树显微结构简单而规则，它由管胞和髓线组成，且髓线较细而不明显；阔叶树显微结构较复杂，主要由导管、木纤维和髓线组成，其髓线发达，粗大而明显。有无导管和髓线粗细是鉴别阔叶树与针叶树的重要特征。

### 三、木材的物理力学性质

木材的物理力学性质主要有密度、含水量、湿胀干缩、强度等，其中含水量对木材的物理力学性质影响较大。

**1. 木材的密度与表观密度**

木材的密度平均约为 1.55 g/cm³，表观密度平均为 0.5 g/cm³，表观密度大小与木材种类及含水率有关，通常以含水率为 15%（标准含水率）时的表观密度为准。

**2. 含水率与吸湿性**

木材中的水分分为自由水、吸附水和结合水。吸附在细胞壁中细纤维中的称为吸附水。吸附水饱和后，处于细胞壁以外（细胞腔及细胞间隙）的称为自由水。自由水对木材的性能影响不大，而吸附水则是影响木材性能的主要因素。

（1）含水率

含水率是指木材所含水的质量与干燥木材质量之比，即

$$w = \frac{m_{湿} - m_{干}}{m_{干}} \times 100\%$$

式中　$w$——木材含水率，%；

$m_{湿}$——含水后的木材质量，kg；

$m_{干}$——干燥的木材质量，kg。

（2）平衡含水率

潮湿的木材会在干燥的空气中失去水分，干燥的木材会从湿润的空气中吸收水分。当木材的含水率与空气相对湿度持平而不再变化时，此时木材的含水率称为平衡含水率。我国木材平衡含水率平均为 15%（北方为 12%，南方为 18%）。

（3）木材纤维饱和点

① 概念。当自由水蒸发完毕，吸附水仍处于饱和状态时的含水率称为木材纤维饱和点，它是木材物理、力学性能变化的转折点。木材纤维饱和点的数值随树种而异，变动范围 25%~35%，平均为 30%。

② 木材纤维饱和点对木材性能的影响，主要表现为湿胀干缩和对强度的影响。

木材具有显著的湿胀干缩性能。当木材从潮湿状态干燥到纤维饱和点的过程中，木材的尺寸并不改变，仅容重减小。只有继续干燥到纤维饱和点以下时，木材才发生收缩。反之，干燥木材吸湿时，木材体积发生膨胀，直至含水率增大至纤维饱和点为止。此后，木材含水率继续增加，木材体积也不再变化。

木材由于构造上的不均匀性，各方向胀缩量也不相同。顺纤维纵向干缩最小，径向干缩较大，弦向干缩最大。因此，湿木材干燥后，其截面形状和尺寸会发生显著变化，这种现象对于木材的使用极为不利，所以，木材在使用前必须进

**注**：利用这个特点来对木材进行选择，避免变形过大带来的危害。

行干燥处理。

　　木材含水量在纤维饱和点以上时，即使含水量发生变化，对各项强度也没有影响；当含水量降至纤维饱和点以下时，木材强度将随着含水量的减少而增加，其原因是水分减少，细胞壁物质变得干而紧密。

　　3. 木材的强度

　　木材按受力状态分抗拉、抗压、抗弯和抗剪 4 种强度，而抗拉、抗压和抗剪强度又分有顺纹和横纹之分。木材的强度值与相对值见表 8-5。

表 8-5　木材的强度值与相对值

| 强度类别 | | 强度值范围 /MPa | 强度相对值 | 缺陷对强度的影响 | 受力破坏的原因 |
|---|---|---|---|---|---|
| 抗压强度 | 顺纹 | 25～85 | 1 | 较小 | 纤维受压失稳甚至断裂 |
| | 横纹 | — | 1/10～1/3 | | 细胞腔被压扁 |
| 抗拉强度 | 顺纹 | 50～170 | 2～3 | 很大 | 纤维间纵向联系受拉破坏，纤维被拉断 |
| | 横纹 | — | 1/20～1/3 | | 纤维间横向联系脆弱，极易被拉开 |
| 抗剪强度 | 顺纹 | 4～23 | 1/7～1/3 | 大 | 剪切面上纤维纵向连接破坏 |
| | 横纹 | — | 1/14～1/6 | | 剪切面上纤维横向连接破坏 |
| 抗弯强度 | | 50～170 | 1.5～2 | 很大 | 试件上部受压区首先达到强度极限，产生皱褶，最后在试件下部受拉区因纤维断裂而破坏 |

### 四、木材的腐朽与防治

　　1. 木材的干燥

　　木材的含水状况直接影响木材的性能，在加工使用木材之前的干燥处理至关重要，干燥合理是防止木材收缩变形、翘曲开裂、提高木材强度和耐久性的有效手段。木材的干燥有自然干燥和人工干燥。自然干燥是在自然环境中，利用通风和温度蒸发木材中的水分来干燥，自然干燥速度慢、效率低、受环境条件限制较大。人工干燥就是利用热蒸汽加温，再通过空气温度、湿度和气流循环对木材进行干燥。人工干燥周期短，干燥程度高，适合流水化作业，木材品质可以保证。

　　2. 木材的腐朽

　　木材是天然有机材料，其最大缺点是容易腐朽、虫蛀和燃烧，因此大大地缩短了木材的使用寿命，并限制了它的应用范围。木材在自然条件允许的条件下，很容易受到真菌的影响而变色，结构逐渐酥松、变脆，强度变低，这种现象称之为腐朽（图 8-100、图 8-101）。常见的真菌主要有霉菌、变色菌和腐朽菌，其对木材的腐蚀如表 8-6 所示。

注：木材的干燥程度是决定木材制品将来良好使用的关键因素。

注：腐朽菌是导致木材腐朽的主要因素。

图 8-100 木材霉变      图 8-101 木材腐烂

表 8-6 真菌的种类及对木材的腐蚀危害

| 真菌种类 | 真菌对木材的腐蚀危害 |
|---|---|
| 霉菌 | 只寄生在木材的表面，一般对材质无影响，能使木材发霉变色 |
| 变色菌 | 多寄生在边材，以细胞腔内含物为食料，不破坏细胞壁，对木材的强度影响不大，但会使木材变色，影响美观 |
| 腐朽菌 | 以木质素为食料，通过分泌酶来分解细胞壁中的纤维素和半纤维素，影响木材强度 |

真菌在木材中生存和繁殖，必须同时具备四个条件：① 温度适宜；② 木材含水率适当；③ 有足够的空气；④ 适当的养料。真菌生长最适宜温度是 25~30 ℃，最适宜的含水率在木材纤维饱和点左右，含水率低于 20% 时，真菌难于生长，含水率过大时，空气难于流通，真菌得不到足够的氧或排不出废气。所以过干或者过湿都不宜真菌生长。

3. 木材的防腐

木材防腐的基本原理在于破坏真菌和虫类的生存、繁殖条件，常用防腐措施有：

（1）将木材干燥至含水率在 20% 以下，使木材处于干燥状态，破坏真菌的生存条件，对木材及其制品采取通风、防潮、表面涂刷涂料等措施。

拓展资源
《防腐木材工程应用技术规范》
（GB 50828—2012）

（2）将水溶性防腐剂、油质防腐剂和膏状防腐剂等化学防腐剂注入木材中，使真菌成为有毒物质，真菌无法寄生。常用的方法有喷涂法、浸渍法和压力渗透法等。但要注意所用防腐剂对人体的危害，选择实用安全的产品。

## 任务 2　天然木材、人造板材及木制品

| 任务导入 | 木质板材是建筑材料中使用量最大的板材，充分了解每一种板材的特性才能更好地选择和使用相应的板材。 |
|---|---|
| 任务目标 | 掌握各种木质板材的基本概念和组成，分别有什么优缺点和特性，掌握正确选择使用板材的基本方法。 |

## 一、天然木材

### 1. 分类

按照木材的加工程度和用途，木材分为原木、板材和方材三种形式。原木（图8-102）是指去皮去枝梢后按照一定规格锯成的一定长度的木料，主要做屋架、柱或用于加工板材、方木或胶合板等。板材是指宽度为厚度的 3 倍或 3 倍以上的木料，方材（图 8-103）是指宽度不足厚度 3 倍的木料。

图 8-102　原木　　　　　　　图 8-103　方材

### 2. 木龙骨

木龙骨又称为木方，是指用于顶棚、隔墙和木地板隔栅等的骨架，主要由松木、椴木、杉木等树木加工成截面为长方形或方形的木条而成（图 8-104、图 8-105）。木龙骨作为龙骨材料在我国有着悠久的历史，虽然有自重大、易变形、防火防腐能力差等缺点，但是木龙骨更易制作造型，持久力更强，故木龙骨仍在与轻钢龙骨配合使用。

图 8-104　木龙骨（樟松）　　　图 8-105　木龙骨（吊顶和墙面造型）

根据使用不同部位而采用不同尺寸的截面，一般用于吊顶、隔墙的主龙骨截面尺寸为 50 mm×70 mm 或 60 mm×60 mm；而次龙骨截面尺寸为 40 mm×60 mm 或 50 mm×50 mm；用于轻质扣板吊顶和实木地板铺设的龙骨截面尺寸为 30 mm×40 mm 或 25 mm×30 mm。

### 3. 指接板

指接板是同一种木材经锯裁加工脱脂、烘蒸干燥后，根据需求的不同规格，

注：轻钢龙骨在后面的金属装饰材料介绍。

**拓展资源**
木龙骨安装施工视频

由小块板材采用锯齿状接口拼接，经高温热压而成的一种板材（图 8-106、图 8-107）。由于竖向木板间接口类似两手手指交叉对接，故称指接板。其上下不再粘贴胶合板，含水率一般稳定在 12% 左右，有一次定型、不易变形、外形具有天然木纹、美观大方、返归自然等优点。

图 8-106　指接板　　　　　　　图 8-107　指接板
（拼接过程）　　　　　　（整板 1 220 mm×2 440 mm×17 mm）

指接板与细木工板的用途相似，只是指接板在生产过程中上下无须粘贴夹板，用胶量比细木工板少得多，所以较细木工板更为环保，因此越来越多的人开始选用指接板来替代其他板材。指接板常见规格为 1 220 mm×2 440 mm，厚度 12 mm～18 mm。

微课扫一扫
人造板材

## 二、人造板材

1. 细木工板

（1）细木工板概念

细木工板俗称大芯板、木芯板、木工板，是具有实木板芯的胶合板，它将原木切割成板条，经热处理（即烘干室烘干）以后拼接成芯，外贴一层、两层或多层优质单板加工而成（图 8-108）。细木工板的两面胶粘单板的总厚度不得小于 3 mm。拼接后的木板两面各覆盖两层，再经冷、热压机胶压后制成。其规格为 1 220 mm×2 440 mm，厚度为 10 mm、12 mm、15 mm、18 mm。细木工板竖向（以芯板材走向区分）抗弯压强度差，但横向抗弯压强度较高。细木工板最外层的单板叫表板，内层单板称中板，板芯层称拼接木芯板，组成木芯板的小木条称为芯条，芯条的木纹方向应与板材的纹路方向垂直。将带有不同颜色或纹理的纸放入树脂胶黏剂中浸泡，然后干燥到一定固化程度，将其铺装在细木工板表面，经热压而成的装饰板叫做生态板或免漆板（图 8-109）、三聚氰胺板。

（2）细木工板特性

① 细木工板握螺钉力好，强度高，具有质坚、吸声、绝热等特点，细木工板含水率不高，在 10%～13%，加工简便。

② 工艺简单，便于加工生产，现场方便加工安装。

（3）细木工板缺点

① 因细木工板在生产过程中大量使用尿醛胶水，甲醛等有害物质释放量普遍较高，环保标准普遍偏低，容易造成室内环境污染。

图片资源
细木工板

图 8-108　细木工板

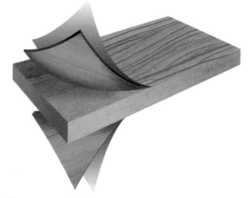

图 8-109　免漆板（细木工板加三聚氰胺面层）

②细木工板产品质量参差不齐，拼接实木条有圆棱和齐棱，部分拼接缝隙较大，导致板材内部普遍存在空洞，如果在缝隙处打钉，则基本没有握钉力。

③细木工板内部的实木条为纵向拼接，故竖向的抗弯压强度差，长期的受力会导致板材明显的横向变形。

④细木工板内部的实木条材质不一，多为杂木，密度大小不一，胀缩变形也不一，而且仅经过简单干燥处理，使用后易起翘变形，影响外观及使用效果。

⑤由于细木工板表面是胶合板，未经处理，所以现场加工时，需上漆而不环保，故现在较少单纯使用大芯板，而是用免漆板替代。

（4）细木工板应用

细木工板适用于家庭装饰（图 8-110）、板式家具、橱柜衣柜、浴室柜、门窗及套线、隔断、暖气罩、窗帘盒等领域。

2. 胶合板

（1）胶合板概念

胶合板（图 8-111）是由原木旋切成单板或由木方刨切成薄木，再按相邻层木纹方向互相垂直组合，加胶黏剂热压而成的三层或多层板状材料。胶合板通常为奇数层，单板纵横交错是为了消除板材的各向异性，降低板材变形几率。常见层数一般为 3、5、7、9、11、13 层，称为三合板、五合板等。

图 8-110　细木工板
（现场制作展示架）

单板

不同厚度展示

图 8-111　胶合板

（2）胶合板规格

胶合板常见尺寸为 2 440 mm×1 220 mm，厚度分别为 3 mm、5 mm、7mm、9 mm、11 mm、13 mm 等。

（3）胶合板分类、特性及应用

胶合板有材质均匀、幅面大、无明显纤维饱和点、无翘曲开裂、收缩性小、易加工、装饰效果好等优点。广泛用在室内家具、建筑装饰、车船、面板等（表 8-7）。

表 8-7  胶合板分类、特性及适用范围

| 类别 | 使用胶料和产品性能 | 可使用场所 | 用途 |
|---|---|---|---|
| Ⅰ类（NQF）耐气候、耐沸水胶合板 | 具有耐久、耐煮沸或蒸汽处理和抗菌等特性。用酚醛树脂或其他性能相当的优质合成树脂胶制成 | 室外露天 | 用于航空、船舶、车厢、包装、模板及其他要求耐水性、耐气候性好的地方 |
| Ⅱ类（NS）耐水胶合板 | 能在冷水中浸渍，能经受短时间热水浸渍，并且具有抗菌能力，但不能耐煮沸，用脲醛树脂或其他相当的胶黏剂制成 | 室内 | 用于车厢、船舶、家具、建筑室内装饰及包装 |
| Ⅲ类（NC）耐潮胶合板 | 能耐短期冷水浸渍，适用于室内常态下使用。用低树脂含量的脲醛树脂、血胶或其他相当的胶黏剂制成 | 室内 | 用于家具、包装及一般建筑用途 |
| Ⅳ（BNS）不耐潮胶合板 | 在室内常态下使用，具有一定的胶合强度。用豆胶或其他相当的胶黏剂制成 | 室内 | 主要用于包装及一般用途 |

3. 刨花板

（1）刨花板概念

刨花板又称颗粒板，是由木材或其他木质纤维素材料加工制成的碎料，施加胶黏剂后在热力和压力作用下胶合成的人造板，如图 8-112 所示。常见的 A 类刨花板尺寸有 2 000 mm×1 000 mm、2 440 mm×1 220 mm、1 220 mm×1 220 mm，厚度有 4 mm、8 mm、10 mm、12 mm、16 mm、19 mm、22 mm、25 mm、30 mm 等。

未加饰面

加饰面加封边

图 8-112  刨花板

（2）刨花板特点

有良好的吸声和隔声性能；内部为交叉错落结构的颗粒状，各部方向的性能基本相同，横向承重力好；刨花板表面平整、密度均匀，厚度误差小、耐污染、耐老化，造价低廉，可进行各种贴面增加饰面效果。

由于刨花板内部为颗粒状结构，不易于表面加工制作造型，握钉力差；在裁板时容易造成暴齿的现象，封边不好易受潮，所以对加工设备要求较高，不宜现场制作；由于刨花板颗粒不能直接被人们看到，导致质量参差不齐，劣质的刨花板会添加甲醛含量超标严重的胶水和其他杂质，影响使用的安全性。

（3）刨花板应用

刨花板结构均匀稳定，加工性能好，可以根据需要加工成大幅面的板材，适合制作不同规格、样式的中低档家具，也可用在壁橱、衣帽间、橱柜、门芯板等处使用（图 8-113），不易变形，造价低廉，使用 E0 级环保板材能够充分满足人们的使用要求。刨花板不需要再次干燥，可以直接使用，吸声和隔声性能也很好，因此也常用作吊顶、隔断等部位。

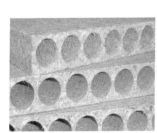

（a）刨花空心板（门芯板）　　　（b）板式家具（刨花板加饰面）

图 8-113　刨花板应用

4. 纤维板

（1）纤维板概念

纤维板又叫密度板（图 8-114），是以植物纤维为原料，经过破碎、浸泡、纤维分离，加入胶黏剂和防水剂，干燥、铺装成型，再经高温高压制成的板材。按密度的不同分为硬质纤维板、半硬质纤维板和软质纤维板。

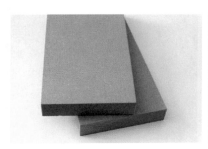

未贴面　　　　　　　　　　　三聚氰胺贴面

图 8-114　纤维板

（2）纤维板分类及应用

纤维板的分类及应用如表 8-8 所示，应用示例如图 8-115、图 8-116 所示。

表 8-8　纤维板分类及应用

| 类别 | 密度 | 别称 | 特点 | 用途 |
|---|---|---|---|---|
| 硬质纤维板 | $0.8 \text{ g/cm}^3$ | 高密度纤维板 | 强度大、密度高、耐磨、不易变形 | 用于建筑、车辆、家具、包装等 |
| 软质纤维板 | $0.4 \text{ g/cm}^3$ | 低密度纤维板 | 强度小、导热性小、吸声性好 | 保温、隔声、艺术加工制品等 |
| 半硬质纤维板 | $0.4 \sim 0.8 \text{ g/cm}^3$ | 中密度纤维板 | 强度较大、易加工 | 家具、门板、墙面材料 |

注：吸塑板基材为密度板，表面经真空吸塑而成或采用一次无缝 PVC 膜压成型工艺。

图 8-115　密度板镂空雕花（隔断）

图 8-116　纤维板吸塑门板（整体橱柜）

（3）澳松板

澳松板是采用辐射松原木（也有人叫澳洲松木）制成的中密度板材，如图 8-117、图 8-118 所示。辐射松具有纤维柔细、色泽浅白的特点，是举世公认的生产密度板的最佳树种。作为目前市场比较流行的一种进口中密度板材，澳松板以其优异的环保性能、良好的均衡结构、强度及稳定性、平滑的边缘和优良的机械性能得到市场的青睐。它平滑的表面易于油染、清理、着色及各种形式的镶嵌和覆盖。板材易于胶粘、钉接，薄板可以弯曲成曲线状，被广泛用于装饰、家具、建筑、包装等行业。

注：新西兰辐射松，原产于美国，被引进新西兰后更适应当地的气候生长，得以迅速发展。

图 8-117　辐射松（原木板）

图 8-118　澳松板与密度板对比（颜色差异）

### 三、木质线条

#### 1. 木线条概念

木线条是选用质硬、木质较细、耐磨、耐腐蚀、不劈裂、切面光滑、加工性质良好、油漆上色性好、黏结性好、钉着力强的木材，经过干燥处理后，用机械加工或手工加工而成的。有纯实木线条和实木复合线条两类，如图 8-119、图 8-120 所示。

图 8-119　实木线条（纯实木）　　　图 8-120　实木复合线条（中密度纤维板＋实木）

> **图片资源**
> 木线条
>
> **注**：实木复合线条稳定性更好、造价更低。缺点是受潮易变形、霉变。

#### 2. 木线条特点及应用

木线条常用在如下部位：

（1）踢脚线：配合实木地板或实木复合地板使用，美观大方，与地面材质浑然一体，装饰效果良好。

（2）顶棚装饰线、角线：顶棚上不同层次面的交接处的封边，顶棚上各不同材料表面的对接处封口，顶棚平面上的造型线，顶棚上设备的封边。顶棚与墙面、柱面的交接处封口线。比起石膏线收边更高贵大方。

（3）墙面线：墙面上不同层次面的交接处封边、墙面上各不同材料表面的对接处封口、墙裙压边、踢脚板压边、设备的封边装饰边、墙饰面材料压线、墙面装饰造型线。

（4）门套线：门不同层次面的交接处封边、各不同材料的对接处封口；饰面材料压线、门套装饰造型线等。

（5）镜框线：作为固定镜框并装饰镜框的实木及复合线条，比起树脂线条更加上档次、美观耐用、不易变色。

## 任务 3　木　地　板

| | |
|---|---|
| **任务导入** | 木地板作为块材地面材料之一，是中高档装修使用最广泛的材料，以其舒适性、美观性、实用性越来越多地得到人们的青睐。 |
| **任务目标** | 掌握各类木地板的特性与规格，木地板的优缺点与选用原则、适用场合等。 |

木地板是指用木材制成的地板，有纯实木、实木复合和人造木地板三类，常见的有纯实木地板、实木复合地板、强化木地板、竹木地板、软木地板等。

## 一、实木地板

### 1. 概念

实木地板是天然木材经烘干、加工后制成条板或块状的地面装饰材料（图8-121、图8-122）。其常见尺寸规格宽度为 90~125 mm，长度为 450~1 200 mm，厚度为 12~25 mm。较常用的木材有水曲柳、胡桃木、木夹豆、柚木、柞木、枫木、橡木、山毛榉等。

图 8-121 实木地板（条板）　图 8-122 实木拼花地板（块板）

### 2. 实木地板的特点

实木地板由原木加工而成，天然环保、不需要加其他修饰、只需将面层做简单处理，因此极好地保留了原有美丽的木质花纹图案，质感强烈。同时实木地板具有良好的保温、隔声、脚感舒适、施工简便等优点。实木地板采用的是条板加榫卯结构进行组装，大大节省了施工的成本。

但实木地板防火性、耐磨性、防水性略差，长期暴晒和风吹容易开裂，受潮容易膨胀，所以实木地板会经常出现湿胀起拱、开裂、翘曲变形、干缩离缝、行走有响声等质量问题。因此在选择和使用实木地板时要注意品牌、产地、材质和安装使用等细节问题，尽量选用适合当地环境的产品和质量有保证的大品牌。

### 3. 实木地板的应用

实木地板一般用在对装饰规格要求较高的宾馆、餐厅、会议室、居室的地面等（图8-123、图8-124），实木地板的安装方便快捷，还可以多次拆装使用，但要注意防潮处理和适用环境，比如北方地暖地面应选择专用地暖实木地板等。

图 8-123 实木地板施工（条板施工）　图 8-124 实木地板（完成效果）

## 二、实木复合地板

### 1. 概念

实木复合地板是以优质木料作为地板面层材料，一般木料经选材旋切干燥后经加胶热压制作而成的多层复合木地板。分为三层实木复合地板和多层实木复合地板，如图 8-125～图 8-128 所示。

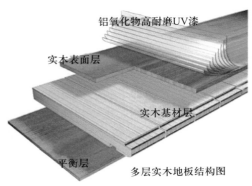

铝氧化物高耐磨UV漆

实木表面层

实木基材层

平衡层

多层实木地板结构图

图 8-125　三层实木复合地板（构造示意图）

图 8-126　三层实木复合地板（单板）

**图片资源**
**实木复合地板**

注：实木复合地板铺贴工艺与实木地板相同。

多层实木地板

表面处理

面层

底层

芯层

图 8-127　多层实木复合地板（构造示意图）

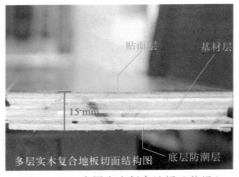

贴面层

基材层

15 mm

多层实木复合地板切面结构图

底层防潮层

图 8-128　多层实木复合地板（单板）

注：增加中间芯板的层数是避免实木复合地板变形的最佳途径。

### 2. 实木复合地板的特点

（1）环境调节作用：复合的木材能够吸湿、干燥，可以调节室内的湿度。

（2）良好的装饰性：实木复合地板面层采用珍贵天然木材，具有独特美丽的纹理、色彩丰富，再加上表面染色技术，比实木地板更细腻、更富于变化、装饰性更强。

（3）优良的使用性：实木复合地板脚感舒适、有弹性，耐磨性比一般的实木地板强 3～5 倍以上，还有良好的保温、隔热、隔声、抗静电、耐污染、耐光照性能等。

（4）材质好、易加工、绿色节能：实木复合地板面层是优质木材，芯材多是速生材。既节约了优质木材，提高了木材综合利用率，又增加了地板的稳定性，减少了变形的几率，更环保节能。主流产品选用的胶黏剂也多是绿色环保材料，使用更安全。

（5）良好的适应性能：多层实木复合地板可应用在北方地热采暖环境，解决了

动画扫一扫
实木复合地板安装

实木地板在地热采暖环境中容易翘曲变形、开裂的难题。

（6）施工安装更加简便：实木复合地板通常幅面尺寸较大，且可以不加龙骨而直接采用悬浮式方法安装，从而使安装更加快捷。大大降低了安装成本、安装时间，也避免了因使用龙骨不良而引起的产品质量事故。

3. 实木复合地板的应用

实木复合地板多用于家居装修、会议办公、中档宾馆的装饰铺设。

### 三、强化木地板

#### 1. 概念

强化地板也称浸渍纸层压木质地板，是以一层或多层专用纸浸渍热固性氨基树脂，铺装在刨花板、高密度纤维板等人造板基材表层，背面加平衡层，正面加三氧化二铝（$Al_2O_3$）耐磨层，经热压、成型的地板。强化木地板由耐磨层、装饰层、高密度基材层、平衡（防潮）层组成，如图 8-129、图 8-130 所示。常见尺寸为长度 900~1 500 mm，宽度为 180~350 mm，厚度为 6 mm、8 mm、12 mm、15 mm、18 mm 等。

图片资源
强化木地板

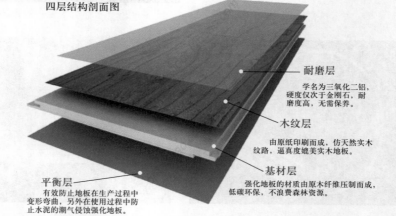

四层结构剖面图

耐磨层
学名为三氧化二铝，硬度仅次于金刚石，耐磨度高，无需保养。

木纹层
由原纸印刷而成，仿天然实木纹路，逼真度媲美实木地板。

基材层
强化地板的材质由原木纤维压制而成，低碳环保，不浪费森林资源。

平衡层
有效防止地板在生产过程中变形弯曲，另外在使用过程中防止水泥的潮气侵蚀强化地板。

图 8-129　强化木地板（构造示意图）

图 8-130　强化木地板（效果图）

2. 强化木地板的特点

（1）经久耐磨：强化木地板表层为分布均匀的三氧化二铝耐磨层，反映强化地板耐磨性的"耐磨转数"主要由三氧化二铝的密度决定。一般来说，三氧化二铝分布越密，地板耐磨转数越高。但是，耐磨不等于耐用。选择耐用的强化地板，真正需要特别关注的是地板凹凸槽咬合是否紧密，基材是否坚固，甲醛含量是否过高，花色是否真实自然等。

（2）花色品种较多，尺寸规格大，可以仿制出各种天然花纹。但与实木地板相比，花纹整体效果死板，缺少自然的灵动感。

（3）容易护理：由于强化地板表层耐磨层具有良好的耐磨、抗压、抗冲击及防火阻燃、抗化学品污染等性能，在日常使用中，只需用拧干的抹布、拖布或吸尘器进行清洁，如果地板出现油腻、污迹时，用布沾清洁剂擦拭即可。

（4）与实木地板相比，强化地板最表面的耐磨层是经过特殊处理的，能达到很高的硬度，即使用尖锐的硬物如钥匙去刮，也不会留下痕迹。这个优点的最大好处就是，日常生活里再也不用为保护地板而缩手缩脚的了。而且具有更高的阻燃性能，耐污染腐蚀能力强，抗压、抗冲击性能好。

（5）物美价廉：强化木地板有耐磨层、装饰层、基材及平衡层构成。其耐磨层、装饰层及平衡层为人工印刷，基材采用速生林材制造，成本较实木地板低廉，同时可以规模化生产，相对性价比高。

（6）防水性差：强化木地板基材是采用中、高密度板制造而成的，其相对密度小、膨胀系数大。强化地板在铺装好之后一旦进水，若不及时擦拭，就很容易因吸水膨胀而导致发泡、变形。

3. 强化木地板的应用

强化木地板质量参差不齐、价格差异较大，选择时一定要多比较、了解清楚产品特点和相应的检测文件，看地板表面油漆光泽、漆膜是否丰满均匀，有无针粒状，有无压痕、刨痕；闻地板是否有较刺鼻的气味，如果有则甲醛浓度已经超标；含水率通常达到 12% 左右基本合格；看含水率和胶合性能，将地板放在具有一定温度的水中浸泡后，吸水率越高质量越差，用手剥离，越容易剥离质量越差。

强化木地板适用于商场、娱乐设施、中低档宾馆酒店、公寓、家装等人流量大、要求不高、更换频繁的场所。

四、竹地板

1. 概念

竹地板是以天然优质竹子为原料，经过二十几道工序，脱去竹子原浆汁，经高温高压拼压，再经过刨平、开槽、打光、着色、上多层油漆制成的地板（图 8-131、图 8-132）。漆可以用清漆和 UV 漆两类。清漆保持自然色，而 UV 漆则色彩丰富但掩盖了竹质花纹。

2. 竹地板的特点

色差小、色泽匀称，竹地板因为是植物粗纤维结构，表面硬度高，不易变形，

注：地板耐磨转数，是其耐磨度的表示方式，用 180 目砂纸对试样测试耐磨转数越高，产品的耐磨性能就越好。

使用寿命长。竹地板收缩和膨胀要比实木地板小，但受日晒和湿度的影响而更容易出现分层现象。

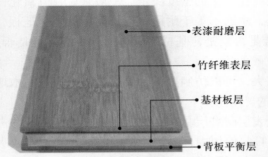

表漆耐磨层

竹纤维表层

基材板层

背板平衡层

竹地板构造：一般由耐磨层、竹表层、基材层、平衡层四部分组成

图 8-131　竹地板（构造示意图）　　　　图 8-132　竹地板（样块）

### 3. 竹地板的应用

适合于铺装在客厅、卧室、书房、健身房、演播厅、酒店宾馆等地面及墙壁装饰。

## 五、软木地板

### 1. 概念

软木地板是用栓皮栎橡树的树皮经粉碎、热压加工制成的地板（图 8-133、图 8-134）。软木地板与实木地板相比更具环保性、隔声性，防潮效果也会更好些，带给人极佳的脚感。软木地板分为：纯软木地板、涂装软木地板、贴面软木地板、塑料软木地板、多层复合软木地板等。

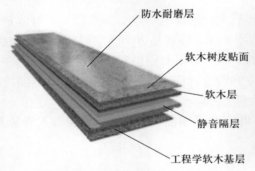

防水耐磨层

软木树皮贴面

软木层

静音隔层

工程学软木基层

PU漆层

装饰层

基材层

图 8-133　软木地板（构造示意图）　　　图 8-134　软木地板（PU漆面层）

### 2. 软木地板的特点

（1）脚感柔软舒适：软木地板具有健康、柔软、舒适、脚感好、抗疲劳的良好特性。软木的这种回弹性可大大降低由于长期站立对人体背部、腿部、脚踝造成的压力，同时有利于老年人膝关节的保护，对于意外摔倒可起缓冲作用，可最大限度地降低人体的伤害程度。

（2）防滑性能好：软木地板具有比较好的防滑性，老人在上面行走不易滑到，增加了使用的安全性。

（3）能够吸收噪声：软木地板是多孔状结构，开口空隙可以很好地吸收声波，降低噪声。

（4）耐磨抗压性差：软木地板由于自身材质的特性，木质较软，因此重物踩压、尖锐划伤都会伤害软木地板，对软木地板可造成不可恢复的损伤。

（5）较难养护：普通软木地板的防水、防腐性能不如强化地板，水分也更容易渗入，要防止油墨、口红等掉在地板上，否则就容易渗入不易清洁。

3. 软木地板的应用

适用于商店、图书馆、练功房、播音室、医院、卧室等场所（图 8-135、图 8-136）。

图 8-135　软木地板（完成效果）　　图 8-136　软木地板（完成效果）

# 项目 6　金属装饰材料

## 任务 1　装饰用钢材及制品

| 任务导入 | 学习情境六介绍过建筑用钢材，本任务将对建筑装饰用钢材做简单介绍。 |
|---|---|
| 任务目标 | 掌握各类装饰用钢材制品的特性、适用场所和使用方法等。 |

### 一、不锈钢

不锈钢是指在空气、水汽等弱腐蚀介质环境下不生锈的钢材，具有耐化学介质（如酸、碱、盐等）腐蚀的钢材称之为耐酸钢。

1. 分类及特点

不锈钢常按组织状态分为马氏体钢、铁素体钢、奥氏体钢、奥氏体－铁素体（双相）不锈钢及沉淀硬化不锈钢等。另外，可按成分分为铬不锈钢、铬镍不锈钢等。按制品种类分为不锈钢薄板、不锈钢型材、不锈钢异型材、不锈钢管材等。建筑装饰不锈钢通常按反光率分为镜面板、亚光板和浮雕板等（图 8-137、图 8-138）。

演示文稿
金属装饰材料

注：彩色不锈钢拉丝板是在不锈钢拉丝板的基材表面通过化学水镀或真空离子镀镀膜着色加工处理得到的板材。

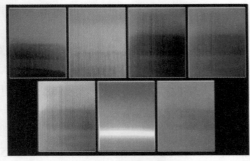

图 8-137　拉丝不锈钢板（拉丝加着色）

图 8-138　镜面不锈钢（室外）

## 2. 不锈钢板的应用

建筑装饰不锈钢板材主要应用在厨房设备、医疗卫生、栏杆扶手、门及门框、玻璃幕墙、装饰制品、生活器皿、城市及室内雕塑等（图 8-139、图 8-140），具有极强的装饰效果和实用性。

注：304 不锈钢，具有良好的耐腐蚀性，耐热性，低温强度高，冲压弯曲等加工性好。

图 8-139　不锈钢厨具（304 不锈钢）

图 8-140　不锈钢造型（城市景观）

## 二、彩色涂层压形钢板

彩色涂层压形钢板是以冷轧钢板、电镀锌钢板、热镀锌钢板为基板，经过表面脱脂、磷化等处理后，经辊压、冷弯成异形断面，表面涂装彩色防腐涂层或烤漆而制成的轻型复合板材（图 8-141、图 8-142）。彩色压形钢板经轧制和冷弯成形后，

图 8-141　彩色压型钢板（单板）

图 8-142　彩色压型钢板（加工机械）

板材具有轻质高强、色彩丰富、施工方便快捷、抗震、防火、防雨、寿命长、免维护等特点。现已被广泛应用于工业与民用建筑、仓库、特种建筑、大跨度钢结构房屋的屋面、墙面及内外墙装饰等。

### 三、轻钢龙骨

轻钢龙骨是以优质的连续热镀锌板带为原材料，经冷弯工艺轧制而成的建筑装饰用金属骨架（图 8-143）。轻钢龙骨以其优异的性能逐渐替代了木龙骨，配合纸面石膏板、细木工板等轻质板材，制作非承重墙体和建筑吊顶等造型装饰。轻钢龙骨按用途分为吊顶龙骨（图 8-144）和隔墙龙骨（图 8-145），按截面形式分 U 形、C 形、T 形、L 形龙骨。

　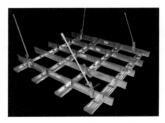　

图 8-143　各种形式轻钢龙骨　　图 8-144　轻钢龙骨　　图 8-145　轻钢龙骨
（含其他配件）　　　　　　　　（吊顶）　　　　　　　　（隔墙）

图片资源
轻钢龙骨

注：轻钢龙骨利用配件将主次龙骨和吊件组合在一起，并悬吊在顶棚。

轻钢龙骨的特点是：

（1）轻质高强。轻钢龙骨重量和厚度大大低于木龙骨，板材厚度仅为 0.5~1.5 mm，但变形挠度远低于木龙骨。

（2）防火、防腐。轻钢龙骨具有良好的防火性能，不用像木龙骨一样涂刷防火、防腐涂料。

（3）安装、拆卸施工便捷。由于是配件组装连接，安装和拆卸更加方便，提高了施工效率。

## 任务 2　装饰用铝合金及其制品

| 任务导入 | 本任务着重介绍装饰工程中铝合金制品的分类及产品特性、用途。 |
| --- | --- |
| 任务目标 | 掌握不同铝合金制品的特点及使用方法、适用范围。 |

### 一、铝合金龙骨

铝合金龙骨是使用铝合金挤压成形后表面烤漆制成的金属骨架材料。主要作为隔墙和矿棉板、纸面石膏板吊顶的骨架材料（图 8-146、图 8-147），常见截面形状为 T 形、L 形、U 形等。

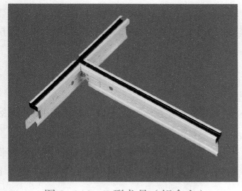

图 8-146　T 形龙骨（铝合金）　　　图 8-147　铝合金龙骨吊顶（明龙骨）

铝合金龙骨由主龙骨、次龙骨、边龙骨及吊挂件组成。主次龙骨与板材组成 300 mm×300 mm、600 mm×600 mm 的方格，与面板形成装配式结构；主龙骨通过吊挂件，利用吊筋与楼板相连。铝合金龙骨隔墙具有制作简单、安装方便、结合牢固等特点。铝合金吊顶龙骨具有轻质高强、拆装便捷、防火防腐、抗震性好等优点。

## 二、铝合金板材

### 1. 铝合金扣板

铝合金扣板（铝扣板）是以铝合金板材为基底，通过开料、剪角、模压成形得到，表面再经膜压、涂层、抛光加工制成的板材（图 8-148、图 8-149）。铝扣板因色彩丰富、装饰性强、耐候性耐腐蚀性好、安装拆卸便捷而被广泛用于室外、室内装饰及广告装潢等方面。铝扣板常见规格有：300 mm×300 mm、300 mm×450 mm、300 mm×600 mm、600 mm×600 mm、800 mm×800 mm、300 mm×1 200 mm、600 mm×1 200 mm 等。

图 8-148　铝扣板（方板）　　　　　图 8-149　铝扣板（条板）

铝扣板板面平整，无色差，涂层附着力强，能耐酸、碱、盐雾的侵蚀，长时间不变色，涂料不脱落，且保养方便，用水冲洗便洁净如新。铝扣板一般可在较大的温度变化下使用，其优良性能不受影响。铝扣板重量轻、强度高，具有金属和塑料的双重性能，其振动衰减系数是纯铝板的 6 倍，空气隔声量优于其他板材，且导热系数小，是理想的隔声、隔热、防震的建筑材料。铝扣板具有优良的加工性能，可以用普通的木材和金属加工工具进行剪、锯、铣、冲、压、折、弯等加工成形，能准确完成设计造型要求。铝扣板具备阻燃、防腐、防潮的优点，而且装拆方便，每块单板均可独立拆装，方便施工和维护（图 8-150、图 8-151）。如需调换和清洁吊顶面板时，可用磁性吸盘或专用拆板器快速取板，也可在穿孔板背面覆加一层吸声面纸或黑色阻燃棉布，能够达到一定的吸声效果。

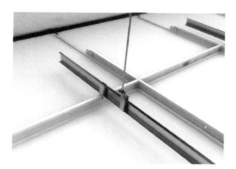

图 8-150　铝扣板吊顶（构造）　　　图 8-151　铝扣板吊顶（施工）

注：铝扣板专用龙骨和连接件，使安装施工更便捷。

### 2. 铝塑复合板

铝塑复合板简称铝塑板（图 8-152），是指以聚氯乙烯塑料为芯层，两面用铝材覆盖，并在铝板表面覆以装饰性和保护性的涂层或薄膜的装饰板材。铝塑板保留了原有材料的特性，克服了原有材料的不足，具有美观、防火、耐腐蚀、质轻、安装方便等优点。常见尺寸为 1 220 mm×2 440 mm，厚度为 3 mm、4 mm、5 mm、6 mm、8 mm。

铝塑板大量应用于室内外装饰、幕墙、广告、吊顶、贴面等（图 8-153）。

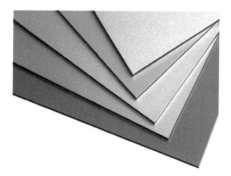

图 8-152　铝塑板（单板）　　　　图 8-153　铝塑板（外饰面）

# 学习情境 9

## 沥青及沥青混合料

本学习情境主要内容包括沥青材料和沥青混合料的分类、组成及技术性质等。本学习情境的教学重点包括石油沥青和煤沥青的技术性质，以及沥青混合料的组成结构、技术性质。教学难点包括沥青材料及沥青混合料性能操作试验。

## 项目 1 沥 青 材 料

### 任务 1 沥青的分类

| 任务导入 | 沥青是土木工程中不可缺少的材料之一，广泛应用于房屋建筑、道路桥梁、水利工程以及其他防水防潮工程中。沥青材料用作防水材料的历史久远，直到现代仍然以沥青防水材料为主。随着石油工业的发展，沥青材料在道路和水利工程中也得到了大量应用。 |
| --- | --- |
| 任务目标 | 了解沥青材料分类。 |

沥青材料属于有机胶凝材料，是由高分子碳氢化合物及非金属衍生物组成的复杂的混合物。常温下沥青为呈褐色或是黑褐色的固体、半固体或是黏稠性液体状态，见图 9-1。能溶于苯、$CS_2$、$CCl_4$ 等多种有机溶剂中，具有耐酸、耐碱、耐腐蚀、不吸水、不导电等性质。

(a) 液态沥青　　　　　　　　　(b) 固态沥青

图 9-1　沥青形态

沥青按产源不同可分为地沥青和焦油沥青（图 9-2），其中地沥青包括天然沥青和石油沥青，焦油沥青则有煤沥青、木沥青、页岩沥青等几种。目前工程中主要使用石油沥青，另外还有少量煤沥青。

(a) 地沥青　　　　　　　　　(b) 煤沥青

图 9-2　沥青种类

地沥青俗称松香柏油，是天然存在的或是石油精加工得到的沥青材料。天然沥青是指石油在天然条件下经长期自然环境因素作用所形成的产物，是由存在于自然界的沥青湖或含有沥青的砂岩等提炼而成的，我国新疆克拉玛依等地产天然沥青。

焦油沥青俗称煤焦油沥青，是指利用各种有机物，如煤、木材和泥炭等干馏加工得到的焦油，经过再加工而得到的产品。煤沥青是煤干馏所得的煤焦油，木沥青是木材经干馏后生成的木焦油。

## 任务 2  石 油 沥 青

| 任务导入 | 比较表 9-1 所示 A、B 两种建筑石油沥青的针入度、延度和软化点，若用于南方夏季炎热地区屋面，试分析选用何种沥青较合适。 |
| --- | --- |

表 9-1  A、B 两种石油沥青的技术指标

| 编号 | 针入度（25 ℃，100 g，5 s）/（0.1mm） | 延度（25 ℃，5 cm/min）/cm | 软化点（环球法）/℃ |
| --- | --- | --- | --- |
| A | 31 | 5.5 | 72 |
| B | 23 | 2.5 | 102 |

| 任务目标 | 掌握沥青材料的品种；熟练掌握各种类石油沥青材料的组分、性质、技术指标等，并能够依据地区、工程环境及要求选出合适的沥青材料。 |
| --- | --- |

石油沥青是石油经过蒸馏等工艺提炼出各种轻质油及润滑油以后得到的残留物，或者再经加工得到的残渣，见图 9-3。当原油的品种不同、提炼加工的方式和程度不同时，可以得到组成、结构和性质不同的各种石油沥青产品。

注：轻质油指石油炼制工业中的轻质馏分油，包括汽油（或石脑油）、煤油（或喷气燃料）、轻柴油等。

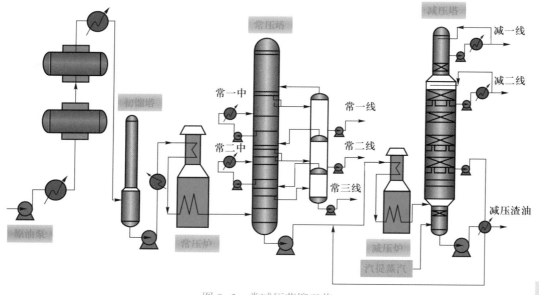

图 9-3  常减压蒸馏工艺

### 一、石油沥青的组分

由于石油沥青的化学组成复杂，将沥青分离成纯化学单体较困难，因此从使用

拓展资源
公路工程沥青及沥青混合料试验规程（JTG E20—2011）

角度将沥青中化学特性及物理、力学性质相近的化合物划分为若干组。这些组即称为"组分"。我国现行《公路工程沥青与沥青混合料试验规程》（JTG E20—2011）中规定石油沥青的化学组分分为三组分和四组分两种分析法：

### 1. 三组分分析法

三组分分析法将石油沥青分为油分、树脂和沥青质三个主要组分。

油分为淡黄色透明液体，是沥青中分子量最小的组分，占沥青总量的40%~60%。油分使石油沥青具有流动性，可降低其黏度和软化点。

树脂为黄色至黑褐色黏稠半固体，占沥青总量的15%~30%。树脂赋予石油沥青良好的黏性、塑性和流动性。树脂分为中性树脂和酸性树脂，中性树脂使沥青具有黏性和塑性，其含量越多沥青的延伸性越大，沥青树脂中绝大部分是中性树脂；酸性树脂可增加沥青与矿物表面的黏附力，能改善沥青对矿物材料的浸润性。

沥青质为深褐色至黑色固体粉末，是石油沥青中最重的组分，在石油沥青的含量为5%~30%。它决定了石油沥青的温度稳定度及硬度。随着沥青质含量的提高，石油沥青的黏度增加，温度敏感性变小，越硬脆。

此外石油沥青中还含有2%~3%的沥青碳，其会降低石油沥青的黏结力；同时还有一定的石蜡，是沥青中的有害物质，会降低沥青的黏结性、塑性、温度稳定性和耐热性。

### 2. 四组分分析法

**拓展资源**
石油沥青四组分测定法（NB/SH/T 0509—2010）

我国现行的四组分分析法将石油沥青分离为沥青质、树脂、饱和分以及芳香分四个主要成分。饱和分是一种非极性稠状物，对温度敏感，作用是软化树脂和沥青质，保持体系稳定性；芳香分溶解力强。两者在沥青中起到润滑和柔软的作用。

## 二、石油沥青的结构

**注**：石油沥青中各组分的含量变化时会形成不同类型的胶体结构。

石油沥青的主要组分是油分、树脂和沥青质。油分与沥青质是靠树脂将两者联系起来的，油分和树脂可以相互溶解，树脂能浸润沥青质。因此石油沥青的结构是以沥青质为核心，周围吸附部分树脂和油分构成胶团，无数胶团分散在油分中而形成胶体结构。石油沥青胶体结构类型如图 9-4 所示。

① 溶胶型结构。当沥青质含量少，油分和树脂含量较高时，胶团外膜较厚，胶团之间完全没有引力或引力很小，胶团间相互移动自由，这种胶体结构称为溶剂型石油沥青。它的特点是黏性小而流动性和塑性较好，开裂后自愈能力强，对温度稳定性差。直馏的液体沥青多属于此结构。

② 凝胶型结构。当沥青质含量相对较多，油分和树脂含量较少时，胶团外膜较小，胶团靠近聚集，引力增大，胶团间相互移动困难，这种胶体结构称为凝胶型石油沥青。它的特点是具有较好的弹性，黏性较高，流动性和塑性较低，开裂后自愈能力差，温度稳定性好。建筑工程中常使用的氧化沥青多属于此结构。

③ 溶–凝胶型结构。当沥青质含量适当并有较多的树脂作为保护层时，胶团间有一定的吸引力，形成一种介于溶胶型和凝胶型两者之间的结构，称为溶–凝胶型结构。具有这种结构的石油沥青性质也介于前二者之间。道路石油沥青多属于此种结构。

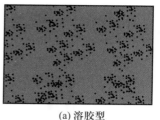 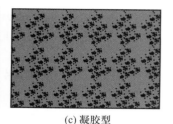

(a) 溶胶型　　　　　(b) 溶-凝胶型　　　　　(c) 凝胶型

图 9-4　石油沥青胶体结构类型示意图

### 三、石油沥青的技术性质

石油沥青作为胶凝材料常用于建筑防水和道路工程。沥青是憎水材料，几乎完全不溶于水，所以具有良好的防水性。为了保证工程质量，正确选择材料和指导施工，必须了解和掌握沥青的各种技术性质。

1. 黏滞性（黏性）

沥青作为胶结材料必须具有一定的黏结力，以便把矿质和其他材料胶结为具有一定强度的整体。黏结力的大小与沥青的黏滞性有密切关系。黏滞性是指在外力作用下，沥青粒子相互位移时抵抗变形的能力，反映沥青材料内部阻碍相对流动的一种特性。沥青的黏滞性以绝对黏度表示，是沥青性质的重要指标之一。

绝对黏度测定方法较为复杂，工程上常用相对黏度（条件黏度）代替绝对黏度。测定相对黏度主要方法是用标准黏度计和针入度仪，针入度仪主要用来测定黏稠石油沥青的相对黏度，标准黏度计则测定液体石油沥青的相对黏度。针入度是指在规定的温度（25 ℃）条件下，以规定质量（100 g）的标准针经过规定时间（5 s）贯入试样的深度（以 1/10 mm 为 1°），针入度值越小，沥青的黏滞性就越大，如图 9-5a、b 所示。

标准黏度是在规定温度（20 ℃、25 ℃、30 ℃或 60 ℃）、规定直径（3 mm、5 mm 或 10 mm）的孔口流出 50 mL 沥青所需要的时间秒数，如图 9-5c 所示。

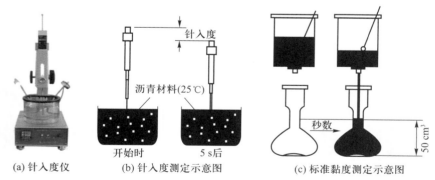

(a) 针入度仪　　　(b) 针入度测定示意图　　　(c) 标准黏度测定示意图

图 9-5　石油沥青黏滞性测定

2. 塑性

塑性是指石油沥青在外力作用时产生变形而不破坏，除去外力后仍保持变形后的形状的性质，也可反映沥青开裂后的自愈能力。石油沥青的塑性用延度仪测定的延度表示。将沥青试样制成 ∞ 字形标准试件（中间最小截面积为 1 cm²），在规定拉伸速度（5 cm/min）和规定温度（25 ℃）下拉断时的伸长长度，以厘米计即为延度。延度越大说明沥青塑性越好，如图 9-6 所示。

动画扫一扫
沥青延度试验

图片资源
延度测定

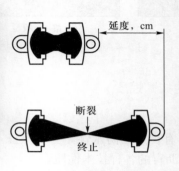

(a) 延度测定试样　　　(b) 延度测定示意图　　　(c) 延度试模

图 9-6　石油沥青延度测定

微课扫一扫
沥青软化点试验

### 3. 温度敏感性

温度敏感性是指石油沥青的黏性和塑性随温度升降而变化的性能，由于沥青是一种高分子非晶体塑性物质，故没有一定的熔点。温度敏感性较小的石油沥青其黏性和塑性随温度变化小。当石油沥青中沥青质含量较多时，其温度敏感性较小。在工程使用时往往加入滑石粉、石灰粉等矿物填料，以减小其温度敏感性。沥青中含蜡较多时，则在温度较高（60 ℃作业）时会流淌，温度较低时易变硬开裂。

注：石油沥青的针入度、延度和软化点是评价黏稠石油沥青牌号的三大指标。

温度敏感性以"软化点"表示。沥青的软化点一般采用"环球法"测定：把沥青试样装入内径为 18.9 mm 的铜环内，试样上放置标准钢球（3.5 g），浸入水或是甘油中，以规定的速度升温（5 ℃/min），当沥青软化下垂至规定距离（25.4 mm）时的温度即为沥青软化点。软化点越高温度敏感性越小，如图 9-7 所示。

图片资源
软化点测定

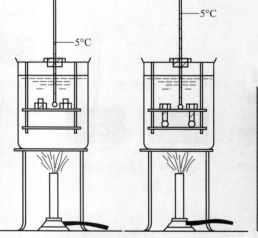

图 9-7　石油沥青软化点测定

#### 4. 大气稳定性

大气稳定性是指石油沥青在大气综合因素长期作用下抵抗老化的性能，它反映沥青的耐老化性。造成大气稳定性差的主要原因是在热、阳光、氧气和水等因素长期作用下，石油沥青中组分发生变化，油分和树脂相对含量减少，沥青质逐渐增多，从而使石油沥青的塑性降低，黏度提高，逐渐变得脆硬直至脆裂，此过程称为沥青的"老化"（图 9-8）。

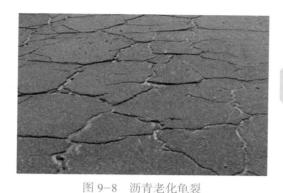

图 9-8　沥青老化龟裂

石油沥青的大气稳定性以沥青试样在 160 ℃下加热蒸发 5 h 后质量蒸发损失百分率和蒸发后的针入度比表示。蒸发损失百分率越小，蒸发后针入度比值越大，则沥青的大气稳定性越好，即老化越慢。

#### 5. 闪点和燃点

沥青在使用时均需加热，在加热过程中沥青中挥发出的油分蒸气与周围空气组成油气混合物，此混合气体与火焰接触，初次发生有蓝色闪光时的沥青温度即为闪点。若继续加热，油气混合物浓度增大，与火焰接触能持续燃烧 5 s 以上时的沥青温度即为燃点。通常燃点比闪点高约 10 ℃。

闪点和燃点的高低表明沥青引起火灾或发生爆炸的危险性大小，关系到运输、储存和加热使用方面的安全。

#### 6. 溶解度

溶解度是指石油沥青在溶剂中溶解的百分率，以确定石油沥青中有效物质的含量，即纯净程度。那些不溶解的物质会降低沥青的性能，石油沥青的溶解度一般应在 98% 以上。

### 四、石油沥青的技术标准与选用、掺配

#### 1. 石油沥青的技术标准

我国现行石油沥青标准将黏稠石油沥青分为道路石油沥青、建筑石油沥青和普通石油沥青三种，在土木工程中常用的主要是道路石油沥青和建筑石油沥青。

（1）建筑石油沥青

我国石油沥青均采用针入度分级体系，建筑石油沥青按针入度划分为 10 号、30 号和 40 号三个标号，每一标号还应保证相应的延度、软化点、溶解度等指标，见表 9-2。同种石油沥青中牌号越大，针入度就越大，黏度越小，塑性越大，软化点越低，使用寿命越长。

建筑石油沥青针入度较小，软化点较高，延伸度较小，主要用于建筑工程及其他工程的防潮和防腐材料、胶结材料和涂料；用作制造防水卷材和绝缘材料，如图 9-9 所示。

表 9-2 建筑石油沥青技术要求

| 项目 | 质量指标 | | |
|---|---|---|---|
| | 10 号 | 30 号 | 40 号 |
| 针入度（25 ℃，100 g，5 s）/（0.1 mm） | 10~25 | 26~35 | 36~50 |
| 针入度（46 ℃，100 g，5 s）/（0.1 mm） | 报告实测值 | | |
| 针入度（0 ℃，200 g，5 s）/（0.1 mm） ≥ | 3 | 6 | 6 |
| 延度（25 ℃，5 cm/min）/ cm ≥ | 1.5 | 2.5 | 3.5 |
| 软化点（环球法）/ ℃ 不低于 | 95 | 75 | 60 |
| 溶解度（三氯乙烯）/% ≥ | 99.0 | | |
| 蒸发后质量变化（163 ℃，5 h）/% ≤ | 1 | | |
| 蒸发后 25 ℃针入度比*/% ≥ | 65 | | |
| 闪点（开口）/℃ 不低于 | 260 | | |

\* 测定蒸发损失后样品的 25 ℃针入度与原 25 ℃针入度之比乘以 100 后，所得的百分比为蒸发后 25 ℃针入度比。

拓展资源
石油沥青专业名词术语（NB/SH/T 0652—2010）

图片资源
建筑石油沥青应用

(a) 沥青防腐材料　　　　　(b) 沥青防水卷材

图 9-9 建筑石油沥青应用

在选用建筑石油沥青作为屋面防水材料时，主要考虑耐热性，要求软化点较高并满足必要的塑性。一般而言为避免夏季流淌，一般屋面用沥青材料的软化点应比本地区屋面最高温度高 20 ℃以上。但不宜过高，否则冬季低温易变脆甚至开裂，所以选用石油沥青要根据地区、工程环境及要求而定。

（2）道路石油沥青

拓展资源
公路沥青路面施工技术规范（JTG F40—2004）

根据《公路沥青路面施工技术规范》（JTG F40—2004）规定，道路石油沥青按技术性能分为 A、B、C 三个等级，各个道路石油沥青等级的适用范围见表 9-3。道路石油沥青部分技术要求见表 9-4。

表 9-3　道路石油沥青的使用范围

| 沥青等级 | 使用范围 |
|---|---|
| A 级沥青 | 各个等级的公路，适用于任何场合和层次 |
| B 级沥青 | 高速公路、一级公路沥青下面层及以下层次，二级及二级以下公路的各层次；用作改性沥青、乳化沥青、改性乳化沥青、稀释沥青的基质沥青 |
| C 级沥青 | 三级及三级以下公路的各个层次 |

表 9-4　道路石油沥青部分技术要求

| 指标 | 等级 | 沥青标号 | | | | | | |
|---|---|---|---|---|---|---|---|---|
| | | 160 号 | 130 号 | 110 号 | 90 号 | 70 号 | 50 号 | 30 号 |
| 针入度（25 ℃,5 s, 100 g）/0.1 mm | | 140~200 | 120~140 | 100~120 | 80~100 | 60~80 | 40~60 | 20~40 |
| 软化点 / ℃ | A | 38 | 40 | 43 | 45、44 | 46、45 | 49 | 55 |
| | B | 36 | 39 | 42 | 43、42 | 44、43 | 46 | 53 |
| | C | 35 | 37 | 41 | 42 | 43 | 45 | 50 |
| 闪点 / ℃ | | 230 | | | 245 | | 260 | |
| 溶解度 / % | | 99.5 | | | | | | |
| 残留延度（10 ℃）/cm | A | 12 | 12 | 10 | 8 | 6 | 4 | |
| | B | 10 | 10 | 8 | 6 | 4 | 2 | |
| 残留针入度比 /% | A | 48 | 54 | 55 | 57 | 61 | 63 | 65 |
| | B | 45 | 50 | 52 | 54 | 58 | 60 | 62 |
| | C | 40 | 45 | 48 | 50 | 54 | 58 | 60 |

道路石油沥青主要用于各类道路路面、车间地面及地下防水工程；此外还可用作密封材料、黏结剂以及沥青涂料。通常道路石油沥青号越高，则黏性越小，延展性越好，而温度敏感性也随之增加。

（3）普通石油沥青

普通石油沥青因含有较多的蜡（一般含量大于 5%，多者达 20% 以上），故又称多蜡沥青。由于蜡的熔点较低，所以该沥青达到液态时的温度和软化点相差无几，温度敏感性大，黏滞性低，塑性差，故在工程中不宜直接单独使用，只能与其他种类石油沥青掺配使用。

2. 石油沥青的选用

选用石油沥青材料时，应根据工程性质（房屋、道路、防腐）及当地气候条件、所处工程部位来选用不同品种和牌号的沥青。在满足上述要求的前提下，尽量选用牌号高的石油沥青，以保证有较长的使用年限。

3. 石油沥青的掺配

在工程中，往往一种牌号的沥青不能满足工程要求，因此常需要用不同牌号

**拓展资源**
道路石油沥青
（NB/SH/T 0522—2010）

注：牌号高的沥青比牌号低的沥青含油分多，其挥发、变质所需的时间长，不宜变硬，所以抗老化能力强，耐久性好。

的沥青进行掺配。在进行掺配时，为了不使掺配后的沥青胶体结构破坏，应选用化学性质相似的沥青。试验证明同产源的沥青容易保证掺配后的沥青胶体结构的均匀性。

注：同产源是指同属石油沥青或同属于煤沥青。

两种沥青的掺配比例可用下式估算：

$$Q_1 = \frac{T_2 - T}{T_2 - T_1} \times 100\%$$

$$Q_2 = 100\% - Q_1$$

式中　$Q_1$——较软沥青用量（牌号大），%；

　　　$Q_2$——较硬沥青用量（牌号小），%；

　　　$T$——掺配后沥青软化点，℃；

　　　$T_1$——较软沥青软化点，℃；

　　　$T_2$——较硬沥青软化点，℃。

【例 9-1】某工程需要软化点为 80 ℃的石油沥青，现有 10 号和 40 号两种石油沥青，应如何掺配才能满足工程需要？

**解：**由表 9-2 可得，10 号石油沥青的软化点为 95 ℃，40 号石油沥青的软化点为 60 ℃。估算掺配量：

注：三种沥青进行掺配，可先计算两种的掺量，然后再与第三种沥青进行掺配。

$$40 \text{ 号石油沥青的掺量} = \frac{95 - 80}{95 - 60} \times 100\% = 42.9\%$$

$$10 \text{ 号石油沥青的掺量} = 100\% - 42.9\% = 57.1\%$$

根据估算的掺配比例和其邻近的比例（±55%±10%）进行试配（混合熬制均应），测定掺配后沥青的软化点，然后绘制掺配比-软化点曲线，即可从曲线上确定所要求的掺配比例。同样可采用针入度指标按上述方法进行估算及试配。

石油沥青过于黏稠，需要进行稀释，通常可以采用石油产品中的轻质油，如汽油、煤油和柴油等稀释。

## 任务 3　煤　沥　青

| 任务导入 | 煤沥青是烟煤炼焦炭或制煤气时，将干馏挥发物中冷凝得到的煤焦油继续蒸馏出轻油、重油后所剩的残渣。 |
|---|---|
| 任务目标 | 了解煤沥青的分类，掌握与石油沥青在技术性质上的区别 |

煤沥青是烟煤炼焦炭或制煤气时，将干馏挥发物中冷凝得到的煤焦油继续蒸馏出轻油、重油后所剩的残渣。根据蒸馏程度不同，煤沥青分为低温沥青、中温沥青和高温沥青三种，建筑工程中采用的煤沥青多为黏稠或半固体的低温沥青。

煤沥青和石油沥青同是复杂的高分子碳氢化合物，与石油沥青相比在技术性质上有如下差异：

注：重油是原油提取轻油后的剩余重质油，这种油较黏稠，难挥发。

（1）温度稳定性较差。因煤沥青组分中所含可溶性树脂多，由固态或黏稠态转变为液体的温度范围较窄，受热易软化，受冷易脆裂。

（2）大气稳定性较差。煤沥青中含挥发性成分和化学稳定性差的成分较多，在热、阳光和氧气等长期综合作用下，煤沥青易老化变质。

（3）塑性较差。煤沥青中含有较多的游离碳，使用时易变形、开裂，塑性差。

（4）防腐性较好。煤沥青中含有酚等有毒物质，故有毒性和臭味，防腐能力较好，适用于木材的防腐处理。

（5）黏结性较好。煤沥青中含有表面活性物质，所以能与矿物表面很好的黏结。

煤沥青和石油沥青的外观和颜色大体相同，但两种沥青混掺时将发生沉渣变质现象而失去胶凝性，故一般不宜混掺使用，使用时必须通过简易的鉴别方法加以区别，防止混淆用错。两者的简易鉴别方法见表 9-5。

拓展资源
原铝生产用碳素材料　煤沥青　第 2 部分：软化点的测定　环球法（GB/T 26930.2—2011）

拓展资源
煤沥青（GB/T 2290—2012）

表 9-5　石油沥青与煤沥青简易鉴别方法

| 鉴别方法 | 石油沥青 | 煤沥青 |
|---|---|---|
| 密度法 | 密度约 1.0 g/cm³ | 密度大于 1.1 g/cm³ |
| 锤击法 | 声哑，有弹性，韧性较好 | 声脆、韧性差 |
| 燃烧法 | 烟无色，无刺激性臭味 | 烟呈黄色，有刺激性臭味 |
| 溶液比色法 | 用汽油或没有溶解后，将溶液滴在滤纸上，斑点呈棕色 | 溶解方法同石油沥青，斑点分内外两圈，内黑外棕 |

由此可见煤沥青的许多性质都不及石油沥青，土木工程中较少使用。但煤沥青抗腐性能好，故用于地下防水工程或作为防腐材料用。

## 任务 4　其他沥青制品

| 任务导入 | 除了石油沥青和煤沥青外，还有许多沥青制品。 |
|---|---|
| 任务目标 | 了解冷底子油、沥青胶和沥青嵌缝石膏的相关知识。 |

### 一、冷底子油

用汽油、煤油、柴油、工业苯等有机溶剂与沥青溶合制得的沥青溶液，在常温下用于防水工程的底部，故称冷底子油。常由 30% ~ 50% 的 10 号或 30 号石油沥青和 50% ~ 70% 的有机溶剂配置而成。它具有良好的流动性，便于喷涂或涂刷。将其涂刷在混凝土、砂浆或是木材等基底后，能很快渗透到基面内，待溶剂挥发后，便于基面牢固结合，并使基面具有憎水性，为粘贴其他防水材料创造了条件，见图 9-10。

注：根据溶剂的种类不同分为：1. 慢挥发性冷底子油；2. 快挥发性冷底子油。

图 9-10 屋面涂刷冷底子油

## 二、沥青胶

由沥青（70%～90%）和适量粉状或纤维状矿质填充料（30%～10%）均匀混合而成的胶黏剂为沥青胶，俗称玛琋脂。它具有良好的黏结性、耐热性、柔韧性和大气稳定性。主要用于粘贴卷材、嵌缝、补漏及其他防水、防腐材料的底层等。若沥青的黏性较低，矿粉用量可适当提高，矿粉越多沥青胶的耐热性越好，黏结力越大，但其柔韧性将降低，施工流动性也变差，见图 9-11。

## 三、沥青嵌缝油膏

以石油沥青为基料，加入改性材料、稀释剂和填充料混合制成的冷用膏状材料称为沥青嵌缝材料，简称油膏。改性材料有废橡胶；稀释剂有松焦油、松节油和机油；填充料有石棉绒和滑石粉等。油膏主要用作屋面、墙面、沟槽的防水嵌缝材料，见图 9-12。

图 9-11 涂刷沥青胶　　　　　　　图 9-12 沥青油膏嵌缝

使用嵌缝油膏时，缝内应洁净干燥，施工时先涂刷冷底子油一道，待其干燥后即嵌填油膏。

# 项目 2　沥青混合料

## 任务 1　沥青混合料的分类

| 任务导入 | 　沥青混合料是矿料与沥青结合料拌和而成的混合料的总称，也是极其重要的建筑材料之一。 |
|---|---|
| 任务目标 | 　掌握沥青混合料的分类。 |

　　沥青混合料是矿料与沥青结合料拌和而成的混合料的总称，其中矿料为骨架，沥青与填料起胶结和填充作用。根据沥青混合料剩余空隙率的不同，把剩余空隙率 >10% 的沥青混合料称为沥青碎石混合料，剩余空隙率 <10% 的沥青混合料称为沥青混凝土混合料。沥青混合料是各等级公路最主要的路面材料，此外它还用于建筑防水和水工建筑的防渗等。沥青混合料分类如下。

**演示文稿**
沥青混合料

### 一、按结合料种类分类

　　按结合料种类分为石油沥青混合料和煤沥青混合料。

**授课视频**
沥青混合料

### 二、按材料组成及结构分类

　　按材料组成及结构分类分为连续级配和间断级配混合料。

　　（1）连续级配沥青混合料：沥青混合物中矿料是按级配原则，从大到小各级粒径都有，按比例相互搭配组成的混合料。

　　（2）间断级配沥青混合料：矿料级配组成缺少一个或几个粒径档次（或用量很少）而形成的沥青混合料。

### 三、按施工温度分类

　　按施工温度分类分为热拌沥青混合料、常温沥青混合料。

　　（1）热拌沥青混合料：沥青与矿料在热态拌和、热态铺筑的混合料。

　　（2）常温沥青混合料：以乳化沥青或是稀释沥青与矿料在常温状态下拌制、铺筑的混合料。

### 四、按混合料密实度分类

　　按混合料密实度分类分为密级配、半开级配和开级配混合料。

　　（1）密级配混合料：按密实级配原则设计的连续型密级配沥青混合料，但其粒径递减系数较小，剩余空隙率小于 10%。密级配沥青混凝土混合料按其剩余空隙率又可分为：Ⅰ 型沥青混凝土混合料（剩余空隙率 3%～6%）和 Ⅱ 型沥青混凝土混合料（剩余空隙率 4%～10%）。

（2）开级配混合料：按级配原则设计的连续型级配沥青混合料，其粒径递减系数较大，剩余空隙率大于15%。

（3）半开级配混合料：剩余空隙率介于密级配和开级配混合料之间（10%~15%）的混合料称为半开级配混合料。

### 五、按最大粒径分类

按最大粒径分类分为粗粒式、中粒式、细粒式和砂粒式沥青混合料。

（1）粗粒式混合料：骨料最大粒径等于或大于26.5 mm的沥青混合料。

（2）中粒式混合料：骨料最大粒径为16 mm或19 mm的沥青混合料。

（3）细粒式混合料：骨料最大粒径为9.5 mm或13.2 mm的沥青混合料。

（4）粗粒式混合料：骨料最大粒径等于或小于4.75 mm的沥青混合料。

## 任务2 沥青混合料的组成材料

| 任务导入 | 沥青混合料的性质与质量，与其组成材料的性质和质量有密切关系，为保证沥青混合料具有良好的性质和质量，必须正确选择符合质量要求的组成材料。 |
|---|---|
| 任务目标 | 掌握组成沥青混合料的各组成材料的技术要求。 |

沥青混合料的性质与质量，与其组成材料的性质和质量有密切关系，为保证沥青混合料具有良好的性质和质量，必须正确选择符合质量要求的组成材料，如图9-13所示，制作沥青混合料的搅拌设备如图9-14所示。

**图片资源**
沥青混合料组成

沥青　　　　　砂(河砂)　　　　　碎石(机碎石)

水泥(袋装)　　　　　沥青混合物

图9-13 沥青混合料的组成

(a) 沥青混合料的搅拌设备　　(b) 沥青混合料的运输

图 9-14　沥青混合料的搅拌设备

图片资源
沥青混合料搅拌

## 一、沥青

用于沥青混合料的沥青应具有适当的稠度、较大的塑性、足够的温度稳定性、较好的大气稳定性。不同型号的沥青材料，具有不同的技术指标，适用于不同等级、不同类型的路面。在选择沥青材料的时候要考虑到交通量、气候条件、施工方法、沥青面层类型等各种情况，这样才能使沥青混合料具有较好的耐久性。

通常气温较高，交通量较大时，采用细粒式混合料；当矿粉较粗时，宜选用稠度较高的沥青；寒冷地区应选用稠度较小、延度大的沥青。在其他条件相同时，稠度较高的沥青配制的混合料具有较高的力学强度和稳定性。但稠度过高，混合料的低温变形能力较差，沥青路面容易产生裂缝。使用稠度较低的沥青配制的混合料，虽然有较好的低温变形能力，但在夏季高温时往往因稳定性不足导致路面产生推挤现象。

## 二、矿料

沥青混合料的矿料包括粗骨料、细骨料和填料。这些矿料材料必须具有良好的级配，沥青混合料颗粒才能很好地排列密实，达到足够的压实度。

### 1. 粗骨料

沥青混合料用粗骨料包括碎石、筛选砾石和矿渣等。粗骨料应该洁净、干燥、表面粗糙、无风化、不含杂质，其技术要求见表 9-6。

表 9-6　沥青混合料粗骨料技术要求

| 指标 | 单位 | 高速公路及一级公路 | | 其他等级公路 |
| --- | --- | --- | --- | --- |
| | | 表面层 | 其他层次 | |
| 石料压碎值（≤） | % | 26 | 28 | 30 |
| 洛杉矶磨耗损失（≤） | % | 28 | 30 | 35 |
| 表观密度（≥） | t/m³ | 2.60 | 2.50 | 2.45 |
| 吸水率（≤） | % | 2.0 | 3.0 | 3.0 |
| 坚固性（≤） | % | 12 | 12 | — |
| 针片状颗粒含量（≤） | % | 15 | 18 | 20 |

| 指标 | 单位 | 高速公路及一级公路 | | 其他等级公路 |
| --- | --- | --- | --- | --- |
| | | 表面层 | 其他层次 | |
| 其中粒径大于 9.5mm（≤） | % | 12 | 15 | — |
| 其中粒径小于 9.5mm（≤） | % | 18 | 20 | — |
| 水洗法 < 0.075mm 颗粒含量（≤） | % | 1 | 1 | 1 |
| 软石含量（≤） | % | 3 | 5 | 5 |

对用于抗滑表层沥青混合料用的粗骨料，应选用坚硬、耐磨、韧性好的碎石或是破碎砾石，矿渣及软质骨料不得用于防滑表层。同时高速公路和一级公路不得使用筛选砾石和矿渣。

2. 细骨料

沥青路面的细骨料包括天然砂、机制砂和石屑。石屑与人工破碎的机制砂有本质的不同。机制砂是由制砂机生产的细骨料，粗糙、洁净、棱角性好，应推广使用。而石屑是石料破碎过程中表面剥落或撞下的棱角细粉，它虽然棱角性好，与沥青的黏结性好，但石屑中粉尘含量较多，因而强度很低且施工性能较差，不易压实。天然砂与沥青的黏结性较差，呈浑圆状，使用太多对高温稳定性不利，但天然砂在施工时容易压实。

细骨料应洁净、坚硬、干燥，不含或少含杂志，无风化现象，并有适当级配，其质量符合表 9-7。

表 9-7　沥青混合料细骨料质量要求

| 项目 | 单位 | 高速公路一级公路 | 其他等级公路 |
| --- | --- | --- | --- |
| 砂当量（≥） | % | 60 | 50 |
| 亚甲蓝值（≤） | g/kg | 25 | — |
| 表观密度（≥） | t/m³ | 2.50 | 2.45 |
| 棱角性（≥） | s | 30 | |
| 坚固性（> 0.3 mm 部分）（≥） | % | 12 | |
| 水洗法 < 0.075 mm 颗粒含量（≤） | % | 3 | 5 |

3. 填料

在沥青混合料中，矿质填料主要指矿粉，其他填料如消石灰粉、水泥常作为抗剥落剂使用，粉煤灰则使用很少。由于粉煤灰的质量往往不稳定，工程上很难控制，一般不允许在高速公路上使用。矿粉在沥青混合料中起重要的作用，矿粉要适量，过少不足以形成足够的比表面吸附沥青，过多又会使胶泥成团，同样造成不良后果。矿粉应干燥、洁净，其质量应符合表 9-8 中的质量要求。

表 9-8　沥青混合料用矿粉质量要求

| 项目 | | 单位 | 高速公路<br>一级公路 | 其他等级公路 |
|---|---|---|---|---|
| 外观 | | | 无团粒结块 | — |
| 含水量（≤） | | % | 1 | 1 |
| 表观密度（≥） | | t/m³ | 2.50 | 2.45 |
| 粒度范围 | < 0.6 mm | % | 100 | 100 |
| | < 0.15 mm | % | 90～100 | 90～100 |
| | < 0.075 mm | % | 75～100 | 75～100 |

粉煤灰作为填料使用时，用量不得超过填料总量的 50%，粉煤灰的烧失量应小于 12%，与矿粉混合后的塑性指数应小于 4%。

### 任务 3　沥青混合料的组成结构

| 任务导入 | 沥青混合料根据矿质骨架的结构状况、粗细骨料间的不同比例，其组成结构可以分为三种结构类型。 |
|---|---|
| 任务目标 | 了解沥青混合料的三种组成结构。 |

沥青混合料根据矿质骨架的结构状况、粗细骨料间的不同比例，其组成结构可以分为三种结构类型。

#### 一、密实悬浮结构

当采用连续型密级配矿质混合料时，由于粗骨料数量相对较少，细骨料的数量较多，使粗骨料以悬浮状态位于细骨料之间。这种结构的沥青混合料密实度和强度较高，且连续级配不易离析而便于施工，但由于结构中粗骨料少，不能形成骨架，所以稳定性较差。这是我国沥青混凝土主要采用的结构，如图 9-15a 所示。

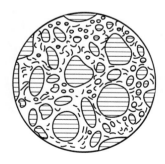 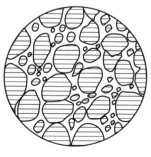 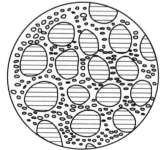

(a) 密实悬浮结构　　　　　(b) 骨架空隙结构　　　　　(c) 密实骨架结构

图 9-15　沥青混合料组成结构

图片资源
沥青混合料组成结构

## 二、骨架空隙结构

当采用连续型开级配矿质混合料时，由于粗骨料数量相对较多，彼此紧密相接形成骨架，细骨料过少不足以充分填充粗骨料之间形成的空隙，所以混合料的空隙较大，形成骨架空隙结构。此结构受沥青性质影响较小，温度稳定性好，但沥青与矿料的黏结力小，耐久性差，如图 9-15b 所示。

## 三、密实骨架结构

当采用间断密级配矿质混合料时，易于形成此种结构，它是综合以上两种结构之长的一种结构，既有一定数量的粗骨料形成骨架结构，又有足够的细骨料填充到粗骨料之间的空隙中去，故其密实度、强度和温度稳定性都较好，是一种较为理想的结构类型，如图 9-15c 所示。

## 任务 4　沥青混合料的技术性质

| | |
|---|---|
| **任务导入** | 沥青混合料作为一种路面材料应用已久，随着交通事业的发展，车辆的载重越来越大，所以对路面的质量要求也日益提高，因此它应具有如抗滑、耐久性等一系列技术性质才能满足要求。 |
| **任务目标** | 掌握沥青混合料的技术性质。 |

## 一、高温稳定性

高温稳定性是指沥青混合料在高温条件下（通常为 60 ℃），经外力不断作用后，抵抗永久变形的能力。沥青混合料路面在车辆行驶反复作用下会产生车辙；在经常加速或减速路段还会出现波浪形推移变形，如图 9-16 所示。

图片资源<br>高温稳定性差路面结构

(a) 沥青路面车辙印迹　　　　　　　(b) 沥青路面出现波浪变形

图 9-16　高温稳定性差路面的变形

我国采用马歇尔稳定试验来评定沥青混合料的高温稳定性，用马歇尔法所测得的稳定度、流值及马歇尔模数来反映沥青混合料的稳定性和水稳定性情况。对高速公路、一级公路和城市快速路等沥青混合料，还应通过车辙试验检验抗车辙能力。

影响沥青混合料高温稳定性的主要因素有沥青的用量、黏度、矿料的级配、尺寸和形状等。沥青过量在夏季容易产生泛油现象，因此适当减少沥青用量，增加混合料黏结性，提高沥青混合料抗剪变形的能力。在矿料选择上，应挑选粒径大的，有棱角的矿料颗粒，另外还可以加入一些外加剂，来改善沥青混合料的性能。以上措施都是为了提高沥青混合料的抗剪强度，减少塑性变形，从而增强沥青混合料的高温稳定性。

拓展资源
沥青混合料改性添加剂　第1部分：抗车辙剂（JT/T 860.1—2013）

## 二、低温抗裂性

沥青混合料不仅应具备高温的稳定性，同时还应具有低温抗裂性，以保证路面在冬季低温时不产生裂缝，如图 9-17 所示。

图 9-17　沥青混合料路面低温开裂

图片资源
沥青路面低温开裂

沥青混合料随着温度的降低，变形能力下降。路面由于低温和行车荷载的作用，在薄弱部位产生裂缝，从而影响道路的正常使用。因此要求沥青混合料具有一定的低温抗裂性。混合料的低温脆化一般用不同温度下的弯拉破坏试验来评定；低温缩裂可采用低温收缩试验评定；温度疲劳则可以用低频疲劳试验评定。

选用黏度较低，温度敏感性低，抗老化能力强的沥青，适当增加沥青用量，可防止或减少沥青路面的低温开裂。

## 三、耐久性

沥青混合料的耐久性是指其在外界各种因素的长期作用下，混合料保持正常使用状态而不出现损坏的能力。主要表现为沥青的老化或硬化导致的变脆、开裂；冻融崩解导致的磨损等。

影响沥青混合料耐久性的主要因素有：沥青的化学性质、矿料的矿物成分和沥青混合料的组成结构等。空隙率越小，越可以有效地防止水分渗入和日光紫外线对沥青的老化作用，耐久性越好，但应残留一部分空隙，以备夏季沥青材料的膨胀。同时沥青路面的使用寿命与沥青含量有很大关系，当沥青用量低于要求用量时，将降低沥青的变形能力，增大混合料的残留空隙率。

我国现行规范采用空隙率、饱和度（沥青填隙率）和残留稳定度等指标来表征沥青混合料的耐久性。

拓展资源
沥青混合料改性添加剂　第2部分：高黏度添加剂（JT/T 860.2—2013）

## 四、抗滑性

用于高等级公路沥青路面的沥青混合料，对其抗滑性提出了更高的要求。路面抗滑性可用构造深度、路面抗滑值以及摩阻系数来评定，数值越大抗滑性质越好。

沥青混合料路面抗滑性与矿质集料的表面性质、混合料的级配组成、沥青用量以及含蜡量等因素有关。配料时应注意矿料的耐磨性，应选择硬质有棱角的矿料。同时采取适当增大骨料粒径、减少沥青用量及控制沥青含蜡量的措施。沥青用量超过最佳用量的 0.5% 即可以使抗滑系数明显降低。

## 五、施工和易性

沥青混合料的施工和易性是指沥青混合料在施工过程中是否容易拌和、摊铺和压实的性能。

影响混合料施工和易性的主要因素有矿料级配、沥青用量、施工环境条件和搅拌工艺等。矿料的级配对其和易性较大，粗细骨料的颗粒大小相差过大，缺乏中间粒径，混合料容易离析；细骨料太少，沥青层不易均匀地分布在粗颗粒表面；细骨料太多则拌和困难。沥青用量过少，混合料容易产生疏松，不容易压实；若用量太多则容易使混合料黏结成块，不易摊铺。

## 任务 5　沥青混合料的配合比设计

| 任务导入 | 沥青混合料配合比设计的主要任务是确定粗骨料、细骨料、矿粉以及沥青等材料相互配合的最佳组成比例，使之既能满足沥青混合料如强度、耐久性等技术要求，又符合经济原则。 |
| --- | --- |
| 任务目标 | 掌握如何通过沥青混合料配合比设计的三个阶段确定沥青混合料的材料品种、矿料级配、最佳沥青用量。 |

沥青混合料配合比设计通过目标配合比设计、生产配合比设计和生产配合比验证三个阶段确定沥青混合料的材料品种、矿料级配、最佳沥青用量。规范采用马歇尔试验配合比设计方法，如采用其他方法设计沥青混合料时，应进行马歇尔试验及各项配合比设计检验。

### 一、目标配合比设计阶段

目标配合比设计在试验室进行，分矿质混合料配合比组成设计和沥青最佳用量确定两部分。

#### 1. 矿质混合料配合比组成设计

矿质混合料配合比组成设计的目的是选配具有足够密实度并且具有较高内摩擦阻力的矿质混合料。设计步骤如下：

（1）确定沥青混合料类型。沥青混合料必须在对同类公路配合比设计和使用情况调查研究的基础上，充分借鉴成功的经验，选用符合要求的材料，进行配合比设计。

（2）确定矿料级配范围。沥青路面工程的混合料设计级配范围由工程设计文件或招标文件规定，密级配沥青混合料宜根据公路等级、气候及交通条件按表 9-9 选择采用粗型或细型混合料，并在表 9-10 范围内确定工程设计级配范围，根据公路等级、工程性质、气候条件、交通条件和材料品种，通过对条件大体相当的工程的使用情况进行研究调查后调整确定，必要时允许超出级配范围。经确定的工程设计级配范围是配合比设计的依据，不得随意变更。

表 9-9  粗型和细型密级配沥青混凝土的关键性筛孔通过率

| 混合料类型 | 公称最大粒径 /mm | 用以分类的关键性筛孔 /mm | 粗型密级配 | | 细型密级配 | |
|---|---|---|---|---|---|---|
| | | | 名称 | 关键性筛孔通过率 /% | 名称 | 关键性筛孔通过率 /% |
| AC-25 | 26.5 | 4.75 | AC-25C | <40 | AC-25F | >40 |
| AC-20 | 19 | 4.75 | AC-20C | <45 | AC-20F | >45 |
| AC-16 | 16 | 2.36 | AC-16C | <38 | AC-16F | >38 |
| AC-13 | 13.2 | 2.36 | AC-13C | <40 | AC-13F | >40 |
| AC-10 | 9.5 | 2.36 | AC-10C | <45 | AC-10F | >45 |

表 9-10  粗密级配沥青混凝土混合料矿料级配范围

| 级配类型 | | 通过下列筛孔（以 mm 计）的质量百分率 /% | | | | | | | | | | | |
|---|---|---|---|---|---|---|---|---|---|---|---|---|---|
| | | 32.5 | 26.5 | 19 | 16 | 13.2 | 9.5 | 4.75 | 2.36 | 1.18 | 0.6 | 0.3 | 0.15 | 0.075 |
| 粗粒式 | AC-25 | 100 | 90~100 | 75~90 | 65~83 | 57~76 | 45~65 | 24~52 | 16~42 | 12~33 | 8~24 | 5~17 | 4~13 | 3~7 |
| 中粒式 | AC-20 | | 100 | 90~100 | 78~92 | 62~80 | 50~72 | 26~56 | 16~44 | 12~33 | 8~24 | 5~17 | 4~13 | 3~7 |
| | AC-16 | | | 100 | 90~100 | 76~92 | 60~80 | 34~62 | 20~48 | 13~36 | 9~26 | 7~18 | 5~14 | 4~8 |
| 细粒式 | AC-13 | | | | 100 | 90~100 | 68~85 | 38~68 | 24~50 | 15~38 | 10~28 | 7~20 | 5~15 | 4~8 |
| | AC-10 | | | | | 100 | 90~100 | 45~75 | 30~58 | 20~44 | 13~32 | 9~23 | 6~16 | 4~8 |
| 砂粒式 | AC-5 | | | | | | 100 | 90~100 | 55~75 | 35~55 | 20~40 | 12~28 | 7~18 | 5~10 |

（3）矿质混合料配合比计算：

① 组成材料的原始数据测定。根据现场取样，对粗骨料、细骨料和矿粉进行筛析试验，按筛析结果分别绘出各组成材料的筛分曲线。同时测出个组成材料的相对密度，以供计算物理常数备用。

② 计算组成材料的配合比。根据各组成材料的筛析试验资料，采用图解法或试算法，计算符合要求的级配范围的各组成材料用量比例。高速公路和一级公路沥青路面矿料配合比设计宜借助计算机的电子表格用试配法进行。

③ 调整配合比。通常合成级配曲线宜尽量接设计级配的中限，尤其应使0.075 mm、2.36 mm 和 4.75 mm 筛孔的通过量尽量接近设计级配范围中限；对交通量大、车载重量的公路，宜偏向级配范围的下限；对中小交通量或人行道等，宜偏

向级配范围的上限；合成级配曲线接近连续的或合理的间断级配。

2. 确定沥青混合料的最佳沥青用量

采用马歇尔试验法来确定沥青的最佳用量，其步骤如下：

（1）制备试样：

① 按确定的矿质混合料配合比计算各种矿质材料的用量。

② 根据沥青用量范围的经验，预估油石比或沥青用量。

③ 以预估的油石比为中值，按一定间隔（对密级配沥青混合料通常为 0.5%，对沥青碎石混合料适当缩小间隔 0.3%～0.4%），取 5 个或 5 个以上不同的油石比分别成型马歇尔试件。每一组试件的试样数按现行试验规程的要求确定，对粒径较大的沥青混合料，宜增加试件数量。

（2）测定计量物理指标：

① 测定试件的毛体积相对密度。

② 确定沥青混合料的最大理论相对密度。

③ 计算试件的空隙率、矿料间隙率和有效沥青的饱和度等体积指标。

（3）测定力学指标。测定马歇尔稳定度、流值。

（4）马歇尔试验结果分析：

① 绘制沥青用量与物理－力学指标关系图，如图 9-18 所示。

② 确定最佳沥青用量初始值 1（$OAC_1$）。从图 9-18 中求取相应于稳定度最大值的沥青用量为 $a_1$，相应于密度最大值的沥青用量为 $a_2$ 及相应于规定空隙率范围的中值（或要求的目标空隙率）的沥青为 $a_3$，取三者的平均值作为最佳沥青用量的初始值 $OAC_1$，即：

$$OAC_1 = \frac{a_1 + a_2 + a_3}{3}$$

③ 确定最佳沥青用量初始值 2（$OAC_2$）。按图 9-18 求出各项指标均符合规范中沥青混合料技术标准的沥青用量范围 $OAC_{min} \sim OAC_{max}$，按下式求取中值 $OAC_2$。

$$OAC_2 = \frac{OAC_{min} + OAC_{max}}{2}$$

④ 根据 $OAC_1$ 和 $OAC_2$ 综合确定最佳沥青用量（$OAC$），并检查其是否符合规范规定的马歇尔设计配合比技术，由 $OAC_1$ 和 $OAC_2$ 综合决定最佳沥青用量 $OAC$。当不符合时，应调整级配，重新进行配合比设计，直至各项指标均能符合要求为止。

⑤ 根据气候条件和交通量特性调整最佳沥青用量。一般情况下取 $OAC_1$ 和 $OAC_2$ 的中值作为最佳沥青用量。对热区道路以及高速公路、一级公路的重载交通路段，预计可能产生较大车辙时，宜将计算的最佳沥青用量减小 0.1%～0.5% 作为设计沥青用量。对寒冷地区以及一般道路，最佳沥青用量可以在 $OAC$ 基础上增加 0.1%～0.3%。

（5）配合比检验。对用于高速公路和一级公路的密级配沥青混合料，需在配合比设计的基础上按要求进行各种使用性能的检验，包括高温稳定性检验、水稳定性检验、低温抗裂性能检验、渗水系数检验等。

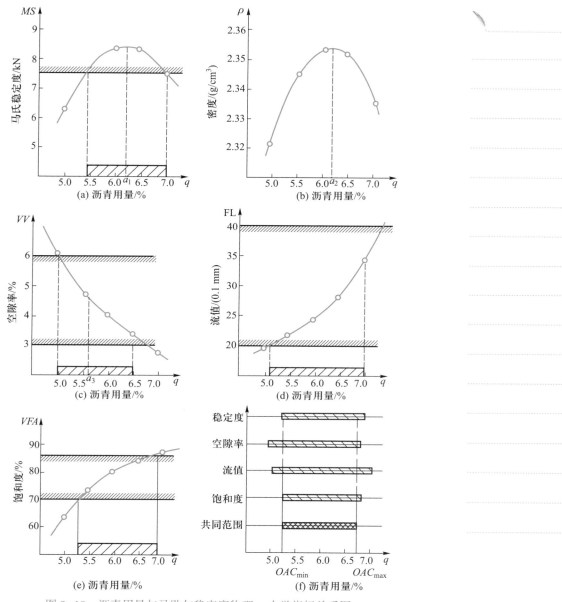

图 9-18　沥青用量与马歇尔稳定度物理 – 力学指标关系图

## 二、生产配合比设计阶段

目标配合比确定之后，进入第二个设计阶段，应用实际施工拌和机进行试拌，以确定施工配合比。

## 三、生产配合比验证阶段

生产配合比验证阶段，即试拌试铺阶段。按照规范规定的试验段铺设要求，进行各种试验，当全部满足要求时，便可以进入正常生产阶段。

防水及保温材料

本学习情境主要介绍各类建筑防水及保温材料。通过本学习情境的学习，学生应掌握各类防水及保温材料的组成、分类及其选用原则，了解不同防水及保温材料特性和使用范围。本学习情境的教学重点包括防水及保温材料应用和特点。教学难点是如何正确选择和使用防水及保温材料，保证更好的工程质量。

## 项目 1　防　水　材　料

防水材料是指具有防止雨水、地下水与其他水侵蚀渗透的建筑材料。防水是建筑物的一项重要功能，防水材料是实现这一功能的基础。防水材料的主要作用是防潮、防渗漏，避免水和盐分对建筑物的侵蚀，保护建筑结构。由于基础的不均匀沉降、结构的变形、建筑材料的热胀冷缩和施工质量等原因，建筑物的外围护结构在使用中会产生许多裂缝，防水材料能否与之适应是衡量其性能优劣的重要标志。防水材料质量的好坏直接影响到建筑物的使用寿命、安全等级、人们的居住环境等。

建筑防水材料品种繁多，按其原材料组成可划分为无机类、有机类和复合类防水材料。按照防水材料的柔韧性和延伸能力，防水材料分为柔性防水和刚性防水材料两大类。柔性防水材料是指具有一定柔韧性和较大延伸率的防水材料，如沥青防水卷材、有机涂料等；刚性防水材料是指具有较高强度和无延伸能力的防水材料，

授课视频
防水材料

如防水砂浆、防水混凝土等。按防水工程或部位可分为屋面防水材料、地下防水材料、室内防水材料及防水构筑物防水材料等。按其生产工艺和使用功能特性，防水材料可分为以下四类：防水卷材、防水涂料、密封材料、堵漏材料。本章主要介绍防水卷材、防水涂料、密封材料等材料的组成、性能特点及应用。

## 任务 1　防水卷材

| 任务导入 | 作为用途最为广泛的柔性防水卷材，正确合理地选择防水卷材对保证建筑质量十分重要。本任务将学习各类防水卷材材料。 |
| --- | --- |
| 任务目标 | 掌握各类防水卷材的化学组成、基本性能、防水效果，不同环境下如何选择及应用防水卷材。 |

**演示文稿**
**卷材防水**

防水卷材是使用量最大的柔性防水材料。主要有沥青防水卷材、高聚物改性沥青防水卷材和合成高分子防水卷材三大类。不同的防水卷材有其不同的性能指标，但是为了满足建筑工程防水的质量要求防水卷材均需具备表 10-1 所示性能。

表 10-1　防水卷材的性能要求

| 名称 | 性能要求 | 表征指标 |
| --- | --- | --- |
| 耐水性 | 在水的作用下或被水浸润后其性能基本不变，在压力水作用下具有不透水性 | 不透水性、吸水率 |
| 温度稳定性 | 高温不流淌、不起泡、不滑动，低温不脆裂 | 耐热度 |
| 抗裂性能 | 能承受一定荷载和应力，在一定变形条件下不断裂 | 拉伸强度、断裂伸长率 |
| 柔韧性 | 在使用过程中，尤其在低温度条件下能保持一定的柔韧度 | 柔度、低温弯折性 |
| 大气稳定性 | 在阳光、日照、臭氧以及其他化学侵蚀等因素长期作用下，能保持其性能 | 抗老化性、热老化保持率 |

### 一、沥青防水卷材

1. 概念

沥青基防水卷材根据有无基胎增强材料分为有胎沥青防水卷材和无胎沥青防水卷材。有胎卷材是指用原纸、纤维织物、纤维毡等胎体浸涂石油沥青，表面撒布粉状、粒状或片状材料制成可卷曲的片状防水材料，又称浸渍卷材（图 10-1、图 10-2）；无胎卷材是将橡胶粉、石棉粉等与沥青混炼再压延而成的防水材料，也称辊压卷材。沥青类防水卷材价格低廉、结构致密、防水性能良好、耐腐蚀、黏附性好，是目前建筑工程中最常用的柔性防水材料。广泛用于工业与民用建筑、地下工程、桥梁道路、隧道涵洞及水工建筑等很多领域。但由于沥青材料的低温柔性差、温度敏感性强、耐候性差，故属于低档防水卷材。

图 10-1　石油沥青油毡（纸胎）　图 10-2　石油沥青油毡（玻璃纤维）

2. 适用范围及施工工艺

石油沥青防水卷材的特点、适用范围及施工工艺如表 10-2 所示。

图片资源
沥青卷材

表 10-2　石油沥青防水卷材的特点、适用范围及施工工艺

| 卷材名称 | 特点 | 适用范围 | 施工工艺 |
|---|---|---|---|
| 石油沥青纸胎油毡 | 传统防水材料，价格低廉，抗拉强度低，低温柔性差，温度敏感性大，使用寿命短 | 三毡四油、二毡三油叠层铺设的屋面防水工程 | 热玛琋脂、冷玛琋脂粘贴施工 |
| 石油沥青玻璃布油毡 | 抗拉强度高，胎体不易腐烂，柔韧性好，耐久性比纸胎油毡提高 1 倍以上 | 多用作纸胎油毡的增强附加层和突出部位的防水层 | 热玛琋脂、冷玛琋脂粘贴施工 |
| 石油沥青玻纤胎油毡 | 耐腐蚀性和耐久性好，柔韧性和抗拉性能优于纸胎油毡 | 常用作屋面和地下防水工程 | 热玛琋脂、冷玛琋脂粘贴施工 |
| 石油沥青麻布胎油毡 | 抗拉强度高，耐水性和柔韧性好，但胎体易腐烂 | 常用作屋面增强附加层 | 热玛琋脂、冷玛琋脂粘贴施工 |
| 石油沥青铝箔胎油毡 | 耐水、隔热和隔水汽性能好，柔韧性较好，具有一定的抗拉强度 | 与带孔玻纤毡配合或单独使用，宜用于隔汽层 | 热玛琋脂粘贴施工 |

## 二、改性沥青防水卷材

改性沥青防水卷材是以合成高分子聚合物改性沥青为涂盖层，纤维织物或纤维毡为胎体，粉状、粒状、片状或薄膜材料为覆面材料制成的可卷曲片状防水材料。常见的改性沥青卷材有 SBS 改性沥青防水卷材、APP 改性沥青防水卷材、其他改性沥青卷材。

1. SBS 改性沥青防水卷材

SBS（苯乙烯－丁二烯－苯乙烯）改性沥青防水卷材（图 10-3、图 10-4）是以聚酯毡、玻纤毡等增强材料为胎体，以 SBS 改性石油沥青为浸渍涂盖层，以塑料薄膜为防黏隔离层，经过选材、配料、共熔、浸渍、复合成型、收卷曲等工序加工而成的一种柔性防水卷材。

注：SBS 改性沥青防水既适合热熔施工，也适合冷施工。

图 10-3　SBS 改性沥青防水卷材　　图 10-4　SBS 改性沥青防水卷材（热熔施工）

SBS 改性沥青防水卷材具有优良的耐高低温性能，可形成高强度防水层，耐穿刺、耐硌伤、耐撕裂、耐疲劳，具有优良的延伸性和较强的抗基层变形能力，低温性能优异。

SBS 改性沥青防水卷材除用于一般工业与民用建筑防水外，尤其适应于高级和高层建筑物的屋面、地下室、卫生间等的防水防潮，以及桥梁、停车场、屋顶花园、游泳池、蓄水池、隧道等建筑的防水。SBS 改性沥青防水卷材具有良好的低温柔韧性和极高的弹性延伸性，更适合于北方寒冷地区和结构易变形的建筑物的防水。

2. APP 改性沥青防水卷材

石油沥青中加入 25%～35% 的 APP（无规聚丙烯）可以大幅度提高沥青的软化点，并能明显改善其低温柔韧性。

APP 改性沥青防水卷材是以聚酯毡或玻纤毡为胎体，以 APP 改性沥青为预浸涂层，然后上层撒上隔离材料，下层覆盖聚乙烯薄膜或撒布细砂而成的沥青防水卷材（图 10-5、图 10-6）。APP 改性沥青防水卷材的特点是不仅具有良好防水性能，还具有

图 10-5　APP 改性沥青防水卷材

优良的耐高温性能和较好的柔韧性，可形成高强度、耐撕裂、耐穿刺的防水层，耐紫外线照射、寿命长、热熔法粘贴可靠性强等特点。

与 SBS 改性沥青防水卷材相比，除在一般工程中使用外，APP 改性沥青防水卷材由于耐热度更好而且有着良好的耐老化性能，故更加适用于高温或有太阳辐射地区的建筑物的防水。

3. 其他改性沥青防水卷材

氧化沥青防水卷材造价低，属于中低档产品。优质氧化沥青油毡具有很好的低温柔韧性，适合于北方寒冷地区建筑物的防水。丁苯橡胶改性沥青防水卷材适应于一般建筑物的防水、防潮，具有施工温度范围广的特点，在 −15 ℃ 以上均可施工。再生胶改性沥青防水卷材具有延伸率大、低温柔韧性好、耐腐蚀性强、耐水性好及热稳定性好等特点，适用于一般建筑物的防水层，尤其适用于有保护层的屋面或基层沉降较大的建筑物变形缝处的防水。自黏性改性沥青防水卷材具有良好的低温柔韧性和施工方便等特点，除一般工程外更适合于北方寒冷地区建筑物的防水。

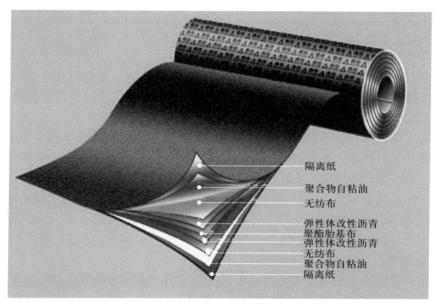

隔离纸
聚合物自粘油
无纺布
弹性体改性沥青
聚酯胎基布
弹性体改性沥青
无纺布
聚合物自粘油
隔离纸

图 10-6  APP 改性沥青防水卷材（构造图）

### 三、合成高分子防水卷材

合成高分子防水卷材是以合成橡胶、合成树脂或两者的共混体为基础，加入适量的助剂和填充料等，经过混炼、塑炼、压延或挤出成形、硫化、定形等加工工艺制成的片状可卷曲的防水材料。

合成高分子防水卷材具有强度高、断裂伸长率大、抗撕裂强度高、耐热性能好、低温柔性好、耐腐蚀、耐老化及可以冷施工等一系列优异性能，而且彻底改变了沥青基防水卷材施工条件差、污染环境等缺点，是值得大力推广的新型高档防水卷材。目前多用于高级宾馆、大厦、游泳池、厂房等要求有良好防水性的屋面、地下等防水工程。根据组成材料的不同，合成高分子防水卷材一般可分为橡胶型、树脂型和橡塑共混型防水材料三大类，各类又分别有若干品种。下面介绍一些常用的合成高分子防水卷材。

#### 1. 三元乙丙橡胶防水卷材

三元乙丙橡胶防水卷材是以三元乙丙橡胶为主要原料，掺入适量的丁基橡胶、硫化剂、促进剂、补强剂、稳定剂、填充剂和软化剂等，经过密炼、塑炼、过滤、拉片、挤出（或压延）成形、硫化等工序制成的高强高弹性防水材料。

目前国内三元乙丙橡胶防水卷材的类型按工艺分为硫化型、非硫化型两种，其中硫化型占主导。

三元乙丙橡胶卷材是目前耐老化性能最好的一种卷材，使用寿命可达 30 年以上。它具有防水性好、重量轻、耐候性好、耐臭氧性好，弹性和抗拉强度大，抗裂性强，耐酸碱腐蚀等特点，而且耐高低温性能好，并可以冷施工，目前在国内属高档防水材料。三元乙丙橡胶防水卷材最适用于工业与民用建筑的屋面工程的外露防

注：聚氯乙烯简称 PVC，由氯乙烯在引发剂作用下聚合而成的热塑性树脂。可做型材、管材、膜、包装材料、板材、泡沫、门窗等。

水层，并适用于受振动、易变形建筑工程防水，也适用于刚性保护层或倒置式屋面以及地下室、水渠、贮水池、隧道、地铁等建筑工程防水。

2. 聚氯乙烯防水卷材

聚氯乙烯防水卷材是以聚氯乙烯树脂为主要原料，掺加填充料和适量的改性剂、增塑剂、抗氧剂、紫外线吸收剂、其他加工助剂等，经过混合、造粒、挤出或压延、定型、压花、冷却卷曲等工序加工而成的防水卷材。

聚氯乙烯防水卷材的特点是价格便宜、抗拉强度和断裂伸长率较高，对基层伸缩、开裂、变形的适应性强；低温柔韧性好，可在较低的温度下施工和应用；卷材的搭接除了可用黏结剂外，还可以用热空气焊接的方法，接缝处严密。

与三元乙丙橡胶防水卷材相比，除在一般工程中使用外，聚氯乙烯防水卷材更适应于刚性层下的防水层及旧建筑混凝土构件屋面的修缮工程，以及有一定耐腐蚀要求的室内地面工程的防水、防渗工程等。

3. 氯化聚乙烯防水卷材

氯化聚乙烯防水卷材主要是以氯化聚乙烯树脂，掺入适量的化学助剂和填充料，采用塑料或橡胶的加工工艺，经过捏和、塑炼、压延、卷曲、分卷、包装等工序，加工制成的弹塑性防水材料。

氯化聚乙烯防水卷材具有热塑性弹性体的优良性能，具有耐热、耐老化、耐腐蚀等性能，且原材料来源丰富，价格较低，生产工艺较简单，可冷施工操作，施工方便，故发展迅速，目前，在国内属中高档防水卷材。

氯化聚乙烯防水卷材适用于各种工业和民用建筑物屋面，各种地下室，地下工程以及浴室、卫生间和蓄水池、排水沟、堤坝等的防水工程。由于氯化聚乙烯呈塑料性能，耐磨性能很强，故还可以作为室内装饰面的施工材料，兼有防水和装饰作用。

4. 氯化聚乙烯 – 橡胶共混防水卷材

氯化聚乙烯 – 橡胶共混防水卷材是以氯化聚乙烯树脂和合成橡胶为主体，掺入适量硫化剂等添加剂及填充料，经混炼、压延或挤出等工艺制成的高弹性防水卷材。

氯化聚乙烯 – 橡胶共混防水卷材兼有塑料和橡胶的特点。具有高强度、高延伸率和耐臭氧性能、耐低温性能，良好的耐老化性能和耐水、耐腐蚀性能。尤其该卷材是一种硫化型橡胶防水卷材，不但强度高，延伸率大，且具有高弹性，受外力时可产生拉伸变形，且变形范围大。同时当外力消失后卷材可逐渐回弹到受力前状态，这样当卷材应用于建筑防水工程时，对基层变形有一定的适应能力。

氯化聚乙烯 – 橡胶共混防水卷材适用于屋面外露、非外露防水工程；地下室外防外贴法或外防内贴法施工的防水工程，以及水池、土木建筑等防水工程。

5. 其他合成高分子防水卷材

拓展资源
《屋面工程质量验收规范》（GB 50207—2014）

合成高分子防水卷材除以上四种典型品种外，还有再生胶、三元丁橡胶、氯磺化聚乙烯、三元乙丙橡胶 – 聚乙烯共混等防水卷材，这些卷材原则上都是塑料经过改性，或橡胶经过改性，或两者复合以及多种复合，制成的能满足建筑防水要求的制品。它们因所用的基材不同而性能差异较大，使用时应根据其性能的特点合理选择。

按国家标准《屋面工程质量验收规范》（GB 50207—2014）的规定，合成高分子防水卷材适用于防水等级为Ⅰ级、Ⅱ级和Ⅲ级的屋面防水工程。在Ⅰ级屋面防水工程中必须至少有一道厚度不小于 1.5 mm 的合成高分子防水卷材；在Ⅱ级屋面防水工程中，可采用一道或两道厚度不小于 1.2 mm 的合成高分子防水卷材；在Ⅲ级屋面防水工程中，可采用一道厚度不小于 1.2 mm 的合成高分子防水卷材。常见合成高分子防水卷材的特点和使用范围见表 10-3。

表 10-3　常见合成高分子防水卷材的特点和使用范围

| 卷材名称 | 特点 | 使用范围 | 施工工艺 |
|---|---|---|---|
| 再生胶防水卷材 | 有良好的延伸性、耐热性、耐寒性和耐腐蚀性，价格低廉 | 单层非外露部位及地下防水工程，或加盖保护层的外露防水工程 | 冷粘法施工 |
| 氯化聚乙烯防水卷材 | 具有良好的耐候、耐臭氧、耐热老化、耐油、耐化学腐蚀及抗撕裂的性能 | 单层或复合作用，宜用于紫外线强的炎热地区 | 冷粘法或自粘法施工 |
| 聚氯乙烯防水卷材 | 具有较高的抗拉和撕裂强度，伸长率较大，耐老化性能好，原材料丰富，价格便宜，容易粘贴 | 单层或复合使用于外露或有保护层的防水工程 | 冷粘法或热风焊接法施工 |
| 三元乙丙橡胶防水卷材 | 防水性能优异，耐候性好，耐臭氧性、耐化学腐蚀性、弹性和抗拉强度大，对基层变形开裂的适用性强，重量轻，使用温度范围宽，寿命长，但价格高，黏结材料尚需配套完善 | 防水要求较高，防水层耐用年限长的工业与民用建筑，单层或复合使用 | 冷粘法或自粘法施工 |
| 三元丁橡胶防水卷材 | 有较好的耐候性、耐油性、抗拉强度和伸长率，耐低温性能稍低于三元乙丙防水卷材 | 单层或复合使用于要求较高的防水工程 | 冷粘法施工 |
| 氯化聚乙烯－橡胶共混防水卷材 | 不但具有氯化聚乙烯特有的高强度和优异的耐臭氧、耐老化性能，而且具有橡胶所特有的高弹性、高延伸性以及良好的低温柔性 | 单层或复合使用，尤宜用于寒冷地区或变形较大的防水工程 | 冷粘法施工 |

## 任务 2　防水涂料

| 任务导入 | 防水涂料区别于防水卷材，更具流动性，成膜也更加薄，正确合理地选择防水涂料对保证建筑质量十分重要。本任务将学习各类防水涂料。 |
|---|---|
| 任务目标 | 掌握各类防水涂料的化学组成、基本性能、防水效果，不同环境下如何选择及应用防水涂料。 |

防水涂料是一种流态或半流态物质，经刷、喷等工艺涂布在基体表面，形成具有一定弹性和一定厚度的连续薄膜，使基层表面与水隔绝，并能抵抗一定的水压力，

演示文稿
防水涂料

从而起到防水和防潮作用。防水涂料根据成膜物质的不同可分为沥青基防水材料、高聚物改性沥青防水材料和合成高分子材料防水材料三类。如按涂料的分散介质不同，又可分为溶剂型和水乳型两类。防水涂料的性能特点如表 10-4 所示。

表 10-4　防水涂料的性能特点

| 性能特点 | 性能特点描述 |
|---|---|
| 多功能性 | 防水涂料在发挥自身防水功能的同时，还起着胶黏剂的作用，涂料既是防水层的主体，又是胶黏剂 |
| 适用性强 | 防水涂料在固化前呈黏稠状液态，特别适宜在立面、阴阳角、穿结构层管道、不规则屋面、节点等细部构造处进行防水施工，固化后能在这些复杂表面处形成完整的防水膜，温度适应性强，防水涂层在 $-30\ ℃\sim80\ ℃$ 条件下均可使用 |
| 施工工艺性好 | 防水涂料施工属于冷施工，可刷涂，也可喷涂，操作简便，施工速度快，环境污染小，同时也减小了劳动强度，容易修补，发生渗漏可在原防水涂层的基础上修补 |

### 一、沥青基防水涂料

沥青基防水涂料的成膜物质是石油沥青，一般分为溶剂型和水乳型两种。溶剂型沥青涂料是将石油沥青直接溶解于汽油等有机溶剂后制得的溶液。沥青溶液施工后所形成的涂膜很薄，一般不单独作防水涂料使用，只用作沥青类油毡施工时的基层处理剂。水乳型沥青防水涂料是将石油沥青分散于水中所形成的稳定的水分散体。目前常用的沥青类防水涂料有水乳无机矿物厚质沥青涂料、水性石棉沥青防水涂料、石灰乳化沥青、水性铝粉屋面反光涂料、溶剂型屋面反光隔热涂料、膨润土 – 石棉乳化沥青防水涂料、阳离子乳化高蜡石油沥青防水涂料等。这类涂料属于中低档防水涂料，具有沥青类防水卷材的基本性质，价格低廉，施工简单。

### 二、高聚物改性防水涂料

高聚物改性沥青防水涂料是以沥青为基料，用再生橡胶、合成橡胶或 SBS 等对沥青进行改性而制成的水乳型或溶剂型防水涂料。

1. 氯丁橡胶沥青防水涂料

氯丁橡胶沥青防水涂料分为溶剂型和水乳型两种。其中水乳型氯丁橡胶沥青防水涂料的特点是涂膜强度大、延伸性好，能充分适应基层的变化，耐热性和低温柔韧性优良、耐臭氧老化、抗腐蚀、阻燃性好、不透水，是一种安全无毒的防水涂料，已经成为我国防水涂料的主要品种之一。适用于工业和民用建筑物的屋面防水、墙身防水和楼面防水、地下室和设备管道的防水、旧屋面的维修和补漏，还可用于沼气池、油库等密闭工程混凝土以提高其抗渗性和气密性。

2. 水乳型再生橡胶改性沥青防水涂料

水乳型再生橡胶改性沥青防水涂料是由阴离子型再生乳胶和阴离子型沥青乳胶混合均匀构成，再生橡胶和石油沥青的微粒借助于阴离子表面活性剂的作用，稳定

注：溶剂型溶于有机溶剂；水乳型溶于水。

注：氯丁橡胶指由氯丁二烯为主要原料进行 $\alpha$-聚合而生产的合成橡胶，耐油、耐热、耐燃、耐日光、耐臭氧、耐酸碱，广泛应用于抗风化产品、黏胶鞋底、涂料等。

分散在水中而形成的乳状液。该涂料以水为分散剂，具有无毒、无味、不燃的优点，可在常温下冷施工作业，并可在稍潮湿无积水的表面施工，涂膜有一定的柔韧性和耐久性，材料来源广，价格低。它属于薄型涂料，一次涂刷涂膜较薄，需多次涂刷才能达到规定厚度，需要加衬玻璃纤维布或合成纤维加筋毡构成防水层。该涂料适用于工业与民用建筑混凝土基层屋面防水；以沥青珍珠岩为保温层的保温屋面防水；地下混凝土建筑防潮以及旧油毡屋面翻修和刚性自防水屋面的维修等。

### 3. SBS 改性沥青防水涂料

SBS 改性沥青防水涂料是以沥青、橡胶、合成树脂、SBS 及表面活性剂等高分子材料组成的一种水乳型弹性沥青防水涂料。该涂料柔韧性好、抗裂性强、黏结性能优良、耐老化性能好，与玻纤布等增强胎体复合，能用于任何复杂的基层，防水性能好，可冷施工作业，是较为理想的中档防水涂料（图 10-7、图 10-8）。SBS 改性沥青防水涂料适用于复杂基层的防水防潮施工，如厕浴间、地下室、厨房、水池等，特别适合于寒冷地区的防水施工。

图 10-7　改性沥青防水涂料

图 10-8　改性沥青防水涂料施工

### 三、合成高分子防水涂料

合成高分子防水涂料是以合成橡胶或合成树脂为主要成膜物质，加入其他辅料而配制成的单组分或多组分防水涂料。常见的有硅酮、氯丁橡胶、聚氯乙烯、聚氨酯、丙烯酸酯、丁基橡胶、氯磺化聚乙烯、偏二氯乙烯等防水涂料。该涂料具有高弹性、高耐久性、耐高低温性等，适用于高防水等级的屋面、地下室及卫生间防水。

### 1. 聚氨酯防水涂料

聚氨酯防水涂料（图 10-9、图 10-10）以异氰酸酯基与多元醇、多元胺及其他含活泼氢的化合物进行加成聚合，生成的产物含氨基甲酸酯基为氨酯键，故称为聚氨酯。聚氨酯防水涂料是防水涂料中最重要的一类涂料，无论是双组分还是单组分都属于以聚氨酯为成膜物质的反应型防水涂料。

聚氨酯防水涂料涂膜固化时无体积收缩，具有较大的弹性和延伸率、较好的抗裂性、耐候性、耐酸碱性、耐老化性、适当的强度和硬度，几乎满足作为防水材料的全部特性。当涂膜厚度为 1.5~2.0 mm 时，使用年限可在 10 年以上。而且对各种基材如混凝土、石、砖、木材、金属等均有良好的附着力。属于高档的合成高分子防水涂料。

注：聚氨酯可用于木制家具及金属的表面罩光；用于贮罐、管道、冷库的绝热保温保冷，房屋建筑绝热防水，也可用于预制聚氨酯板材；可用于制造塑料制品、耐磨合成橡胶制品、合成纤维、硬质和软质泡沫塑料制品、胶黏剂等。

图 10-9　聚氨酯防水涂料　　　图 10-10　聚氨酯防水涂料施工（屋面）

双组分聚氨酯防水涂料广泛应用于屋面、地下工程、卫生间、游泳池等的防水，也可用于室内隔水层及接缝密封，还可用作金属管道、防腐地坪、防腐池的防腐处理等。单组分聚氨酯防水涂料则多数用于建筑的砖石结构、金属结构部分及聚氨酯屋面防水层的修补。

### 2. 水性丙烯酸酯防水涂料

丙烯酸系防水涂料是以纯丙烯酸共聚物、改性丙烯酸或纯丙烯酸酯乳液为主要成分，加入适量填料和助剂配制而成的水性单组分防水涂料。这类防水涂料由于其介质为水，不含任何有机溶剂，因此属于良好的环保型涂料。

这类涂料的最大优点是具有优良的防水性、耐候性、耐热性和耐紫外线性。涂膜延伸性好，弹性好，伸长率可达 250%，能适应基层一定幅度的变形开裂；温度适应性强，在 −30~80 ℃范围内性能无大的变化；可以调制成各种色彩，兼有装饰和隔热效果。这类涂料适用于各类建筑防水工程，如钢筋混凝土、轻质混凝土、沥青和油毡、金属表面、外墙、卫生间、地下室、冷库等。也可用作防水层的维修和作保护层等。

### 3. 硅橡胶防水涂料

硅橡胶防水涂料是以硅橡胶胶乳以及其他乳液的复合物为主要基料，掺入无机填料及各种助剂配制而成的乳液型防水涂料。通常由 1 号和 2 号组成，1 号涂布于底层和面层，2 号涂布于中间加强层。

该类涂料兼有涂膜防水和渗透防水材料两者的优良特性，具有良好的防水性、抗渗透性、成膜性、弹性、黏结性、延伸性和耐高低温特性，适应基层变形的能力强。可渗入基底，与基底牢固黏结，成膜速度快，可在潮湿底基层上施工，可刷涂、喷涂或辊涂。特别是它可以做到无毒级产品，是其他高分子防水材料所不能比拟的，因此，硅橡胶防水涂料适用于各类工程尤其是地下工程的防水、防渗和维修工程，对水质不造成污染。

### 4. 聚氯乙烯防水涂料

聚氯乙烯防水涂料是以聚氯乙烯和煤焦油为基料，加入适量的防老化剂、增塑剂、稳定剂、乳化剂，以水为分散介质所制成的水乳型防水涂料。施工时，一般要铺设玻纤布、聚酯无纺布等胎体进行增强处理。

该类防水涂料弹塑性好，耐寒、耐化学腐蚀、耐老化和成品稳定性好，可在潮湿的基层上冷施工，防水层的总造价低。聚氯乙烯防水涂料可用于各种一般工程的防水、防渗及金属管道的防腐工程。

## 任务 3 建筑密封材料

| 任务导入 | 建筑密封材料又叫嵌缝材料、密封胶，既能防水又能隔声、保温。本任务将学习各类建筑密封材料。 |
|---|---|
| 任务目标 | 掌握各类建筑密封材料的化学组成、基本性能、密封效果，不同环境下如何选择及应用建筑密封材料。 |

建筑密封材料又称嵌缝材料，是指为达到水密或气密目的而嵌入各种工程结构或构件缝隙中的材料。通常要求建筑密封材料具有良好的黏结性、抗下垂性、不渗水透气，易于施工；还要求具有良好的弹塑性，能长期经受被粘构件的伸缩和振动，在接缝发生变化时不断裂、剥落，并要有良好的耐老化性能，不受热和紫外线的影响，长期保持密封所需要的黏结性和内聚力等。建筑密封材料按形态的不同一般可分为不定型密封材料和定型密封材料两大类（表 10-5）。不定型密封材料常温下呈膏体状态；定型密封材料是将密封材料按密封工程特殊部位的不同要求制成带、条、方、圆、垫片等形状，定型密封材料按密封机理的不同可分为遇水膨胀型和非遇水膨胀型两类。

演示文稿
密封材料

表 10-5 建筑密封材料的分类及主要品种

| 分类 | 类型 | | 主要品种 |
|---|---|---|---|
| 不定型密封材料 | 非弹性密封材料 | 油性密封材料 | 普通油膏 |
| | | 沥青基密封材料 | 橡胶改性沥青油膏、桐油橡胶改性沥青油膏、桐油改性沥青油膏、石棉沥青腻子、沥青鱼油油膏、苯乙烯焦油油膏 |
| | | 热塑性密封材料 | 聚氯乙烯胶泥、改性聚氯乙烯胶泥、塑料油膏、改性塑料油膏 |
| | 弹性密封材料 | 溶剂型弹性密封材料 | 丁基橡胶密封膏、氯丁橡胶密封膏、氯磺化聚乙烯橡胶密封膏、丁基氯丁再生胶密封膏、橡胶改性聚酯密封膏 |
| | | 水乳型弹性密封材料 | 水乳丙烯酸密封膏、水乳氯丁橡胶密封膏、改性 EVA 密封膏、丁苯胶密封膏 |
| | | 反应型弹性密封材料 | 聚氨酯密封膏、聚硫密封膏、硅酮密封膏 |
| 定型密封材料 | 密封条带 | | 铝合金门窗橡胶密封条、丁腈胶 -PVC 门窗密封条、自黏性橡胶、水膨胀橡胶、PVC 胶泥墙板防水带 |
| | 止水带 | | 橡胶止水带、嵌缝止水密封胶带、无机材料基止水带、塑料止水带 |

## 一、沥青油膏

沥青嵌缝油膏是以石油沥青为基料，加入改性材料、稀释剂及填充料混合制成。它具有良好的防水防潮性能，黏结性好，延伸率高，耐高低温性能好，老化缓慢，适用于各种混凝土屋面、墙板及地下工程的接缝密封等，是一种较好的密封材料。

## 二、聚氯乙烯密封膏

其主要特点是生产工艺简单，原材料来源广，施工方便，具有良好的耐热性、黏结性、弹塑性、防水性及较好的耐寒性、耐腐蚀性和耐老化性能。适用于各种工业厂房和民用建筑的屋面防水嵌缝，以及受酸碱腐蚀的屋面防水，也可用于地下管道的密封和卫生间等。

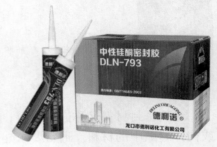

图 10-11　硅酮密封胶

## 三、硅酮密封胶

硅酮密封膏（图 10-11）具有优良的耐热、耐寒、耐老化及耐紫外线等耐候性能，与各种基材如混凝土、铝合金、不锈钢、塑料等有良好的黏结力，并且具有良好的伸缩耐疲劳性能，防水、防潮、抗震、气密及水密性能好。适用于各类铝合金、玻璃、门窗、石材等的嵌缝。

## 四、聚硫橡胶密封材料

这类密封材料的特点是弹性特别高，能适应各种变形和震动，黏结强度好、抗拉强度高、延伸率大、直角撕裂强度大，并且它还具有优异的耐候性，极佳的气密性和水密性，良好的耐油、耐溶剂、耐氧化、耐湿热和耐低温性能，使用温度范围广，对各种基材如混凝土、陶瓷、木材、玻璃、金属等均有良好的黏结性能。

聚硫密封材料适用于混凝土墙板、屋面板、楼板、地下室等部位的接缝密封及金属幕墙、金属门窗框四周、中空玻璃的防水、防尘密封等。

## 五、聚氨酯弹性密封膏

聚氨酯弹性密封膏（图 10-12）对金属、混凝土、玻璃、木材等均有良好的黏结性能，具有弹性大、延伸率大、黏结性好、耐低温、耐水、耐油、耐酸碱、抗疲劳及使用年限长等优点。与聚硫、有机硅等反应型建筑密封膏相比，价格较低。

图 10-12　聚氨酯密封膏

聚氨酯弹性密封膏广泛应用于墙板、屋面、伸缩缝等沟、缝部位的防水密封工程，以及给排水管道、蓄水池、游泳池、道路桥梁、机场跑道等工程的接缝密封与渗漏修补，也可用于玻璃、金属材料的嵌缝。

### 六、水乳型丙烯酸密封膏

该类密封材料具有良好的黏结性能、弹性和低温柔韧性能，无溶剂污染、无毒、不燃，可在潮湿的基层上施工，操作方便，特别是具有优异的耐候性和耐紫外线老化性能，属于中档建筑密封材料，其使用范围广、价格便宜、施工方便，综合性能明显优于非弹性密封膏和热塑性密封膏，但要比聚氨酯、聚硫、有机硅等密封膏差。水乳型丙烯酸密封膏主要用于外墙伸缩缝、屋面板缝、石膏板缝、给排水管道与楼屋面接缝等处的密封。

# 项目 2 保温材料

现代建筑及装饰对建筑功能要求越来越高，要求满足保温隔热、隔声、装饰、防火、防水等基本功能要求，保温隔热材料和吸声材料，都具有质轻、多孔或纤维状的特点。保温隔热材料，不仅能保温隔热，满足人们舒适的居住办公条件，而且有着显著的节能效果。采用良好的吸声或隔声材料，可以减轻噪声污染的危害，保持室内良好的音响效果。

## 任务 保温材料

| 任务导入 | 建筑保温材料能阻止热量的损失，保持室内温度，是我国现在大力倡导使用的材料，节能环保。本任务将学习各类建筑保温材料。 |
|---|---|
| 任务目标 | 掌握各类建筑保温材料的化学组成、性能、保温效果，识别不同保温材料的优缺点并正确选择建筑保温材料。 |

保温材料是能够阻止热量传递或热绝缘能力较强的材料，也称绝热材料。

### 一、常用保温隔热材料

保温隔热材料按化学成分可分为有机和无机两大类；按材料的构造可分为纤维状、松散粒状和多孔状三种。通常可制成板、片、卷材或管壳等多种形式的制品。一般来说，无机保温隔热材料的表观密度较大，但不易腐朽，不会燃烧，有的能耐高温。有机保温隔热材料则质轻，绝热性能好，但耐热性较差。

**演示文稿**
保温材料

1. 纤维状保温隔热材料

这类材料主要是以矿棉、石棉、玻璃棉及植物纤维等为主要原料，制成板、筒、毡等形状的制品，广泛用于住宅建筑和热工设备、管道等的保温隔热。这类保温隔热材料通常也是良好的吸声材料。

（1）石棉及其制品。石棉是一种天然矿物纤维，主要化学成分是含水硅酸镁，具有耐火、耐热、耐酸碱、绝热、防腐、隔声及绝缘等特性。常制成石棉粉、石棉纸板、石棉毡等制品。由于石棉中的粉尘对人体有害，因此民用建筑中已很少使用，目前主要用于工业建筑的隔热、保温及防火覆盖等。

（2）矿棉及其制品。矿棉一般包括矿渣棉和岩石棉（图 10-13、图 10-14）。矿渣棉所用原料有高炉硬矿渣、铜矿渣等，并加一些调节原料（钙质和硅质原料）；岩石棉的主要原料为天然岩石（白云石、花岗石或玄武岩等）。上述原料经熔融后，用喷吹法或离心法制成细纤维。矿棉具有轻质、不燃、绝热和绝缘等性能，且原料来源广，成本较低。可制成矿棉板、矿棉毡及管壳等。可用作建筑物的墙壁、屋顶、天花板等处的保温隔热和吸声材料，以及热力管道的保温材料。

注：矿棉、岩棉均为 A 级防火材料，只是吸湿性影响其保温效果。

图片资源
保温材料

图 10-13　矿棉板（保温吸声）　　　　图 10-14　岩棉板（保温吸声）

（3）玻璃棉及其制品。玻璃棉是用玻璃原料或碎玻璃经熔融后制成的纤维材料，包括短棉和超细棉两种。可制成沥青玻璃棉毡、板及酚醛玻璃棉毡、板等制品，广泛用在温度较低的热力设备和房屋建筑中的保温隔热，同时它还是良好的吸声材料。

（4）植物纤维复合板。植物纤维复合板是以植物纤维为主要材料加入胶结料和填加料而制成。可用于墙体、地板、顶棚等，也可用于冷藏库、包装箱等。木质纤维板是以木材下脚料经机械加工制成木丝，加入硅酸钠溶液及普通硅酸盐水泥，经搅拌、成形、冷压、养护、干燥而制成。甘蔗板是以甘蔗渣为原料，经过蒸制、加压、干燥等工序制成的一种轻质、吸声、保温、绝热的材料。

（5）陶瓷纤维绝热制品。陶瓷纤维是以氧化硅、氧化铝为主要原料，经高温熔融、蒸汽（或压缩空气）喷吹或离心喷吹（或溶液纺丝再经烧结）而制成，可加工成纸、绳、带、毯、毡等制品，供高温绝热或吸声之用。

2. 散粒状保温隔热材料

（1）膨胀蛭石及其制品（图 10-15）。蛭石是一种天然矿物，经 850～1 000 ℃高温煅烧，体积急剧膨胀，单颗粒体积能膨胀约 20 倍。膨胀蛭石的主要特性是：表观密度为 80～900 kg/m³，导热系数为 0.046～0.070 W/（m·K），可在 1 000～ 1 100 ℃温度下使用，不蛀、不腐，但吸水性较大。膨胀蛭石可以呈松散状铺设于墙壁、楼板、屋面等夹层中，作为绝热、隔声之用。使用时应注意防潮，以免吸水后影响绝热效果。

注：膨胀蛭石、膨胀珍珠岩均因为体积膨胀所以成为多孔材料，保温、吸声性增强。

膨胀蛭石也可与水泥、水玻璃等胶凝材料配合，浇制成板，用于墙、楼板和屋面板等构件的绝热。其水泥制品通常用 10%～15% 体积的水泥，85%～90% 体积的膨胀蛭石，适量的水经拌和、成形、养护而成。其制品的表观密度为 300～550 kg/m³，相应的导热系数为 0.08～0.10 W/（m·K），抗压强度为 0.2～1.0 MPa，耐热温度为 600 ℃。水玻璃膨胀蛭石制品是以膨胀蛭石、水玻璃和适量氟硅酸钠配制而成，其表观密度为 300～550 kg/m³，相应的导热系数为 0.079～0.084 W/（m·K），抗压强度为 0.35～0.65 MPa，最高耐热温度为 900 ℃。

（2）膨胀珍珠岩及其制品（图 10-16）。膨胀珍珠岩是由天然珍珠岩煅烧而成的，呈蜂窝泡沫状的白色或灰白色颗粒，是一种高效能的保温隔热材料。其堆积密度为 40～500 kg/m³，导热系数为 0.047～0.070 W/（m·K），最高使用温度可达 800 ℃，最低使用温度为 -200 ℃。具有吸湿小、无毒、不燃、抗菌、耐腐、施工方便等特点。建筑上广泛用作围护结构、低温及超低温保冷设备、热工设备等的绝热保温材料，也可用于制作吸声制品。

图 10-15  膨胀蛭石          图 10-16  膨胀珍珠岩

3. 无机多孔板块保温隔热材料

（1）微孔硅酸钙制品。微孔硅酸钙制品是用粉状二氧化硅材料（硅藻土）、石灰、纤维增强材料及水等经搅拌、成形、蒸压处理和干燥等工序而制成。以托贝莫来石为主要水化产物的微孔硅酸钙表观密度约为 200 kg/m³，导热系数为 0.047 W/（m·K），最高使用温度约为 650 ℃。以硬硅钙石为主要水化产物的微孔硅酸钙，其表观密度约为 230 kg/m³，导热系数为 0.056 W/（m·K），最高使用温度可达 1 000 ℃。用于围护结构及管道保温，效果较水泥膨胀珍珠岩和水泥膨胀蛭石更好。

（2）泡沫玻璃。泡沫玻璃是由玻璃粉和发泡剂等经配料、烧制而成。气孔率为 80%～95%，气孔直径为 0.1～5.0 mm，且大量为封闭而孤立的小气泡。其表观密度为 150～600 kg/m³，导热系数为 0.058～0.128 W/（m·K），抗压强度为 0.8～15.0 MPa。采用普通玻璃粉制成的泡沫玻璃最高使用温度为 300～400 ℃，若用无碱玻璃粉生产时，则最高使用温度可达 800～1 000 ℃，耐久性好，易加工，可用于多种绝热需要。

（3）泡沫混凝土。是由水泥、水、松香泡沫剂混合后，经搅拌、成形、养护而制成的一种多孔、轻质、保温、绝热、吸声的材料。也可用粉煤灰、石灰、石膏和泡沫剂制成粉煤灰泡沫混凝土。泡沫混凝土的表观密度为 300～500 kg/m³，导热系数为 0.082～0.186 W/（m·K）。

（4）加气混凝土。加气混凝土是由水泥、石灰、粉煤灰和发泡剂（铝粉）配制而成。是一种保温绝热性能良好的轻质材料。由于加气混凝土的表观密度小（300～800 kg/m³），导热系数［0.15～0.22 W/（m·K）］要比烧结普通砖小很多，因而 240 厚的加气混凝土墙体，其保温绝热效果优于 370 厚的砖墙。此外，加气混凝土的耐火性能良好。

（5）硅藻土。由水生硅藻类生物的残骸堆积而成。其孔隙率为 50%～80%，导热系数为 0.060 W/（m·K），具有很好的绝热性能。最高使用温度可达 900 ℃。可用作填充料或制成制品。

4. 泡沫塑料

泡沫塑料是以各种树脂为基料，加入一定剂量的发泡剂、催化剂、稳定剂等辅助材料，经加热发泡而制成的一种具有轻质、保温、绝热、吸声、抗震性能的材料。

（1）聚氨酯泡沫塑料（PUR）。是把含有羟基的聚醚或聚酯树脂与异氰酸酯反应构成聚氨酯主体，并由异氰酸酯与水反应生成的二氧化碳或用发泡剂发泡而得到的内部具有无数小气孔的材料（图 10-17），可分为软质、半硬质和硬质三类。其中硬质聚氨酯泡沫塑料表观密度为 24～80 kg/m³，导热系数为 0.017～0.027 W/（m·K），在建筑工程上较为常用（图 10-18）。

注：聚氨酯泡沫具有良好的保温性和可塑性，适合现场发泡，但是防火性能较差，属易燃材料。

图 10-17　聚氨酯泡沫板　　　　图 10-18　聚氨酯泡沫（现场施工）

（2）聚苯乙烯泡沫塑料。是以聚苯乙烯树脂为基料，加入发泡剂等辅助材料，经热发泡而形成的轻质材料，按成形工艺不同，可分为模塑型（EPS）和挤塑型（XPS，图 10-19、图 10-20）。

EPS 自重轻，表观密度在 15～60 kg/m³，导热系数一般小于 0.041 W/（m·K），且价格适中，已成为目前使用最广泛的保温隔热材料。但是其体积吸水率大，受潮后导热系数明显增加，而且 EPS 的耐热性能较差，其长期使用温度应低于 75 ℃。经挤塑成形后，XPS 的孔隙呈微小封闭结构，因此具有强度较高、压缩性能好、导热系数更小［常温下导热系数一般小于 0.027 W/（m·K）］，

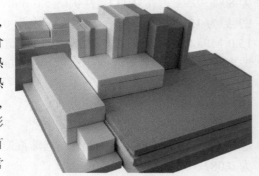

图 10-19　XPS 泡沫板

吸水率低、水蒸气渗透系数小的特点，长期在高湿度或浸水环境中使用，XPS 仍能保持优良的保温性能。

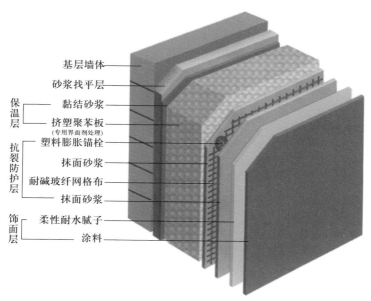

基层墙体
砂浆找平层
保温层 黏结砂浆
挤塑聚苯板（专用界面剂处理）
塑料膨胀锚栓
抗裂防护层 抹面砂浆
耐碱玻纤网格布
抹面砂浆
饰面层 柔性耐水腻子
涂料

图 10-20　XPS 泡沫板（施工构造图）

此外，还有聚乙烯泡沫塑料（PE）、酚醛泡沫塑料（PF）等。该类保温隔热材料可用于各种复合墙板及屋面板的夹芯层、冷藏及包装等绝热需要。由于这类材料造价高，且具有可燃性，因此目前应用上受到一定限制。今后随着这类材料性能的改善，将向着高效、多功能方向发展。

5. 其他保温隔热材料

（1）软木板。软木也叫栓木。软木板是用栓皮、栎树皮或黄菠萝树皮为原料，经破碎后与皮胶溶液拌和，再加压成形，在温度为 80 ℃的干燥室中干燥而制成。软木板具有表观密度小、导热性低、抗渗和防腐性能好等特点，常用热沥青错缝粘贴，用于冷藏库隔热。

（2）蜂窝板。蜂窝板是由两块较薄的面板，牢固地黏结在一层较厚的蜂窝状芯材两面而制成的板材，亦称蜂窝夹层结构。蜂窝状芯材是用浸渍过合成树脂（酚醛、聚酯等）的牛皮纸、玻璃布和铝片等，经过加工黏合成六角形空腹（蜂窝状）的整块芯材。芯材的厚度在 15～450 mm 范围内；空腔的尺寸在 10 mm 以上。常用的面板为浸渍过树脂的牛皮纸、玻璃布或不经树脂浸渍的胶合板、纤维板、石膏板等。面板必须采用合适的胶黏剂与芯材牢固地黏合在一起，才能显示出蜂窝板的优异特性，即具有比强度高，导热性低和抗震性好等多种功能。

二、常用保温隔热材料的技术性能

常用保温隔热材料技术性能及用途见表 10-6。

表 10-6　常见保温隔热材料技术性能及用途

| 材料名称 | 表观密度 /<br>（kg/m³） | 强度 /<br>MPa | 导热系数 /<br>[W/（m·K）] | 最高使用<br>温度 /℃ | 用途 |
|---|---|---|---|---|---|
| 沥青玻纤制品 | 100～150 | | 0.041 | 250～300 | 屋面、冷藏库等 |
| 矿渣棉纤维 | 110～130 | | 0.047～0.082 | ≤600 | 填充材料 |
| 岩棉纤维 | 80～150 | $f_t>0.012$ | 0.044 | 250～600 | 填充墙、屋面、管道等 |
| 膨胀珍珠岩 | 40～300 | | 常温 0.047～0.07 | ≤800 | 高效保温保冷填充材料 |
| 水泥膨胀珍珠岩制品 | 300～400 | $f_c=0.5～1.0$ | 常温 0.050～0.081<br>低温 0.081～0.120 | ≤600 | 保温绝热用 |
| 水玻璃膨胀岩制品 | 200～300 | $f_c=0.6～1.7$ | 常温 0.056～0.093 | ≤650 | 保温绝热用 |
| 沥青膨胀珍珠岩制品 | 400～500 | $f_c=0.2～1.2$ | 0.093～0.120 | | 用于常温及负温 |
| 膨胀蛭石 | 80～900 | | 0.046～0.070 | 1 000～1 100 | 填充材料 |
| 水泥膨胀蛭石制品 | 300～500 | $f_c=0.2～1.0$ | 0.076～0.105 | ≤600 | 保温绝热用 |
| 微孔硅酸钙制品 | 250 | $f_c>0.5$<br>$f_t>0.3$ | 0.041～0.056 | ≤650 | 围护结构及管道保温 |
| 轻质钙塑板 | 100～150 | $f_c=0.1～0.3$<br>$f_t=0.7～0.11$ | 0.047 | ≤650 | 保温绝热兼防水性能，并具有装饰性能 |
| 泡沫玻璃 | 150～600 | $f_c=0.55～15$ | 0.058～0.128 | 300～400 | 砌筑墙体及冷藏库绝热 |
| 泡沫混凝土 | 300～500 | $f_c≥0.4$ | 0.12～0.19 | | 围护结构 |
| 加气混凝土 | 400～700 | $f_c≥0.4$ | 0.093～0.160 | | 围护结构 |
| 木丝板 | 300～600 | $f_v=0.4～0.5$ | 0.11～0.26 | | 顶棚、隔墙板、护墙板 |
| 软质纤维板 | 150～400 | | 0.047～0.093 | | 同上、表面较光洁 |
| 软木板 | 105～437 | $f_v=0.15～2.5$ | 0.044～0.079 | ≤130 | 吸水率小、不霉腐、不燃烧，用于绝热结构 |
| 模塑聚苯乙烯泡沫塑料 | 15～60 | $f_v=0.06～0.4$ | ≤0.041 | | 墙体、屋面保温绝热等 |
| 挤塑聚苯乙烯泡沫塑料 | 15～50 | $f_v=0.15～0.5$ | ≤0.027 | | 墙体、屋面保温绝热等 |
| 硬质聚氨酯泡沫塑料 | 24～80 | $f_v=0.1～0.15$ | 0.017～0.027 | ≤120 | 屋面、墙体保温、冷藏库绝热 |
| 聚氯乙烯泡沫塑料 | 12～72 | | 0.450～0.031 | ≤70 | 屋面、墙体保温、冷藏库绝热 |

试 验

本学习情境主要内容包括水泥试验、混凝土用砂（石）性能试验、普通混凝土性能试验、建筑砂浆性能检验、钢筋力学性能试验、石油沥青试验。通过本学习情境的学习，学生应掌握各试验的试验目的、试验前准备、试验仪器、试验步骤、试验数据记录及处理。本学习情境的教学重点为各试验的试验目的、试验前准备、试验仪器、试验步骤、试验数据记录及处理；教学难点为各试验的试验步骤，试验数据记录及处理。

## 项目 1　水 泥 试 验

水泥试验的一般要求

1. 试验室温度为（20±2）℃，相对湿度大于 50%；养护室温度为（20±2）℃，相对湿度大于 90%；养护池水温为（20±1）℃。

2. 试验用水应是洁净的淡水，有争议时也可采用蒸馏水。

3. 水泥试样充分搅拌均匀，并通过 0.9 mm 方孔筛，记录筛余物情况。

4. 试验用材料、仪器、用具的温度与试验室一致。

5. 取样方法：以同一水泥厂、同品种、同强度等级、同期到达的水泥进行取样和编号。散装水泥采用散装水泥取样器随机取样；袋装水泥每一个编号内随机抽取不少于 20 袋水泥，采用袋装水泥取样器取样。混合样的取样量应符合相关水泥标准要求（GB/T 12573—2008）。

## 6. 试验仪器

（1）量水器：精度 ±0.5 mL。

（2）天平：最小分度值不大于 0.01 g。

（3）雷氏夹膨胀值测定仪：标尺最小刻度 0.5 mm。

（4）秒表：分度值 1 s。

## 任务 1　水泥细度试验（GB/T 1345—2005）

| | |
|---|---|
| **任务导入** | 采用 45 μm 方孔筛和 80 μm 方孔筛对水泥试样进行筛析试验，用筛上筛余量的质量百分数表示水泥样品的细度。水泥细度试验方法有负压筛法、水筛法和手工筛析法。当三种测试结果发生争议时，以负压筛法为准。GB 175—2007 规定，通用硅酸盐水泥包括硅酸盐水泥、普通硅酸盐水泥、矿渣硅酸盐水泥、火山灰质硅酸盐水泥、粉煤灰硅酸盐水泥和复合硅酸盐水泥，其中硅酸盐水泥和普通硅酸盐水泥以比表面积表示，可采用透气式比表面积仪测定。矿渣硅酸盐水泥、火山灰质硅酸盐水泥、粉煤灰硅酸盐水泥和复合硅酸盐水泥以筛余表示，80 μm 方孔筛筛余不大于 10% 或 45 μm 方孔筛筛余不大于 30%。氯离子质量分数小于等于 0.06%。 |
| **任务目标** | 掌握水泥细度试验方法；正确使用仪器与设备，并熟悉其性能；正确、合理记录并处理数据。 |

**拓展资源**
水泥细度试验方法筛析法（GB/T 1345—2005）

## 一、负压筛法

### 1. 主要仪器设备

负压筛析仪（由筛座、负压筛、负压源及收尘器组成，如图 S1-1、图 S1-2）、天平（最小分度值不大于 0.01 g）。

**演示文稿**
负压筛法

**微课扫一扫**
负压筛析法

**图片资源**
负压筛析仪

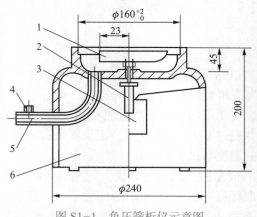

图 S1-1　负压筛析仪示意图　　　　图 S1-2　负压筛析仪

1—喷气嘴；2—微型电动机；3—控制板开口；
4—负压表接口；5—负压源及收尘器接口；6—壳体

2. 试验准备

试验前所用试验筛应保持清洁，负压筛和手工筛应保持干燥，试验时 80 μm 筛析试验称取试样 25 g，45 μm 筛析试验称取试样 10 g。

3. 试验步骤

（1）检查负压筛析仪系统，调节负压至 4 000～6 000 Pa 范围内。

（2）称取水泥试样 25 g 精确至 0.01 g，置于洁净的负压筛中，放在筛座上，盖上筛盖。

（3）接通电源，启动负压筛析仪，连续筛析 2 min，在此期间如有试样附在筛盖上，可轻轻敲击筛盖使试样落下。

（4）筛毕，取下筛子，倒出筛余物，用天平称量筛余物的质量，精确至 0.01 g。

二、水筛法

1. 主要仪器设备

水筛及筛座（筛框内径 125 mm、高 90 mm，图 S1-3、图 S1-4）、喷头（喷头直径 55 mm，面上均匀分布 90 个孔，孔径 0.5～0.7 mm，喷头安装高度离筛网 35～75 mm 为宜）、天平（最小分度值不大于 0.01 g）、烘箱等。

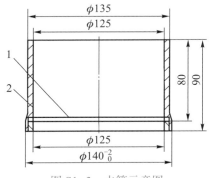

图 S1-3　水筛示意图　　　图 S1-4　标准水筛
1—筛网；2—筛框

演示文稿
水筛法

图片资源
水筛

2. 试验准备

筛析试验前，应检查水中无泥、砂，调整好水压及水筛架的位置，使其能正常运转，并控制喷头底面和筛网之间的距离为 35～75 mm。

3. 试验步骤

（1）称取试样 25 g（精确至 0.01 g），置于洁净的水筛中，立即用淡水冲洗至大部分细粉通过后，放在水筛架上，用水压为 0.05～0.07 MPa 的喷头连续冲洗 3 min。

（2）将筛余物冲到筛的一边，用少量的水将其冲至蒸发皿中，等水泥颗粒全部沉淀后，小心倒出清水。

（3）将蒸发皿在烘箱中烘至恒重，用天平称量全部筛余物，精确至 0.01 g。

三、手工筛析法

1. 主要仪器设备

手工筛（由圆形筛框和筛网组成，筛子高度 50 mm，筛子直径 150 mm）、天平

（最小分度值不大于 0.01 g）。

2. 试验前准备

手工筛必须保持清洁，筛孔通畅，使用 10 次后要用专门清洗剂清洗。

3. 试验步骤

（1）试样经烘干至恒量后，冷却至室温，称取 25 g 试样，精确至 0.01 g，将试样倒入手工筛中。

（2）用一只手执筛往复摇动，另一只手轻轻拍打，往复摇动和拍打过程应保持近于水平，拍打速度每分钟约 120 次，每 40 次向同一方向转 60°，使试样均匀分布在筛网上，直至每分钟通过的试样量不超过 0.03 g 为止，称量全部筛余物。

视频扫一扫
水泥细度试验手
工筛析法

## 四、结果计算

水泥试样筛余百分数按下式计算：

$$F = \frac{R_t}{W} \times 100$$

式中 $F$——水泥试样的筛余百分数，%，结果计算至 0.1%；

$R_t$——水泥筛余物的质量，g；

$W$——水泥试样的质量，g。

筛余结果的修正：

试验筛的筛网会在试验中磨损，因此筛析结果应进行修正。修正方法是将上述结果乘以试验筛标定的有效修正系数，即为最终结果。

## 五、结果评定

合格评定时，每个样品应称取两个试样进行筛析，取筛余平均值作为筛析结果。若两次筛余结果绝对误差大于 0.5% 时（筛余值大于 5.0% 可放至 1.0%）应再做一次试验，取两次相近结果的算术平均值作为最终结果。当采 80 μm 方孔筛时，水泥筛余百分数 $F \leqslant 10\%$ 细度合格；当采用 45 μm 方孔筛时，水泥筛余百分数 $F \leqslant 30\%$ 细度合格。

## 任务 2　水泥标准稠度用水量测定（GB/T 1346—2011）

| 任务导入 | 　　水泥标准稠度净浆对标准试杆（或试锥）的沉入具有一定的阻力，通过试验不同含水量水泥净浆的穿透性，以确定水泥标准稠度净浆中所需加入的水量。水泥的凝结时间、安定性均受水泥浆稠稀的影响，为了不同水泥具有可比性，水泥必须有一个标准稠度，通过此项试验测定水泥浆达到标准稠度时的用水量，作为凝结时间和安定性试验用水量的标准。水泥标准稠度用水量的测定有两种方法即标准法和代用法。 |
|---|---|
| 任务目标 | 　　掌握水泥标准稠度用水量测定方法；正确使用仪器与设备，并熟悉其性能；正确、合理记录并处理数据。 |

### 一、水泥标准稠度用水量测定（标准法）

**1. 主要仪器和设备**

水泥净浆搅拌机（符合 JC/T 729 要求，由主机、搅拌叶和搅拌锅组成，图 S1-5）、标准法维卡仪（主要由试杆和盛装水泥净浆的试模两部分组成，图 S1-6）、天平（最大称量不小于 1 000 g，分度值不大于 1 g）、铲子、小刀、平板玻璃地板、量筒（精度 ±0.5 mL）等。

图 S1-5  水泥净浆搅拌机       图 S1-6  标准法维卡仪

**2. 试验前准备**

（1）维卡仪的滑动杆能自由滑动，试模和玻璃底板用湿布擦拭，将试模放在底板上。

（2）调整至试杆接触玻璃板时指针对准零点。

（3）搅拌机运行正常。

**3. 试验步骤**

（1）用湿布将搅拌锅和搅拌叶片擦湿，称取水泥试样 500 g，按经验确定拌合水量并用量筒量好。

（2）将拌合水倒入搅拌锅内，然后在 5~10 s 内小心将称好的 500 g 水泥加入水中，防止水和水泥溅出。将搅拌锅放在锅座上，升至搅拌位，启动搅拌机，先低速搅拌 120 s，停机 15 s，再快速搅拌 120 s，停机。

（3）拌和结束后，立即取适量水泥净浆一次性将其装入已置于玻璃底板上的试模中，浆体超过试模上端，用宽约 25 mm 的直边刀轻轻拍打超出试模部分的浆体 5次以排除浆体中的孔隙，然后在试模上表面约 1/3 处，略倾斜于试模分别向外轻轻锯掉多余净浆，再从试模边沿轻抹顶部一次，使净浆表面光滑。在锯掉多余净浆和抹平的操作过程中，注意不要压实净浆。

（4）抹平后迅速将试模和底板移到维卡仪上，并将其中心定在试杆下，降低试杆直至与水泥净浆表面接触，拧紧螺钉 1~2 s 后，突然放松，使试杆垂直自由地沉入水泥净浆中。

（5）在试杆停止沉入或释放试杆 30 s 时记录试杆距离底板之间的距离。整个操作应在搅拌后 1.5 min 内完成。

4. 试验结果

以试杆沉入净浆并距离底板 6 mm ± 1 mm 的水泥净浆为标准稠度净浆，其拌合水量为该水泥的标准稠度用水量（$P$），按水泥质量的百分比计。

## 二、水泥标准稠度用水量测定（代用法）

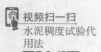

视频扫一扫
水泥稠度试验代用法

1. 主要仪器和设备

水泥净浆搅拌机、标准维卡仪、天平（最大称量不小于 1 000 g，分度值不大于 1 g）、铲子、小刀、平板玻璃底板、量筒（精度 ±0.5 mL）等。

2. 试验前准备

（1）维卡仪的滑动杆能自由滑动，试模和玻璃底板用湿布擦拭，将试模放在底板上。

（2）调整至试杆接触玻璃板时指针对准零点。

（3）搅拌机运行正常。

3. 试验步骤

（1）用湿布将搅拌锅和搅拌叶片擦湿，称取水泥试样 500 g，按经验确定拌合水量并用量筒量好。

（2）将拌合水倒入搅拌锅内，然后在 5~10 s 内小心将称好的 500 g 水泥加入水中，防止水和水泥溅出。将搅拌锅放在锅座上，升至搅拌位，启动搅拌机，先低速搅拌 120 s，停机 15 s，再快速搅拌 120 s，停机。

（3）拌和结束后，立即取适量水泥净浆一次性将其装入已置于玻璃底板上的试模中，浆体超过试模上端，用宽约 25 mm 的直边刀轻轻拍打超出试模部分的浆体 5 次以排除浆体中的孔隙，然后在试模上表面约 1/3 处，略倾斜于试模分别向外轻轻锯掉多余净浆，再从试模边沿轻抹顶部一次，使净浆表面光滑。在锯掉多余净浆和抹平的操作过程中，注意不要压实净浆。

（4）抹平后迅速将试模和底板移到维卡仪上，并将其中心定在试杆下，降低试杆直至与水泥净浆表面接触，拧紧螺钉 1~2 s 后，突然放松，使试杆垂直自由地沉入水泥净浆中。

（5）在试杆停止沉入或释放试杆 30 s 时记录试杆距离底板之间的距离。整个操作应在搅拌后 1.5 min 内完成。

4. 试验结果

用调整水量方法测定时，以试锥下沉深度为 30 mm ± 1 mm 时的净浆为标准稠度净浆，其拌合水量为该水泥的标准稠度用水量（$P$），按水泥质量百分比计。如下沉深度超出范围需另称试样，调整水量，重新试验，直至达到 30 mm ± 1 mm 为止。

用不变水量方法测定时，根据试锥下沉深度 $S$ 按下式计算水泥标准稠度用水量 $P$：

$$P = 33.4 - 0.185S$$

式中　　$P$——标准稠度用水量，%；

　　　　$S$——试锥下沉深度，mm。

标准稠度用水量也可从仪器上对应的标尺上读取，当 $S < 13$ mm 时，应改用调整水量法测定。

### 三、水泥净浆凝结时间测定

1. 主要仪器和设备

标准维卡仪（将试杆更换为试针，仪器主要由试针和试模两部分组成）、水泥净浆搅拌机、天平（最大称量不小于 1 000 g，分度值不大于 1 g）、铲子、小刀、平板玻璃底板、量筒（精度 ±0.5 mL）等。

2. 试验前准备

调整凝结时间测定仪的试针，接触玻璃板时指针对准零点。

3. 试验步骤

（1）称取水泥试样 500 g，按标准稠度用水量制备标准稠度水泥净浆，并一次装满试模，振动数次刮平，立即放入湿气养护箱中，记录水泥全部加入水中的时间作为凝结时间的起始时间。

（2）初凝时间的测定：首先调整凝结时间测定仪，使其试针接触玻璃板时指针为零。试模在湿气养护箱中养护至加水后 30 min 时进行第一次测定；将试模放在试针下，调整试针与水泥净浆表面接触，拧紧螺钉 1~2 s 后突然放松，试针垂直自由落入水泥净浆。观察试针停止下沉或释放试针 30 s 时指针的读数。临近初凝时，每隔 5 min 测定一次。当试针沉至距底板 4 mm ± 1 mm 时为水泥达到初凝状态。

（3）终凝时间测定：为准确观察试针沉入状况，在终凝针上安装一个环形附件。

在完成初凝时间测定后，立即将试模连同浆体以平移的方式从玻璃板取下，翻转 180°，直径大端向上、小端向下放在玻璃板上，再放入湿气养护箱中继续养护，临近终凝时间每隔 15 min（或更短时间）测定一次，当试针沉入试体 0.5 mm 时，即环形附件开始不能在试体上留下痕迹时，为水泥达到终凝状态。

（4）到达初凝时应立即重复测一次，当两次结论相同时才能确定达到初凝状态。到达终凝时，需要在试体另外两个不同点测试，确认结论相同才能确定达到终凝状态。每次测定不能让试针落入原针孔，每次测试完毕需将试针擦净并将试模放回湿气养护箱内，整个测试过程要防止试模受振。

4. 试验结果

（1）由水泥全部加入水中至初凝状态的时间为水泥的初凝时间，用 min 表示。

（2）由水泥全部加入水中至终凝状态的时间为水泥的终凝时间，用 min 表示。

## 任务3　水泥体积安定性的测定

| 任务导入 | 　　体积安定性测定的方法有两种，雷氏法（标准法）和试饼法。当发生争议时，一般以雷氏法（标准法）为准。雷氏法（标准法）是通过测定水泥标准稠度净浆在雷氏夹中煮沸后试针的相对位移表征其体积膨胀的程度；试饼法是通过观测水泥标准稠度净浆试饼煮沸后的外形变化情况表征其体积安定性。 |
|---|---|
| 任务目标 | 　　掌握水泥体积安定性测定方法；正确使用仪器与设备，并熟悉其性能；正确、合理记录并处理数据。 |

### 一、水泥体积安定性的测定（雷氏法）

**1. 主要仪器设备**

雷氏夹（由铜质材料制成，当用 300 g 砝码校正时，两根针的针尖距离增加应在 17.5 mm±2.5 mm 范围内，图 S1−7）、雷氏夹膨胀测定仪（标尺最小刻度为 0.5 mm，图 S1−8）、煮沸箱（符合 JC/T 955，即能在 30 min±5 min 内将箱体内的试验用水由室温升至沸腾状态并保持 3 h 以上，整个过程不需要补充水量）、水泥净浆搅拌机、天平（最大称量不小于 1 000 g，分度值不大于 1 g）、湿气养护箱、小刀等。

**2. 试验前准备**

每个试样需成形两个试件，每个雷氏夹需配备两个边长或直径约80 mm，厚度 4~5 mm 的玻璃板，凡与水泥净浆接触的玻璃板和雷氏夹表面都要稍稍涂上一层油（有些油会影响凝结时间，矿物油比较合适）。

**3. 试验步骤**

（1）将预先准备好的雷氏夹放在已擦油的玻璃板上，并立即将已制好的标注稠度净浆一次装满雷氏夹，装浆时一只手轻轻扶雷氏夹，另一只手用宽约 25 mm 的直

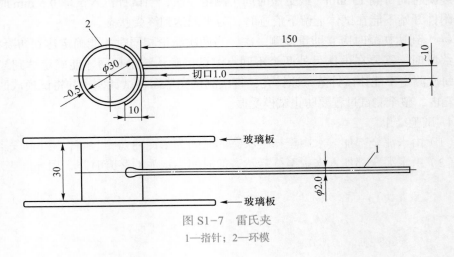

图 S1−7　雷氏夹
1—指针；2—环模

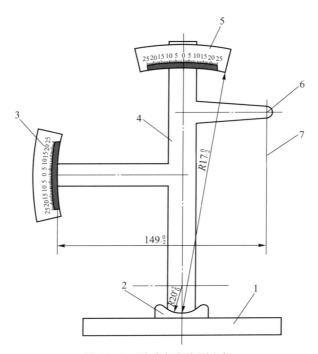

图 S1-8　雷氏夹膨胀测定仪

1—底座；2—模子座；3—测弹性标尺；4—立柱；5—测膨胀值标尺；6—悬臂；7—悬丝

边刀在浆体表面轻轻插捣 3 次，然后抹平，盖上少涂油的玻璃板，接着立即将试件移至湿气养护箱内养护 24 h ± 2 h。

（2）脱去玻璃板取下试件，先测量雷氏夹指针尖端间的距离 A，精确到 0.5 mm，接着将试件放入煮沸箱水中的试架上，指针朝上，然后在 30 min ± 5 min 内加热至沸腾并恒沸 180 min ± 5 min。

（3）煮沸结束后，立即放掉煮沸箱中的热水，打开箱盖，待箱体冷却至室温，取出试件进行判别。测量雷氏夹指针尖端距离 C，精确至 0.5 mm。

4. 试验结果

当两个试件煮沸后增加的距离 C-A 的平均值不大于 5.0 mm 时，即认定水泥安定性合格；当两个试件煮沸后增加的距离 C-A 的平均值大于 5.0 mm 时，应用同一样品立即重做一次试验，以复检结果为准。

## 二、水泥体积安定性的测定（试饼法）

1. 主要仪器设备

煮沸箱（符合 JC/T 955，即能在 30 min ± 5 min 内将箱体内的试验用水由室温升至沸腾状态并保持 3 h 以上，整个过程不需要补充水量）、水泥净浆搅拌机、天平（最大称量不小于 1 000 g，分度值不大于 1 g）、湿气养护箱、小刀等。

2. 试验前准备

每个样品需准备两块边长约为 100 mm 的玻璃板，凡与水泥净浆接触的玻璃板和雷氏夹表面都要稍稍涂上一层油（有些油会影响凝结时间，矿物油比较合适）。

3. 试验步骤

（1）将制好的标准稠度净浆取出一部分分成两等份，使之成球形，放在预先准备好的玻璃板上，轻轻振动玻璃板并用湿布擦过的小刀由边缘向中央抹，做成直径70~80 mm、中心厚约 10 mm、边缘减薄、表面光滑的试饼，接着将试饼放入湿气养护箱内养护 24 h±2 h。

（2）脱去玻璃板取下试件，在试饼无缺陷的情况下将试饼放在煮沸箱水中的篦板上，在 30 min±5 min 内加热至沸腾并恒沸 180 min±5 min。

（3）煮沸结束后，立即放掉煮沸箱中的热水，打开箱盖，待箱体冷却至室温，取出试件进行判别。

4. 试验结果

目测试饼未发现裂纹，用钢直尺检查也没有弯曲（使钢直尺和试饼底部紧靠，以两者间不透光为不弯曲）的试饼为安定合格，反之为不合格。当两个试饼判别结果有矛盾时，该水泥的安定性为不合格。

试验报告应包括标准稠度用水量、初凝时间、终凝时间、雷氏夹膨胀值或试饼的裂缝、弯曲形态等所有的试验结果。

## 任务 4　水泥胶砂强度检验（GB/T 17671—2020）

| 任务导入 | 测定水泥胶砂试件 3 d 和 28 d 的抗压强度和抗折强度，确定水泥的强度等级或评定水泥强度是否符合标准要求。 |
| --- | --- |
| 任务目标 | 掌握水泥胶砂强度检验方法；正确使用仪器与设备，并熟悉其性能；正确、合理记录并处理数据。 |

1. 主要仪器和设备

（1）试验筛：金属丝网试验筛应符合现行 GB/T 6003 要求。

（2）行星式胶砂搅拌机：由搅拌锅、搅拌叶、电动机等组成，符合 JC/T 681—2005。多台搅拌机工作时，搅拌锅和搅拌叶片应保持配对使用，如图 S1-9 所示。

**拓展资源**
水泥胶砂强度检验（GB/T 17671—1999）

**演示文稿**
水泥胶砂强度检验

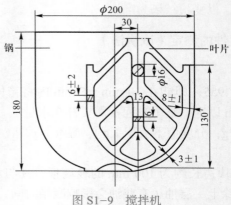

图 S1-9　搅拌机

（3）水泥胶砂试模：由三条水平的模槽组成，可同时成形三条截面为 40 mm ×
40 mm，长度为 160 mm 的棱形试体，其材质和制造尺寸应符合 JC/T 726 要求，如
图 S1-10 所示。

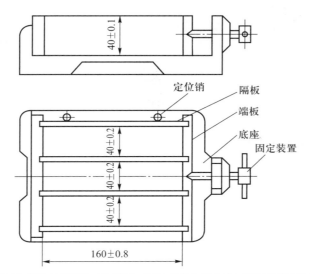

图 S1-10　典型试模（不同生产厂家生产的试模和振实台可能有不同的尺寸和质量，
因而买主应在采购时考虑其与振实台设备的匹配性）

（4）水泥胶砂试体成型振实台：符合 JC/T 682—2005 要求，振动台应安装在高度
为 400 mm 的混凝土基座上，安装后设备呈水平状态，可在仪器底座与基座之间铺一
层砂浆，以保证它们的完全接触，如图 S1-11 所示。

图 S1-11　典型的振实台

（5）抗折强度试验机：符合 JC/T 724—2005 的要求，抗折强度也可用抗压强度
试验机来测定，此时应使用符合上述规定的夹具，如图 S1-12 所示。

（6）抗压强度试验机：适宜采用具有加荷速度自动调节方法和具有记录结果装
置的压力机。试验机的最大荷载以 200~300 kN 为佳，可以有两个以上的荷载范围，
其中最低荷载范围的最高值大致为最大范围里的最大值的五分之一。水泥胶砂强度
自动压力试验机应符合 JC/T 960 的规定。人工操作的试验机应配有一个速度动态装
置以便于控制荷载增加，如图 S1-13 所示。

图 S1-12　抗折强度试验机　　　图 S1-13　抗压强度试验机

（7）抗压强度试验机夹具：符合 JC/T 683—2005 要求，如图 S1-14 所示。

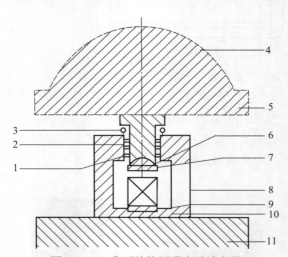

图 S1-14　典型的抗压强度试验夹具

1—滚珠轴承；2—滑块；3—复位弹簧；4—压力机球座；5—压力机上压板；6—夹具球座；
7—夹具上压板；8—试体；9—底板；10—夹具下垫板；11—压力机下垫板

（8）天平：精度 ±1 g。

（9）计时器：精度 ±1 s。

（10）其他仪器设备：套模、刮平直尺、播料器、标准养护箱等。

2. 试验步骤

（1）水泥砂胶试件制作

① 水泥砂胶试件是由水泥、中国 ISO 标准砂和水，按以 1∶3∶0.5 的配合比拌制而成。一锅砂可成形三条试件，每锅用料以质量计（单位为 g），需水泥试样 450 g±2 g，中国 ISO 标准砂 1 350 g±5 g；水 225 mL±1 mL。

② 每锅胶砂用搅拌机进行机械搅拌，将水加入胶砂搅拌锅内，再加入水泥，把锅放在固定架上，上升至固定位置后立即开动搅拌机，低速搅拌 30 s 后，在第二个

30 s 开始的同时均匀加入砂子，把机器转至高速，再拌 30 s。停拌 90 s，在第一个 15 s 内用一胶皮刮具将叶片和锅壁上的胶砂刮入锅中间，在高速下继续搅拌 60 s。各个搅拌阶段，时间误差应在 ±1 s 以内。

③ 试件成形（尺寸应是 40 mm×40 mm×160 mm 的棱柱体）：胶砂制备后立即进行成型，将试模内壁均匀涂刷一层机油，并将空试摸和模套固定在振实台上。用一个适当勺子直接从搅拌锅里将胶砂分两层装入试模，装第一层时，每模槽内约放 300 g 胶砂，用大播料器垂直架在模套顶部沿每个模槽来回一次将料层插平，接着振实 60 次。再装入第二层胶砂，用小插料器插平后再振实 60 次。移走模套，从振实台上取下试模，用一金属直尺以近似 90° 的角度架在试模模顶一端，沿试模长度方向从横向以锯割动作慢慢向另一端移动，一次将超出试模部分的胶砂刮去，并用同一直尺以近似水平的情况下将试体表面抹平。在试模上作标记或加字条标明试件编号和试件相对于振实台的位置。

（2）水泥胶砂试件的养护

① 将成形好的试件连同试模一起放入标准养护箱内，在温度（20±1）℃。相对湿度不低于 90% 的条件下养护。

② 对于 24 h 龄期的，应在成形试验前 20 min 内脱模；对于 24 h 以上龄期的，应在成形后 20~24 h 之间脱模；已确定作为 24 h 龄期试验（或其他不下水直接做试验）的已脱模试件，应用湿布覆盖至做试验时为止。

③ 将试件从养护箱中取出，用防水墨汁或颜料对试件进行编号和做其他记号。两个龄期以上的试件，在编号时应将同一试模中的三条试件分在两个以上龄期内，同时编上成形与测试日期。

④ 对于硬化较慢的水泥允许 24 h 后脱模，但须记录脱模时间，脱模时防止试件损坏。

⑤ 试件脱模后立即水平或垂直在（20±1）℃水中养护，水平放置时刮平面应朝上。试件放在不易腐烂的篦子上，彼此之间保持一定距离，以让水与试件的六个面接触。养护期间试件之间间隔或试件上表面的水深不得小于 5 mm。

⑥ 每个养护池只养护同类型的水泥试件，最初用自来水装满养护池，随后随时加水保持适当的恒定水位，不允许在养护期间全部换水。水泥胶砂试件养护至各规定龄期，试件龄期从水泥加水搅拌开始算起。不同龄期强度试验在下列时间里进行：24 h±15 min；48 h±30 min；72 h±45 min；7 d±2 h；>28 d±8 h。

（3）水泥胶砂试件的强度测定

养护到期的试件，应在破坏试验前 15 min 从水中取去，擦去表面沉积物，并用湿布覆盖到试验。先用抗折试验机以中心加荷法测定抗折强度，后将折断的试件进行抗压试验测定抗压强度，受压面是试件成形时的两个侧面，面积为 40 mm×40 mm。

① 抗折强度试验。将试件一个侧面放在试验机的支撑圆柱上，试件长轴垂直于支撑圆柱，通过加荷圆柱以（50±10）N/s 的速率均匀将荷载垂直地加在试件相对侧面上至折断，记录最大抗折破坏荷载（$F_f$），记录值精确至 0.1 MPa。

② 抗压强度试验。抗折强度试验后的六个断块试件保持潮湿状态，并立即进行抗压强度试验。将断块试件分别放入抗压夹具内，以试件的侧面作为受压面，并要

求将试件中心、夹具中心、压力机压板中心"三心合一",偏差应在 ±0.5 mm 内,棱柱体露在压板外的部分约为 10 mm。启动试验机,以（2 400±200）N/s 的速率均匀加荷至破坏,记录最大抗压破坏荷载（$F_c$）,记录值精确至 0.1 MPa。

3. 数据处理及结果评定

（1）抗折强度:每个试件的抗折强度 $R_f$ 以 MPa（N/mm$^2$）为单位,按下式计算（精确至 0.1 MPa）:

$$R_f = \frac{1.5F_f L}{b^3} = 0.002\ 34F_f/mm^2$$

式中　$F_f$——折断时施加于棱柱体中部的荷载,N;

　　　$L$——支撑圆柱之间的距离,$L=100$ mm;

　　　$B$——棱柱体正方形截面的边长,$b=40$ mm。

以一组三个棱柱体抗折结果的平均值作为试验结果。当三个强度值中有超出平均值 ±10% 时,应剔除后再取平均值作为抗折强度试验结果。

（2）抗压强度:每个试件的抗压强度 $R_c$ 以 MPa（N/mm$^2$）为单位,按下式计算（精确至 0.1 MPa）:

$$R_c = \frac{F_c}{A} = 0.000\ 625F_c/mm^2$$

式中　$F_c$——破坏时的最大荷载,N;

　　　$A$——受压部分面积（40 mm×40 mm＝1 600 mm$^2$）。

以一组三个棱柱体上得到的六个抗压强度测定值的算术平均值作为试验结果。当六个测定值中有一个超出六个平均值的 ±10% 时,就应剔除这个结果,以剩下的五个抗压强度的平均值为结果。若五个测定值中再有超出它们平均值 ±10% 的,则此组结果作废。

# 项目2　混凝土用砂、石性能试验

## 任务1　砂的表观密度试验（标准法）（JGJ 52—2006）

| 任务导入 | 测定砂的表观密度,作为评价砂的质量和混凝土用砂的技术依据。 |
|---|---|
| 任务目标 | 掌握砂的表观密度试验方法;正确使用仪器与设备,并熟悉其性能;正确、合理记录并处理数据。 |

1. 主要仪器设备

天平（称量 1 000 g,感量 1 g）、容量瓶（容量 500 mL）、烘箱（温度控制范围为 105 ℃ ± 5 ℃）、试验筛、带盖容器、搪瓷盘、干燥器、浅盘、铝制料勺、温度计和毛巾等。

2. 试样制备

经缩分后不少于 650 g 的样品装入浅盘，在温度为（105±5）℃的烘箱中烘干至恒重，并在干燥器内冷却至室温，分成大致相等的两份备用。

3. 试验步骤

（1）称取烘干试样 300 g（$m_0$），精确至 1 g。将试样装入容量瓶中，注入冷开水至接近 500 mL 刻度处，用手摇动容量瓶，使试样在水中充分搅动以排除气泡，塞紧瓶塞，静置 24 h。

（2）用滴管小心加水至 500 mL 刻度处，塞紧瓶盖，擦干容量瓶外部的水分，称其质量（$m_1$），精确至 1 g。

（3）倒出瓶内的水和试样，洗净瓶内壁。再向瓶内注入水温相差不超过 2 ℃的冷开水至 500 mL 刻度处，塞紧瓶塞，擦干容量瓶外壁水分，称其质量（$m_2$），精确至 1 g。

在砂的表观密度试验过程中应测量并控制水的温度，试验的各项称量可在 15～25 ℃的温度范围内进行。

4. 结果评定

砂的表观密度 $\rho$（标准法）应按下式计算，精确至 10 kg/m³：

$$\rho = \left( \frac{m_0}{m_0 + m_2 - m_1} - \alpha_t \right) \times 1\,000$$

式中　$\rho$——表观密度，kg/m³；

　　$m_0$——试样的烘干质量，g；

　　$m_1$——试样、水及容量瓶的总质量，g；

　　$m_2$——水及容量瓶的总质量，g；

　　$\alpha_t$——水温对砂的表观密度影响的修正系数，见表 S2-1。

表 S2-1　不同水温对砂的表观密度影响的修正系数

| 水温 /℃ | 15 | 16 | 17 | 18 | 19 | 20 |
|---|---|---|---|---|---|---|
| $\alpha_t$ | 0.002 | 0.003 | 0.003 | 0.004 | 0.004 | 0.005 |
| 水温 /℃ | 21 | 22 | 23 | 24 | 25 | — |
| $\alpha_t$ | 0.005 | 0.006 | 0.006 | 0.007 | 0.008 | — |

砂的表观密度以两次试验结果的算术平均值作为测定值。当两次结果之差大于 20 kg/m³ 时，应重新取样进行试验。

## 任务 2　砂的堆积密度试验

| 任务导入 | 测定砂在松散状态下单位体积质量，为计算砂的空隙率和混凝土配合比设计提供依据。 |
|---|---|
| 任务目标 | 掌握砂的堆积密度试验方法；正确使用仪器与设备，并熟悉其性能；正确、合理记录并处理数据。 |

拓展资源
砂的表观密度试验（JGJ 52—2006）

演示文稿
砂的表观密度试验

微课扫一扫
砂的表观密度试验

**1. 主要仪器设备**

天平（称量 5 kg，感量 5 g）、容量筒（金属制，圆柱形，内径 108 mm，净高 109 mm，筒壁厚 2 mm，容积 1 L，筒底厚度为 5 mm）、烘箱（温度控制范围为 105 ℃ ±5 ℃）、垫棒（直径 10 mm、长 500 mm 的圆钢）、试验筛、浅盘、漏斗（图 S2-1）或铝制料勺、直尺、毛刷等。

**2. 试样制备**

先用公称直径 5.00 mm 的筛子过筛，然后取经缩分后的样品不少于 3 L，装入浅盘，在温度为（105±5）℃烘箱中至恒重，取出并冷却至室温，分成大致相等的两份备用。试样烘干后若有结块，应在试验前先予捏碎。

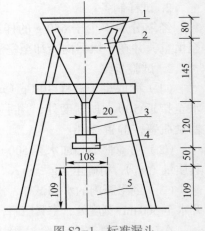

图 S2-1　标准漏斗
1—漏斗；2—$\phi$20 的管子；3—活动门；
4—筛；5—金属量筒

**3. 试验步骤**

（1）松散堆积密度

取试样一份，用漏斗或铝制料勺，将它徐徐装入容量筒（漏斗出料口或料勺距容量筒筒口不应超过 50 mm）直至试样装满并超出容量筒筒口，然后用直尺将多余的试样沿筒口中心线向相反方向刮平，称其质量（$m_2$），精确至 1 g。倒出试样，称取容量筒质量（$m_1$），精确至 1 g。

（2）紧密堆积密度

取试样一份，分两层装入容量筒。装完第一层后，在筒底垫一根直径为 10 mm 的垫棒，将筒按住，左右交替颠击地面各 25 下，然后再装入第二层；第二层装满后用同样方法颠实（但筒底所垫垫棒的方向与第一层放置方向垂直）；二层装完并颠实后，加料直至试样超出容量筒筒口，然后用直尺将多余的试样沿筒口中心线向两个相反方向刮平，称其质量（$m_2$），精确至 1 g。

（3）容量筒容积的校正方法

以温度为（20±2）℃的饮用水装满容量筒，用玻璃板沿筒口滑移，使其紧贴水面。擦干筒外壁水分，然后称其质量，砂容积筒精确至 1 g，石子容积筒精确至 10 g，按下式计算筒的容积（mL，精确至 1 mL）：

$$V = \frac{m_2' - m_1'}{1\ 000\ \text{kg/m}^3}$$

式中　$V$——容量筒容积，L；

　　　$m_1'$——容量筒和玻璃板质量，kg；

　　　$m_2'$——容量筒、玻璃板和水的质量，kg。

**4. 结果评定**

（1）松散堆积密度（$\rho_L$）及紧密堆积密度（$\rho_c$）按下式计算，精确至 10 kg/m³：

$$\rho_L(\rho_c) = \frac{m_2 - m_1}{V} \times 1\ 000$$

式中　$m_1$——容量筒质量，kg；

　　$m_2$——试样和容量筒总质量，kg；

　　$V$——容量筒的容积，L。

以两次试验结果的算术平均值作为测定值。

（2）空隙率按下式计算，精确至 1%：

$$e_L = \left(1 - \frac{\rho_L}{\rho}\right) \times 100\%$$

$$e_c = \left(1 - \frac{\rho_c}{\rho}\right) \times 100\%$$

式中　$e_L$——松散堆积的空隙率，%；

　　　　$e_c$——紧密堆积的空隙率，%；

　　　　$\rho_L$——砂的松散堆积密度，kg/m³；

　　　　$\rho_c$——砂的紧密堆积密度，kg/m³；

　　　　$\rho$——砂的表观密度，kg/m³。

## 任务 3　砂的筛分试验

| 任务导入 | 　　在配置混凝土时，砂的颗粒级配和砂的粗细程度应同时考虑。本试验通过测定砂的颗粒级配，计算砂的细度模数，评定砂的粗细程度，为混凝土配合比设计提供依据。 |
| --- | --- |
| 任务目标 | 　　掌握砂的筛分试验方法；正确使用仪器与设备，并熟悉其性能；正确、合理记录并处理数据。 |

1. 主要仪器设备

试验筛（公称直径分别为 10.0 mm、5.00 mm、2.50 mm、1.25 mm、630 μm、315 μm、160 μm 的方孔筛各一只，筛的底盘和盖各一只；筛框直径为 300 mm 或 200 mm。产品质量应符合 GB/T 6003.1—2012《试验筛　技术要求和检验　第 1 部分：金属丝编织网试验筛》和 GB/T 6003.2—2012《试验筛　技术要求和检验　第 2 部分：金属穿孔板试验筛》的要求）、天平（称量 1 000 g，感量 1 g）、烘箱（温度控制范围为 105 ℃ ±5 ℃）、摇筛机、浅盘、硬毛刷和软毛刷等。

2. 试样制备

用于筛分试验的试样，其颗粒的公称粒径不应大于 10.0 mm，试验前应先将试样通过公称直径 10.0 mm 的方孔筛，并计算筛余。称取经缩分后样品不少于 550 g 两份，分别装入两个浅盘，在（105±5）℃的温度下烘干至恒重，冷却至室温备用。

3. 试验步骤

（1）准确称取烘干试样 500 g（特细砂可称 250 g），精确至 1 g，置于按筛孔大小顺序排列（大孔在上，小孔在下）的套筛的最上一只筛（公称直径为 5.00 mm 的方孔筛）上进行筛分。

演示文稿
砂的筛分试验

视频扫一扫
砂的筛分

（2）将套筛装入摇筛机内固紧，筛分 10 min；然后取出套筛，再按筛孔由大到小的顺序，在清洁的浅盘上逐一进行手筛，直至每分钟的筛出量不超过试样总量的 0.1% 时为止。通过的颗粒并入下一只筛，并和下一只筛子中的试样一起进行手筛。按这样的顺序依次进行，直至所有的筛子全部筛完为止。

（3）试样在各只筛子上的筛余量均不得超过按下式计算出的剩余量，否则应将该筛的筛余试样分成两份或数份，再次进行筛分，并以其筛余量之和作为该筛的筛余量：

$$m_t = \frac{A\sqrt{d}}{300}$$

式中　$m_t$——某一筛上的剩余量，g；

　　　$d$——筛孔边长，mm；

　　　$A$——筛的面积，$mm^2$。

称取各筛筛余试样的质量，精确至 1 g。所有各筛的分计筛余量和底盘中的剩余量之和与筛分前的试样总量相比，相差不得超过 1%。

4. 结果评定

（1）计算分级筛余（各筛上的筛余量除以试样总量的百分率），精确至 0.1%。

（2）计算累计筛余（该筛的分计筛余与筛孔大于该筛的各筛的分计筛余之和），精确至 0.1%。

（3）根据各筛两次试验累计筛余的平均值，评定该试样的颗粒级配分布情况，精确至 1%。

（4）砂的细度模数应按下式计算，精确至 0.01：

$$M_x = \frac{(A_2 + A_3 + A_4 + A_5 + A_6) - 5A_1}{100 - A_1}$$

式中　　　　　$M_x$——砂的细度模数；

$A_1$、$A_2$、$A_3$、$A_4$、$A_5$、$A_6$——公称直径 5.00 mm、2.50 mm、1.25 mm、630 μm、315 μm、160 μm 方孔筛上的累计筛余。

（5）以两次试验结果的算术平均值作为测定值，精确至 0.1。当两次试验所得的细度模数之差大于 2.0 时，应重新取试样进行试验。

## 任务 4　石子的筛分试验（GB/T 14685—2011）

| 任务导入 | 本试验主要测定碎石或卵石的颗粒级配，为选择优质粗骨料提供依据，达到节约水泥和改善混凝土性能的目的。 |
| --- | --- |
| 任务目标 | 掌握 GB/T 14685—2011《建筑用卵石、碎石》的测试方法，正确使用所有仪器与设备，并熟悉其性能。 |

1. 主要仪器设备

方孔筛（筛孔公称直径为 2.36 mm、4.75 mm、9.50 mm、16.0 mm、19.0 mm、26.5 mm、

31.5 mm、37.5 mm、53.0 mm、63.0 mm、75.0 mm 及 90.0 mm 的方孔筛以及筛的底盘和盖各一只，筛框内径为 300 mm）、天平（天平的称量 10 g，感量 1 g）、鼓风干燥箱（温度控制范围为 105 ℃ ± 5 ℃）、浅盘、摇筛机、毛刷等。

2. 试验前准备

试验前，应将试样缩分至表 S2-2 规定的试样最少质量，并烘干或风干后备用。

表 S2-2　筛分析所需试样的最少质量

| 公称直径 /mm | 9.5 | 16.0 | 19.0 | 26.5 | 31.5 | 37.5 | 63.0 | 75.0 |
|---|---|---|---|---|---|---|---|---|
| 试样最少质量 /kg | 1.9 | 3.2 | 3.8 | 5.0 | 6.3 | 7.5 | 12.6 | 16.0 |

3. 试验步骤

（1）根据试样的最大粒径，按表 S2-2 规定最少质量称取试样一份，精确至 1 g，将试样倒入按孔径大小从上到下组合的套筛上，然后进行筛分。

（2）将套筛置于摇筛机上，摇 10 min 取下套筛，按筛孔大小顺序再逐个用手筛，筛至每分钟通过量小于试样总量 0.1% 为止。通过的颗粒进入下一号筛中，并和下一号筛中的试样一起过筛，这样顺序进行，直至各号筛全部筛完为止。当筛余颗粒的粒径大于 19.0 mm 时，在筛分过程中，允许用手拨动颗粒。

（3）称出各号筛的筛余量，精确至 1 g。

4. 结果评定

（1）计算分计筛余百分率：各筛的筛余量与试样总质量之比，精确至 0.1%；

（2）计算累计筛余百分率：该号筛及以上各筛的分计筛余百分率之和，精确至 1%；筛分后，如每号筛的筛余量与筛底的筛余量之和同原试样质量之差超过 1% 时，应重新试验。

（3）根据各号筛的累计筛余百分率，采用修约值比较法评定该试样的颗粒级配。

# 项目 3　普通混凝土性能试验

## 任务 1　混凝土拌合物取样及试样制备

| 任务导入 | 混凝土各组成材料按一定比例配合，拌制而成的尚未凝结硬化的塑性状态拌合物，称为混凝土拌合物，也称为新拌混凝土。 |
|---|---|
| 任务目标 | 掌握混凝土拌合物试样制备方法；正确使用仪器与设备，并熟悉其性能；正确、合理记录并处理数据。 |

● 一般要求

（1）骨料最大公称直径应符合现行行业标准《普通混凝土用砂、石质量及检验方法标准》（JGJ 52）；所采用的搅拌机应符合行业标准《混凝土试验用搅拌机》（JG 244）。

（2）试验环境湿度不宜小于 50%，温度应保持在 20 ℃ ±5 ℃，所用材料、试验设备等宜与试验室温度保持一致。

（3）试验设备使用前应经过校准。

（4）同一组混凝土拌合物的取样应从同一盘混凝土或同一车混凝土中取样。取样量应多于试验所需量的 1.5 倍，且不宜小于 20 L。

（5）混凝土拌合物的取样应具代表性，宜采用多次采样的方法。一般在同一盘混凝土或同一车混凝土中的约 1/4 处、1/2 处和 3/4 处之间分别采样，从第一次采样到最后一次采样不宜超过 15 min，从取样完毕到开始做各项性能试验不宜超过 5 min。

（6）混凝土拌合物应采用搅拌机搅拌，宜搅拌 2 min 以上，直至搅拌均匀。

（7）称好的粗骨料、胶凝材料、细骨料和水应依次加入搅拌机，难溶和不溶的粉状外加剂宜与胶凝材料同时加入搅拌机，液体和可溶外加剂宜与拌合水同时加入搅拌机。

（8）混凝土拌合物一次搅拌量不宜少于搅拌机公称容量的 1/4，不应大于搅拌机公称容量，且不宜少于 20 L。

（9）试验室拌合混凝土时，材料用量应以质量计。称量精度：骨料为 ±0.5%；水、水泥、掺和料、外加剂均为 ±0.2%。

（10）取样应记录下列内容并写入试验或检测报告：

① 取样日期、时间和取样人；② 工程名称、结构部位；③ 混凝土加水时间和搅拌时间；④ 混凝土标记；⑤ 取样方法；⑥ 试样编号；⑦ 试样数量；⑧ 环境温度以及取样的天气情况；⑨ 混凝土的温度。

（11）实验室拌合混凝土时，还应将以下内容写入试验或检测报告：

① 试验环境温度；② 实验室拌合环境以及湿度；③ 各种原材料规格、品种、产地及性能指标；④ 混凝土配合比和每盘混凝土的材料用量。

## 任务 2　普通混凝土拌合物和易性检验——坍落度试验和坍落度经时损失试验（GB/T 50080—2016）

| 任务导入 | 通过测定混凝土拌合物在自重作用下自由坍落的程度及外观现象（泌水、离析等），评定混凝土的和易性（流动性、保水性、黏聚性）是否满足施工要求；通过坍落度测定，确定试验室配合比，并制成符合标准要求的试件，以便进一步确定混凝土的强度。定量测定流动性的方法有坍落度法和维勃稠度法两种。坍落度法适用于骨料最大粒径 40 mm，坍落度不小于 10 mm 的混凝土拌合物稠度测定。维勃稠度法适用于骨料最大粒径不大于 40 mm，维勃稠度在 5~30 s 之间的混凝土拌合物稠度测定。 |
|---|---|
| 任务目标 | 掌握混凝土拌合物和易性检验方法；正确使用仪器与设备，并熟悉其性能；正确、合理记录并处理数据。 |

1. 主要仪器设备

坍落度仪〔符合《混凝土坍落度仪》（JG/T 248）规定，图 S3-1〕、小铁铲、2 把钢直尺（量程不小于 300 mm，分度值不应大于 1 mm）。钢板（平面尺寸不小于 1500 mm×1500 mm，厚度不小于 3 mm 的钢板，最大挠度不应大于 3 mm）、抹刀等。

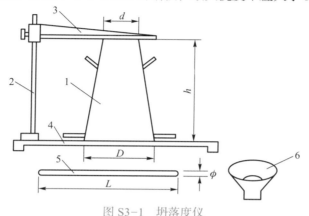

图 S3-1  坍落度仪
1—坍落度筒；2—测量标尺；3—平尺；4—底板；5—捣棒；6—漏斗

2. 坍落度试验步骤

（1）湿润坍落度筒及底板，在坍落度筒内壁和底板上应湿润，无明水。底板应放置在坚实水平面上并把坍落度筒放在底板中心，然后用脚踩住两边的脚踏板，坍落度筒在装料时应保持固定位置。

（2）混凝土拌合物试样分三层均匀地装入坍落度筒内，每装一层混凝土拌合物，应用捣棒由边缘到中心沿螺旋形均匀插捣 25 次，捣实后每层混凝土拌合物试样高度约为筒高的三分之一。插捣底层时，捣棒应贯穿整个深度，插捣第二层和顶层时，捣棒应插透本层至下一层的表面。顶层混凝土拌合物装料应高出筒口，插捣过程中，混凝土拌合物低于筒口时，应随时添加。顶层插捣完后，取下装料漏斗，刮去多余的混凝土拌合物，并沿筒口抹平。

（3）清除筒边底板上的混凝土后，垂直平稳地提起坍落度筒，并轻放于试样旁边；当试样不再继续坍落或坍落时间达 30 s 时，用钢尺测量出筒高与坍落后混凝土试体最高点之间的高度差，作为混凝土拌合物的坍落度值。

（4）坍落度筒的提离过程宜控制在 3 ~ 7 s；从开始装料到提坍落度筒的整个过程应连续进行，并应在 150 s 内完成。当坍落度筒提起后混凝土发生一边崩坍或剪坏现象，则应重新取样进行测定。如第二次试验仍出现上述现象，应予记录说明（图 S3-2）。混凝土拌合物坍落度值测量应精确至 1 mm，结果应修约至 5 mm。

3. 坍落度经时损失试验步骤

（1）本试验方法可用于混凝土拌合物的坍落度随静置时间变化的测定。

（2）测量出机时混凝土拌合物的初始坍落度值 $H_0$。

（3）将全部混凝土拌合物试样装入塑料桶或不被水泥浆腐蚀的金属桶内，应用桶盖或塑料薄膜密封静置。自搅拌加水开始计时，静置 60 min 后应将桶内混凝土拌合物全部倒入搅拌机内，搅拌 20 s 进行坍落度试验，得出 60 min 坍落度值 $H_{60}$。

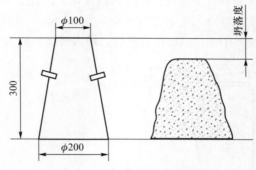

图 S3-2　坍落度试验示意图

（4）计算初始坍落度值和 60 min 坍落度值的差值，可得到 60 min 混凝土坍落度经时损失试验结果。

（5）当工程要求调整静置时间时，则应按实际静置时间测定并计算混凝土坍落度经时损失。

4. 混凝土拌合物扩展度试验

（1）本试验法宜用于骨料最大公称粒径不大于 40 mm，坍落度值不小于 160 mm 混凝土扩展度的测定。

（2）试验设备准备、混凝土拌合物装料和捣实应符合混凝土拌合物坍落度试验步骤中（1）~（3）的规定。

（3）清除筒边底板上的混凝土后，应垂直平稳地提起坍落度筒，坍落度筒的提离过程宜控制在 3~7 s；当混凝土拌合物不再扩散或扩散持续时间已达 50 s 时，应使用钢尺测量混凝土拌合物展开扩展面的最大直径以及与最大直径呈垂直方向的直径。

（4）当两直径之差小于 50 mm 时，应取其算数平均值作为扩展度试验结果；当两直径之差不小于 50 mm 时，应重新取样另行测定。

（5）发现粗骨料在中央堆集或边缘有浆体析出时，应记录说明。

（6）扩展度试验从开始装料到测得混凝土扩展度值的整个过程应连续进行，并应在 4 min 内完成。混凝土拌合物扩展度值应精确至 1 mm，结果应修约至 5 mm。

5. 混凝土拌合物扩展度经时损失试验

（1）本试验方法可用于混凝土拌合物的扩展度随静置时间变化的测定。

（2）测量出机时混凝土拌合物的初始扩展度值 $L_0$。

（3）将全部混凝土拌合物试样装入塑料桶或不被水泥浆腐蚀的金属桶内，应用桶盖或塑料薄膜密封静置。自搅拌加水开始计时，静置 60 min 后应将桶内混凝土拌合物全部倒入搅拌机内，搅拌 20 s 进行扩展度试验，得出 60 min 扩展度值 $L_{60}$。

（4）计算初始扩展度值和 60 min 扩展度值的差值，可得到 60 min 混凝土扩展度经时损失试验结果。

（5）当工程要求调整静置时间时，则应按实际静置时间测定并计算混凝土扩展度经时损失。

## 任务 3　混凝土拌合物表观密度试验（GB/T 50080—2016）

| 任务导入 | 混凝土拌合物的密度是在一定压实方法下的密度，即混凝土拌合物捣实后的单位体积质量。测定混凝土拌合物的表观密度，可修正、核实水泥混凝土配合比计算中的材料用量。 |
| --- | --- |
| 任务目标 | 掌握混凝土拌合物表观密度试验方法；正确使用仪器与设备，并熟悉其性能；正确、合理记录并处理数据。 |

1. 主要仪器设备

（1）容量筒：金属制成的圆筒，两旁装有提手。对骨料最大粒径不大于 40 mm 的拌合物采用容积不小于 5 L 的容量筒，筒壁厚不应小于 3 mm；骨料最大粒径大于 40 mm 时，容量筒的内径与内高均应大于骨料最大粒径的 4 倍。容量筒上缘及内壁应光滑平整，顶面与底面应平行并与圆柱体的轴垂直。容量筒容积应予以标定。

（2）台秤：称量 50 kg，感量不应大于 10 g。

（3）振动台：应符合《混凝土试验用振动台》（JC/T 245—2009）中的要求。

（4）捣棒：端部应磨圆，直径 16 mm，长 600 mm。

2. 试验步骤

（1）用湿布把容量筒内外擦干净，称出容量筒质量 $m_1$，精确至 10 g。

（2）按下列步骤测定容量筒的体积：

① 将干净容量筒与玻璃板一起称重。

② 将容量筒装满水并应不存在气泡，将玻璃板缓慢从筒口一侧推到另一侧，擦干容量筒外壁再次称重。

③ 两次称重结果之差除以该温度下水的密度应为容量筒的容积 $V$，常温下水的密度可取 1 kg/L。

（3）混凝土的装料及捣实方法应根据拌合物的稠度而定。坍落度不大于 70 mm 混凝土，用振动台振实为宜；大于 90 mm 的用捣棒捣实为宜。采用捣棒捣实时，应根据容量筒大小决定分层与插捣次数；采用 5 L 容量筒时，混凝土应分两层装入，每层的插捣次数应为 25 次；大于 5 L 的容量筒时，每层混凝土的高度不应大于 100 mm，每层插捣次数应按每 10 000 mm² 截面不小于 12 次计算。各次插捣应由边缘向中心均匀地插捣，插捣底层时，捣棒应贯穿整个深度。插捣第二层时，捣棒应插透本层至下一层的表面；每一层捣完后用橡皮锤轻轻沿容器外壁敲打 5~10 次，进行振实，直至拌合物表面插捣孔消失并不见大气泡为止。

（4）采用振动台振实时，应一次将混凝土拌合物灌到高出容量筒口。装料时可用捣棒稍加插捣。振动过程中如混凝土低于筒口，应随时添加混凝土，振动直至表面出浆为止。自密实混凝土应一次性填满，且不应进行振动和捣实。

（5）用刮尺将筒口多余的混凝土拌合物刮去，表面如有凹陷应填平；将容量筒外壁擦净，称出混凝土试样与容量筒总质量 $m_2$，精确至 10 g。

拓展资源
混凝土拌合物表观密度试验（GB/T 50080—2002）

演示文稿
混凝土拌合物表观密度试验

3. 结果评定

混凝土拌合物表观密度的计算应按下式计算：

$$\rho_{\mathrm{b}} = \frac{m_2 - m_1}{V} \times 1\,000$$

式中　$\rho_{\mathrm{b}}$——表观密度，$\mathrm{kg/mm^3}$；

　　　$m_1$——容量筒质量，kg；

　　　$m_2$——容量筒和试样总质量，kg；

　　　$V$——容量筒容积，L；

试验结果精确至 $10\ \mathrm{g/mm^3}$。

## 任务 4　混凝土抗压强度试验（GB/T 50081—2019）

| | |
|---|---|
| **任务导入** | 　将和易性符合施工要求的混凝土拌合物按规定成形，制成标准的立方体试件，经 28 d 标准养护后，测其抗压破坏荷载，计算其抗压强度。通过测定混凝土立方体的抗压强度，以检验材料质量；确定并校核混凝土配合比；确定混凝土强度等级，并为控制施工质量提供依据；制作并提供各种性能试验用的混凝土试件。 |
| **任务目标** | 　掌握混凝土抗压强度试验方法；正确使用仪器与设备，并熟悉其性能；正确、合理记录并处理数据。 |

1. 主要仪器设备

压力试验机（应符合 GB/T 3159《液压式压力试验机》和 GB/T 2611《试验机通用技术要求》的技术要求，示值相对误差应为 ±1%，试件破坏载荷应大于压力机全量程的 20% 且不小于压力机全量程的 80%；应具有加荷速度指示装置或加荷速度控制装置，并能均匀、连续地加荷）、振动台（应符合 JC/T 245《混凝土试验用振动台》中的技术要求，频率 50 Hz ± 2 Hz，空载垂直振幅约为 0.5 mm ± 0.02 mm）、搅拌机、试模（应符合 JG 237《混凝土试模》中的技术要求，当混凝土强度等级不低于 C60 时，宜采用铸铁或铸钢试模成型）、混凝土标准养护室（温度应控制在 20 ℃±2 ℃，相对湿度为 95% 以上）、捣棒（应符合 JC/T 248《混凝土坍落度仪》的有关规定，端部应呈半球形，直径应为 16 mm ± 0.2 mm，长 600 mm ± 5 mm）、橡皮锤或木槌（锤头质量宜为 0.2~0.5 kg）、抹刀等。

2. 试件制作与养护

（1）混凝土取样与试件的制备应符合现行国家标准《普通混凝土拌合物性能试验方法标准》（GB/T 50080）的有关规定。

（2）每组试件所用的拌合物应从同一盘混凝土或同一车混凝土取样，取样或实验室拌制的混凝土应尽快成型。制备混凝土试样时，应采取劳动保护措施。

（3）试件的最小截面尺寸应根据混凝土中骨料的最大粒径按表 S3-1 选定。

表 S3-1　试件的最小截面尺寸

| 试件截面尺寸 /（mm×mm） | 骨料最大粒径 /mm | |
| --- | --- | --- |
| | 劈裂抗拉强度试验 | 其他试验 |
| 100 × 100 | 19.0 | 31.5 |
| 150 × 150 | 37.5 | 37.5 |
| 200 × 200 | — | 63 |

（4）试件形状：

① 试件的边长和高度宜采用游标卡尺进行测量，应精确至 0.1 mm；边长为 150 mm 的立方体试件是标准试件；边长为 100 mm 和 200 mm 的立方体试件是非标准试件。

② 圆柱形试件的直径应采用游标卡尺分别在实践中的上部、中部和下部相互垂直的两个位置上共测量 6 次，取测量的算数平均值作为直径值，应精确至 0.1 mm。

③ 每组试件应为 3 块。

（5）试件的制作：

① 成型前，应将试模擦干净并在内壁上均匀地涂一层薄层矿物油或不与混凝土发生反应的隔离剂，试模内部隔离剂应均匀分布，不应有明显的沉积。混凝土拌合物在入模前应保持其匀质性。

② 宜根据混凝土拌合物的稠度或试验目的确定适宜的成型方法，混凝土应充分密实，避免分层离析。

用振动台振实制作试件按下述方法进行：将混凝土拌合物一次性装入试模，装料时应用抹刀沿试模内壁插捣，并使混凝土拌合物高出试模上口；试模应附着或固定在振动台上，振动时应防止试模在振动台上自由跳动，振动应持续到表面出浆且无明显大气泡溢出为止，不得过振。

用人工插捣制作试件应按下述方法进行：混凝土拌合物应分两层装入模内，每层的装料厚度大致相等。插捣应按螺旋方向由边缘向中心均匀进行。在插捣底层时，捣棒应贯穿上层后插入下层 20~30 mm；插捣时捣棒应保持垂直，不得倾斜。然后应用抹刀沿试模内壁插拔数次；每层插捣次数应按每 10 000 mm² 截面不小于 12 次计算；插捣后应用橡皮锤轻轻敲击试模四周，直至插捣棒留下的空洞消失为止。

用插入式振捣棒振实制作试件应按下述方法进行：将混凝土拌合物一次性装入试模，装料时应用抹刀沿试模内壁插捣，并使混凝土拌合物高出试模上口；宜用直径为 25 mm 的插入式振捣棒；插入试模振捣时，振动棒距试模底板宜为 10~20 mm 且不得触及试模底板，振动应持续到表面出浆且无明显大气泡溢出为止，不得过振；振捣时间宜为 20 s；振捣棒拔出时应缓慢，拔出后不得留有孔洞。

自密实混凝土应分两次将混凝土拌合物装入试模，每层的装料厚度宜相等，中间间隔 10 s，混凝土应高出试模口，不应使用振动台、人工插捣或振捣棒方法成型。

试件成型后刮除试模上口多余的混凝土，待混凝土临近初凝时，用抹刀沿着试模口抹平，试件表面与试模边缘的高度差不得超过 0.5 mm；制作的试件应有明显和持久的标记，且不破坏试件。

（6）养护：

① 试件成型后应立即用不透水的薄膜覆盖表面，或采取其他保持试件湿度的方法。

② 试件成型后宜在温度为 (20 ± 5) ℃，相对湿度大于 50% 的室内静置 1~2 d，试件静置时间应避免振动和冲击，静置后编号标记、拆模，当试件有严重缺陷时，应按废弃处理。

③ 试件拆模后立即放入温度为 (20 ± 2) ℃，相对湿度为 95% 以上的标准养护室中养护，或在温度为 (20 ± 2) ℃的不流动的 Ca（OH）$_2$ 饱和溶液中养护。

④ 标准养护室内的试件应放在支架上，彼此间隔 10~20 mm，试件表面应保持潮湿，不得用水直接冲淋。

⑤ 试件的养护龄期可分为 1 d、3 d、7 d、28 d、56 d 或 60 d、84 d 或 90 d、180 d 等，也可根据设计龄期和需要进行确定，龄期应从搅拌加水开始计时。

3. 试验步骤

（1）本试验方法适用于测定混凝土立方体试件的抗压强度，圆柱体试件的抗压强度试验应按《混凝土物理力学性能试验方法标准》（GB/T 50081—2019）附录 C 执行。混凝土强度不小于 60 MPa 时，试件周围应设防护网罩。

(2) 试件达到试验龄期时，从养护地点取出后应检查其尺寸及形状，尺寸公差应满足要求，试件取出后应及时进行试验。

（3）将试件安放在试验机前，应将试件表面及上、下承压板面擦干净。以试件成型时的侧面为承压面，应将试件安放在试验机的下压板上或垫板上，试件的中心应与试验机下压板中心对准。开动试验机，试件表面与上、下承压板或钢垫板应均匀接触。

（4）混凝土试件的试验应连续而均匀地加荷，加荷速度应取 0.3~1.0 MPa/s。混凝土强度等级小于 30 MPa 时，其加荷速度为 0.3~0.5 MPa/s；若混凝土强度等级为 30~60 MPa 时，加荷速度宜取 0.5~0.8 MPa/s；混凝土强度等级不小于 60 MPa 时，加荷速度宜取 0.8~1.0 MPa/s。手动控制压力机加荷速度时，当试件接近破坏开始急剧变形时，应停止调整试验机油门，直到试件破坏，然后记录破坏荷载。

4. 结果评定

（1）混凝土立方体试件抗压强度 $f_{cu}$ 按下式计算（精确至 0.1 MPa）：

$$f_{cu} = \frac{F}{A}$$

式中  $f_{cu}$——混凝土立方体试件抗压强度，MPa；

$F$——抗压破坏荷载，N；

$A$——试件承压面积，mm$^2$。

（2）强度值的确定应符合下列规定：

① 取三个试件测值的算术平均值作为该组试件的强度值（精确至 0.1 MPa）。

② 当三个测值中的最大值或最小值中如有一个与中间值的差值超过中间值的 15% 时，则把最大值及最小值一并舍除，取中间值作为该组试件的抗压强度值。

③ 如最大值和最小值与中间值的差均超过中间值的 15%，则该组试件的试验结果无效。

（3）取 150 mm×150 mm×150 mm 试件的抗压强度为标准值，混凝土强度等级＜C60 时，用非标准试件测得的强度值均应乘以尺寸换算系数，其值对 200 mm×200 mm×200 mm 试件为 1.05；对 100 mm×100 mm×100 mm 试件为 0.95；当混凝土强度等级 ≥ C60 时，宜采用标准试件；使用非标准试件时，混凝土强度等级不大于 C100 时，尺寸换算系数应由试验确定。在未进行试验确定的情况下，对 100 mm×100 mm×100 mm 试件可取 0.95；混凝土强度等级大于 C100 时，尺寸换算系数应由试验确定。

# 项目 4　建筑砂浆性能检验

## 任务 1　砂浆的稠度试验（JGJ/T 70—2009）

| 任务导入 | 测定一定重量的锥体自由沉入砂浆中的深度，反映砂浆抵抗阻力的大小；通过稠度测定，便于施工过程控制用水量，同时为确定砂浆配合比、合理选择砂浆稠度提供依据。普通砂浆采用稠度表示，自流平砂浆、灌浆砂浆采用流动度表示。 |
| --- | --- |
| 任务目标 | 掌握建筑砂浆稠度试验方法；正确使用仪器与设备，并熟悉其性能；正确、合理记录并处理数据。 |

1. 主要仪器设备

砂浆稠度仪（应由试锥、容器和支座三部分组成。试锥应由钢材或铜材制成，试锥高度应为 145 mm，锥底直径应为 75 mm，试锥连同滑杆的质量应为（300±2）g；盛浆容器应由钢板制成，筒高应为 180 mm，锥底内径应为 150 mm；支座应包括底座、支架和刻度显示三部分，应由铸铁、钢或其他金属制成）、钢制捣棒（直径为 10 mm、长度为 350 mm、端部磨圆，图 S4-1）、秒表、台秤、拌板、拌锅、量筒等。

2. 试样制备

（1）建筑砂浆试验用料应从同一盘砂浆或同一车砂浆中取样，取样量不应少于试验所需量的 4 倍。

（2）从取样完毕到开始做各项性能试验不宜超过 15 min。

（3）在试验室制备砂浆试样时，所用材

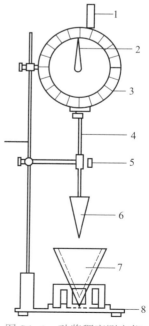

图 S4-1　砂浆稠度测定仪
1—齿条测杆；2—指针；3—刻度盘；4—滑杆；5—制动螺钉；6—试锥；7—盛浆容器；8—底座

拓展资源
建筑砂浆基本性能试验方法标准（JGJ/T 70—2009）

演示文稿
建筑砂浆性能检验

图片资源
砂浆稠度试验

视频
砂浆稠度试验

料应提前 24 h 运入室内。拌和时，试验室温度应保持在（20±5）℃。当需要模拟施工条件下所用的砂浆时，所用原材料温度与施工现场保持一致。

（4）试验所用材料应与现场材料一致，砂应通过 4.75 mm 筛。

（5）试验室拌和砂浆时，材料用量应以质量计。称量精度：细骨料为 ±1%，水泥、掺合料、外加剂等均应为 ±0.5%。

（6）在试验室搅拌砂浆时应采用机械搅拌，搅拌机应符合现行行业标准 JG/T 3033—1996《试验用砂浆搅拌机》的规定，搅拌的用量宜为搅拌机容量的 30%～70%，搅拌时间不应少于 120 s。掺有掺合料和外加剂的砂浆，其搅拌时间不应少于 180 s。

3. 试验步骤

（1）应先采用少量润滑油轻擦滑杆，再将滑杆上多余的油用吸油纸擦净，使滑杆能自由滑动。

（2）盛样容器和试锥表面用湿布擦干净，再将砂浆拌合物一次装入容器；砂浆表面宜低于容器口 10 mm，用捣棒自容器中心向边缘均匀地插捣 25 次，然后轻轻地将容器摇动或敲击 5～6 下，使砂浆表面平整，随后将容器置于稠度测定仪的底座上。

（3）拧开制动螺钉，向下移动滑杆，当试锥尖端与砂浆表面刚接触时，应拧紧制动螺钉，使齿条测杆下端刚接触测杆上端，并将指针对准零点上。

（4）拧开制动螺钉，同时计时间，10 s 时立即拧紧螺钉，将齿条测杆下端接触滑杆上端，从刻度盘上读出下沉深度（精确至 1 mm），即为砂浆的稠度值。

（5）盛样容器内的砂浆，只允许测定一次稠度，重复测定时，应重新取样。

4. 数据处理及结果评定

（1）同盘砂浆应取两次试验结果的算术平均值作为测定值，并应精确至 1 mm。

（2）当两次试验值之差大于 10 mm，则应重新取样测定。

## 任务 2　砂浆的表观密度测定

| 任务导入 | 砂浆的表观密度测定时测定砂浆拌合物捣实后的单位体积质量，以确定每立方米砂浆拌合物中各组成材料的实际用量。 |
|---|---|
| 任务目标 | 掌握建筑砂浆表观密度试验方法；正确使用仪器与设备，并熟悉其性能；正确、合理记录并处理数据。 |

1. 主要仪器设备

容量筒（应由金属制成，内径应为 108 mm，净高应为 109 mm，筒壁厚应为 2～5 mm，容积应为 1 L）、天平（称量应为 5 kg，感量应为 5 g）、钢制捣棒（端部磨圆，直径为 10 mm，长度为 350 mm）、砂浆密度测定仪（图 S4-2）、振动台（振幅应为 0.5 mm ± 0.05 mm，频率应为 50 Hz± 3 Hz）、秒表等。

演示文稿
砂浆的表观密度测定

2. 容量筒容积校正

（1）选择一块能覆盖住容量筒顶面的玻璃板，称出玻璃板和容量筒质量。

（2）向容量筒中灌入温度为（20±5）℃的饮用水，灌到接近上口时，一边不断加水，一边把玻璃板沿筒口徐徐推入盖严。玻璃板下不得存在气泡。

（3）擦净玻璃板面及筒壁外的水分，称量容量筒、水和玻璃板质量，精确至 5 g。两次质量之差（以 kg 计）即为容量筒的容积（L）。

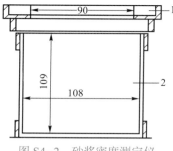

图 S4-2　砂浆密度测定仪
1—玻璃板；2—容量筒

图片资源
砂浆密度测定仪

3. 试验步骤

（1）测定砂浆拌合物稠度。

（2）先用湿布擦净容量筒内表面，再称量容量筒质量 $m_1$，精确至 5 g。

（3）捣实可采用机械或手工方法。当砂浆稠度大于 50 mm 时，宜用人工插捣法。当砂浆稠度不大于 50 mm 时，宜采用机械振动法。采用人工插捣时，将砂浆拌合物一次装满容量筒，使稍有富余，用捣棒由边缘向中心均匀地插捣 25 次。插捣过程中砂浆沉落到低于筒口时，应随时添加砂浆，用木槌沿容器外壁敲击 5~6 下；采用振动法时，将砂浆拌合物一次装满容量筒连同漏斗在振动台振 10 s，当振动过程中砂浆沉入到低于筒口时，应随时添加砂浆。

（4）捣实或振动后，应将筒口多余的砂浆拌合物刮去，使砂浆表面平整，然后将容量筒外壁擦净，称出砂浆与容量筒总质量 $m_2$，精确至 5 g。

4. 结果计算及评定

砂浆拌合物的表观密度 $\rho$ 应按下式计算：

$$\rho = \frac{m_2 - m_1}{V} \times 1\,000$$

式中　$\rho$——砂浆拌合物的表观密度，$kg/mm^3$；

　　　$m_1$——容量筒质量，kg；

　　　$m_2$——容量筒及试样质量，kg；

　　　$V$——容量筒容积，L。

取两次试验结果的算术平均值作为测定值，精确至 10 $kg/mm^3$。

## 任务 3　立方体抗压强度试验

| 任务导入 | 　　将流动性和保水性符合要求的砂浆拌合物按规定成形，制成标准立方体试件。经 28 d 养护后，测其抗压破坏荷载，以此计算抗压强度。通过砂浆试件抗压强度的测定，检测砂浆质量，确定、校核配合比是否满足要求，并确定砂浆强度等级。 |
|---|---|
| 任务目标 | 　　掌握建筑砂浆立方抗压强度试验方法；正确使用仪器与设备，并熟悉其性能；正确、合理记录并处理数据。 |

1. 主要仪器设备

试模（应为 70.7 mm×70.7 mm×70.7 mm 的带底试模，应符合现行行业标准 JG 237—2008《混凝土试模》的规定，应具有足够的刚度并拆装方便。试模的内表面应机械加工，其不平度应为每 100 mm 不超过 0.05 mm，组装后各相邻面的不垂直度不应超过 ±0.5°）、钢制捣棒（直径为 10 mm，长度为 350 mm，端部磨圆）、压力试验机（精度应为 1%，试件破坏荷载应不小于压力机量程的 20%，且不应大于全量程的 80%）、垫板（试验机上、下压板及试件之间可垫钢垫板，垫板的尺寸应大于试件的承载面，其不平度应为每 100 mm 不超过 0.02 mm）、振动台（空载垂直振幅应为 0.5 mm± 0.05 mm，空载频率应为 50 Hz±3 Hz，空载台面振幅均匀度不应大于 10%，一次试验应至少能固定 3 个试模）。

2. 立方体试件制作与养护

（1）应采用立方体试件，每组试件应为 3 个。

（2）应采用黄油等密封材料涂抹试模的外接缝，试模内应涂刷薄层机油或隔离剂。应将拌制好的砂浆一次性装满砂浆试模，成形方法应根据稠度确定。当稠度大于 50 mm 时，宜采用人工插捣成形。当稠度不大于 50 mm 时，宜采用振动台振实成形。

① 人工插捣：应采用捣棒均匀地由边缘向中心按螺旋方式插捣 25 次，插捣过程中当砂浆沉落低于试模口时，应随时添加砂浆，可用油灰刀插捣数次，并用手将试模一边抬高 5~10 mm 各振动 5 次，砂浆应高出试模顶面 6~8 mm。

② 机械振动：将砂浆一次装满试模，放置到振动台上，振动时试模不得跳动，振动 5~10 s 或持续到表面泛浆为止，不得过振。

（3）待表面水分稍干后，将高出试模部分的砂浆沿试模顶面刮去并抹平。

（4）试件制作后应在（20±5）℃温度环境下静置（24±2）h，当气温较低时或者凝结时间大于 24 h 的砂浆，可适当延长时间，但不应超过 2 d。然后对试件进行编号、拆模。试件拆模后，应立即放入温度为（20±2）℃、相对湿度为 90% 以上的标准养护室中养护。养护期间，试件彼此间隔不到小于 10 mm，混合砂浆、湿拌砂浆试件上面应覆盖，防止有水滴在试件上。

（5）从搅拌加水开始计时，标准养护龄期应为 28 d，也可根据相关标准要求增加 7 d 或 14 d。

3. 试验步骤

（1）试件从养护地点取出后应及时进行试验，先将试件表面擦拭干净，测量尺寸（精确至 1 mm），并检查其外观，计算试件的承压面积。当实测尺寸与公称尺寸之差不超过 1 mm 时，可按公称尺寸进行计算。

（2）将试件安放在试验机的下压板上（或下垫板上），试件的承压面应与成形时的顶面垂直。试件中心应与试验机下压板（或下垫板）中心对准。开动试验机，当上压板与试件（或上垫板）接近时，调整球座，使接触面均衡受压。承压试验应连续而均匀地加荷，加荷速度应为 0.25~1.5 kN/s（砂浆强度不大于 2.5 MPa 时，宜取下限）；当试件接近破坏而开始迅速变形时，停止调整试验机油门，直至试件破坏，然后记录破坏荷载。

4. 试验结果计算及评定

砂浆立方体抗压强度 $f_{m,cu}$ 应按下式计算（MPa，精确至 0.1 MPa）：

$$f_{\mathrm{m,cu}} = K\frac{F_{\mathrm{u}}}{A}$$

式中　$f_{\mathrm{m,cu}}$——砂浆立方体试件抗压强度，MPa；

　　　$F_{\mathrm{u}}$——试件破坏荷载，N；

　　　$A$——试件承压面积，$mm^2$；

　　　$K$——换算系数，取 1.35。

（1）应以三个试件测值的算术平均值作为该组试件的砂浆立方体抗压强度平均值，精确至 0.1 MPa。

（2）当三个测值中的最大值或最小值中有一个与中间值的差值超过中间值的 15% 时，应把最大值及最小值一并舍去，取中间值作为该组试件抗压强度值。

（3）当两个测值与中间值的差值均超过中间值的 15% 时，该组试验结果应为无效。

# 项目 5　钢筋力学性能试验

## 任务 1　拉伸试验（GB 1499.1—2017，GB 1499.2—2018）

| | |
|---|---|
| **任务导入** | 将标准试样放在拉力机上，逐渐施加拉力荷载，观察由于这个荷载的作用所产生的弹性和塑性变形，直至拉断为止，并记录拉力值。通过拉伸试验，注意观察拉力与变形之间的变化。确定应力与应变力之间的关系曲线，测定低碳钢筋的屈服强度、抗拉强度与延伸率，评定钢筋的强度等级及质量是否合格。 |
| **任务目标** | 掌握钢筋拉伸试验方法；正确使用仪器与设备，并熟悉其性能；正确、合理记录并处理数据。 |

1. 一般要求

（1）检测依据：GB/T 228.1—2010《金属材料　拉伸试验　第 1 部分：室温试验方法》、GB/T 232—2010《金属材料　弯曲试验方法》。

（2）评定标准：GB 1499.1—2017《钢筋混凝土用钢　第 1 部分：热轧光圆钢筋》、GB 1499.2—2018《钢筋混凝土用钢　第 2 部分：热轧带肋钢筋》。

（3）钢筋混凝土用热轧钢筋，同一公称直径和同一炉号组成的钢筋应分批检查和验收，每批质量不大于 60 t。

（4）钢筋应有出厂证明或试验报告单。验收时应抽样做机械性能试验：拉伸试验和冷弯试验。钢筋在使用中若有脆断、焊接性能不良或机械性能显著不正常时，还应进行化学成分分析。验收时包括尺寸、表面及质量偏差等检验项目。

（5）拉伸、弯曲试验试样不允许进行车削加工。

（6）试验一般在室温 10～35 ℃ 范围内进行。对温度要求严格的试验，试验温度

**演示文稿**
钢筋力学性能
试验

视频扫一扫
钢筋拉伸试验

应为（23±5）℃。

（7）钢筋直径的测量应精确到 0.1 mm。

2. 主要仪器设备

万能材料试验机（测力系统应按 GB/T 16825.1—2008 进行校准，其准确度应为 1 级或优于 1 级。试验时达到最大荷载时，指针最好在第三象限内，或者数显破坏荷载在 50%～75%）、引申计（准确度级别应符合 GB/T 12160—2002 的要求）、钢筋打点机或划线机、游标卡尺（精度为 0.1 mm）、计算机控制拉伸试验机（应满足 GB/T 22066—2008 的要求）。

3. 试件制备

（1）取样满足 GB/T 2975—1998《钢及钢产品 力学性能试验取样位置及试样制备》的要求。

（2）拉伸试验用钢筋试件不得进行车削加工，可以用两个或一系列等分小冲点或细划线标出试件原始标距，测量标距长度 $L_0$，精确至 0.1 mm，见图 S5-1。根据钢筋的公称直径按表 S5-1 取公称横截面面积（以 $mm^2$ 计）。

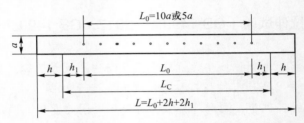

图 S5-1　钢筋拉伸试验试件

$a$—试样原始直径；$L_0$—标距长度；$h_1$—取（0.5-1）$a$；$h$—夹具长度

表 S5-1　钢筋公称直径、横截面面积

| 类别 | 公称直径 /mm | 公称横截面面积 / $mm^2$ | 公称直径 /mm | 公称横截面面积 / $mm^2$ |
|---|---|---|---|---|
| 热轧光圆钢筋 | 6 | 28.27 | 16 | 201.1 |
| | 8 | 50.27 | 18 | 254.5 |
| | 10 | 78.54 | 20 | 314.2 |
| | 12 | 113.1 | 22 | 380.1 |
| | 14 | 153.9 | | |
| 热轧带肋钢筋 | 6 | 28.27 | 22 | 380.1 |
| | 8 | 50.27 | 25 | 490.9 |
| | 10 | 78.54 | 28 | 615.8 |
| | 12 | 113.1 | 32 | 804.2 |
| | 14 | 153.9 | 36 | 1 018 |
| | 16 | 201.1 | 40 | 1 257 |
| | 18 | 254.5 | 50 | 1 964 |
| | 20 | 314.2 | | |

注：理论质量按密度为 7.85 $g/cm^3$ 计算。

（3）每批钢筋的检验项目、取样方法和试验方法应符合表 S5-2 的规定。

表 S5-2　钢筋检验项目、取样方法和试验方法

| 钢筋种类 | 每组试件数量 | |
| --- | --- | --- |
| | 拉伸试验 | 弯曲试验 |
| 热轧带肋钢筋 | 2 根 | 2 根 |
| 热轧光圆钢筋 | 2 根 | 2 根 |

取样方法为任选两根钢筋切取。

（4）拉伸试件的长度按下式计算后截取：

$$L = L_0 + 2h + 2h_1$$

式中　$L$——拉伸试件的长度，mm；

$L_0$——拉伸试件的标距，$L_0 = 5a$ 或 $L_0 = 10a$；

$h$、$h_1$——夹具长度和预留长度，mm，$h_1 = （0.5 \sim 1）a$；

$a$——钢筋的公称直径，mm。

对于光圆钢筋一般要求夹具之间的最小自由长度不小于 350 mm；对于带肋钢筋，夹具之间的最小自由长度一般要求：$d \leqslant 25$ mm 时，不小于 350 mm；25 mm $< d \leqslant 32$ mm 时，不小于 400 mm；32 mm $< d \leqslant 50$ mm 时，不小于 500 mm。

4. 试验步骤

（1）屈服强度和抗拉强度的测定

① 将试件上端固定在试验机上夹具内，调整试验机测力度盘的指针，使其对准零点，并拨动副指针，使其与主指针重叠。装好描绘器、纸、笔等，再用下夹具固定试件的下端。

② 开动试验机进行拉伸。拉伸速度为：屈服前应力增加速度为 10 MPa/s；屈服后试验机活动夹头在荷载下的移动速度不大于 $0.5L_c$/min，直至试件拉断。

③ 拉伸过程中，测力度盘指针停止转动时的恒定荷载或第一次回转时的最小荷载，即为屈服荷载 $F_s$。向试件继续加荷直至试件拉断，读出最大荷载 $F_b$。

（2）伸长率测定

① 测量试件拉断后的标距长度 $L_1$。将已拉断的试件两端在断裂处对齐，尽量使其轴线位于同一条直线上。

② 如拉断处距离邻近标距端点大于 $L_0/3$ 时，可用游标卡尺直接量出 $L_1$。

③ 如拉断处距离邻近标距端点小于或等于 $L_0/3$ 时，可按下述移位法确定 $L_1$：

在长段上自断点起，取等于短段格数得 $B$ 点，再取等于长段所余格数（偶数，图 S5-2a）之半得 $C$ 点；或取所余格数（奇数，图 S5-2b）减 1 与加 1 之半得 $C$ 点与 $C_1$ 点，则移位后的 $L_1$ 分别为 $AB + 2BC$ 或 $AB + BC + BC_1$。

④ 如果直接测量所求的伸长率能达到技术条件要求的规定值，则可不采用移位法。

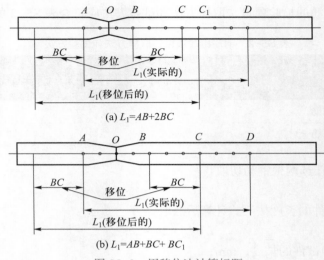

(a) $L_1 = AB + 2BC$

(b) $L_1 = AB + BC + BC_1$

图 S5-2　用移位法计算标距

5. 结果评定

（1）钢筋的屈服点 $\sigma_s$ 和抗拉强度 $\sigma_b$ 可分别按下式计算：

$$\sigma_s = \frac{F_s}{A}$$

$$\sigma_b = \frac{F_b}{A}$$

式中　$\sigma_s$、$\sigma_b$——钢筋的屈服点和抗拉强度，MPa；

　　　$F_s$、$F_b$——钢筋的屈服荷载和最大荷载，N；

　　　　　$A$——试件的公称直径，mm。

当 $\sigma_s$、$\sigma_b$ 大于 1 000 MPa 时，应计算至 10 MPa。按"四舍六五单双法"修约：200~1 000 MPa 时，计算至 5 MPa。按"二五进位法"修约：小于 200 MPa 时，计算至 1 MPa，小数点数字按"四舍六五单双法"处理。

（2）钢筋的伸长率或按下式计算：

$$\delta_5 \text{ 或 } \delta_{10} = \frac{L_1 - L_0}{L_0} \times 100\%$$

式中　$\delta_5$ 或 $\delta_{10}$——$L_0 = 5a$ 或 $L_0 = 10a$ 时的伸长率（精确至1%）；

　　　$L_0$——原标距长度 $5a$ 或 $10a$，mm；

　　　$L_1$——试件拉断后直接量出或按移位法的标距长度，mm，精确至 0.1 mm。

如试件在标距端点上或标距处断裂，则试件结果无效，应重做试验。

## 任务 2　冷弯试验（GB/T 232—2010）

| | |
|---|---|
| **任务导入** | 　　冷弯试验是一种工艺试验。常温条件下将标准试件放在拉力机的弯头上，逐渐施加荷载，观察由于这个荷载的作用试件绕一定弯心弯曲至规定角度时，观察其弯曲处外表面是否有裂纹、起皮、断裂等现象。通过冷弯试验判定其承受弯曲至规定角度及形状的能力，也可以了解钢材对该种工艺加工适合的程度，并可显示其缺陷，可作为评定钢筋质量的技术依据。 |
| **任务目标** | 　　掌握钢筋的冷弯试验方法；正确使用仪器与设备，并熟悉其性能；正确、合理记录并处理数据。 |

**拓展资源**
金属弯曲试验方法（GB/T 232—2010）

**演示文稿**
冷弯试验

1. 主要仪器设备

弯曲试验可在配备下列弯曲装置之一的试验机或压力机上完成：

（1）配有两个支辊和一个弯曲压头的支辊式弯曲装置，支辊间距 $l$ 可按下式确定：

$$l = (D + 3a) \pm \frac{a}{2}$$

式中　$l$——支辊间距，mm；

　　　$D$——弯曲压头直径，mm；

　　　$a$——试样直径，mm。

（2）配有一个 V 形模具和一个弯曲压头的 V 形模具式弯曲装置。

（3）虎钳式弯曲装置。

（4）翻板式弯曲装置。

2. 试样制备

（1）取样满足 GB/T 2975—1998 要求。

（2）冷弯试验用钢筋试件不得进行车削加工。

（3）每批钢筋的检验项目、取样方法和试验方法应符合表 S5-2 的规定。

（4）冷弯试件长度 $L$ 按下式计算后截取：

$$L = 5a + 150 \text{ mm}$$

式中　$L$——冷弯试件的长度，mm；

　　　$a$——钢筋的公称直径，mm。

对于支辊式弯曲装置也可按下式计算冷弯试件长度：

$$L = 0.5\pi(d + a) + 140 \text{ mm}$$

式中　$\pi$——圆周率，其值取 3.14；

　　　$d$——弯曲压头或弯心直径，mm；

　　　$a$——钢筋的公称直径，mm。

3. 试验步骤

以采用支辊式弯曲装置为例介绍试验步骤：

（1）按图 S5-3a 调整试验机各平台上支辊距离 $l_1$，$d$ 为冷弯冲头直径，$d=na$，$n$ 为自然数，其值大小根据钢筋级别确定。

（2）试样放置于两个支点上，将一定直径的弯心在试样两个支点中间平稳施加压力，使钢筋弯曲到规定的角度（180°或 90°），见图 S5-3b 和图 S5-3c，或出现裂纹、裂缝、断裂，停止冷弯。

图片资源
钢筋冷弯试验
装置

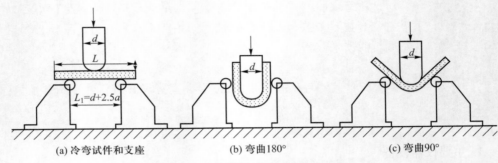

(a) 冷弯试件和支座 $L_1=d+2.5a$ (b) 弯曲180° (c) 弯曲90°

图 S5-3 钢筋冷弯试验装置示意图

### 4. 结果评定

在常温下，在规定的弯心直径和弯曲角度下对钢筋进行冷弯试验，检测两个弯曲钢筋的外表面，若无裂纹、断裂或起层，则判定钢筋的冷弯合格，否则冷弯不合格。

# 项目6 石油沥青试验

## 任务1 针入度试验（T 0604—2011）

| | |
|---|---|
| **任务导入** | 针入度是石油沥青的主要指标，通过检验针入度，确定石油沥青的稠度，划分牌号。本试验依据为 JTG E20—2011《公路工程沥青及沥青混合料试验规程》。 |
| **任务目标** | 掌握沥青的针入度试验方法；正确使用仪器与设备，并熟悉其性能；正确、合理记录并处理数据。 |

### 1. 试验要求

（1）针入度是指在规定温度和时间内，附加一定质量的标准针垂直贯入沥青试样的深度，以 0.1 mm 计。

拓展资源
沥青针入度试验
（T 0604—2011）

（2）本方法适用于测量道路石油沥青、聚合物改性沥青针入度，以及液体石油沥青蒸馏或乳化沥青蒸发后残留物的针入度，以 0.1 mm 计。

（3）标准试验温度为 25 ℃，荷重 100 g，贯入时间 5 s。

演示文稿
针入度试验

（4）针入度指数 $PI$ 用以描述沥青的温度敏感性，宜在 15 ℃、25 ℃、30 ℃等 3

个或 3 个以上温度条件下测定针入度后按规定的方法计算得到，若 30 ℃时针入度值过大，可采用 5 ℃代替。

2. 主要仪器设备

（1）针入度仪：为提高测试精度，针入度试验宜采用能够自动计时的针入度仪进行测定，要求针和针连杆必须在无明显摩擦下垂直运动，针的贯入深度必须准确至 0.1 mm。针和针连杆组合件总质量为 50 g±0.05 g，另附 50 g±0.05 g 砝码一个，试验时总质量为 100 g± 0.05 g。仪器应有放置平底玻璃保温皿的平台，并有调节水平的装置，针连杆应与平台相垂直。应有针连杆制动按钮，使针连杆可自由下落。针连杆应易于装拆，以便检查其质量。仪器还设有可自由转动与调节距离的悬臂，其端部有一面小镜或聚光灯泡，借以观察针尖与试样表面接触情况，且应对装置的准确性经常校验。当采用其他试验条件时，应在试验结果中注明。

（2）标准针：由硬化回火的不锈钢制成，洛氏硬度 54~60 HRC，表面粗糙度 $Ra$0.2~0.3，针及针杆总质量 2.5 g±0.05 g。针杆上应打印有号码标志。针应设有固定用装置盒（筒），以免碰撞针尖。每根针必须附有计量部门的检验单，并定期进行检验，其尺寸及形状如图 S6-1 所示。

（3）盛样皿：金属制，圆柱形平底。小盛样皿的内径 55 mm、深 35 mm（适用于针入度小于 200 的试样）；大盛样皿内径 70 mm、深 45 mm（适用于针入度为 200~350 的试样）；对针入度大于 350 的试样需要使用特殊盛样皿，其深度不小于 60 mm，容积不小于 125 mL。

（4）恒温水槽：容量不小于 10 L，控温的准确度为 0.1 ℃。水槽中应设有一带孔的搁架，位于水面下不得少于 100 mm，距水槽底不得少于 50 mm 处。

（5）平底玻璃皿：容量不小于 1 L，深度不小于 80 mm。内设有一不锈钢三角支架，能使盛样皿稳定。

（6）温度计或温度传感器：精度为 0.1 ℃。

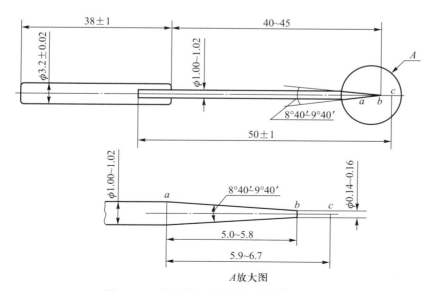

图 S6-1　针入度标准针（尺寸单位：mm）

动画
沥青针入度
试验

图片资源
针入度标准针

（7）计时器：精度为 0.1 s。

（8）位移计或位移传感器：精度为 0.1 mm。

（9）盛样皿盖：平板玻璃，直径不小于盛样皿开口尺寸。

（10）溶剂：三氯乙烯等。

（11）其他：电炉或砂浴、石棉网、金属锅或瓷把坩埚等。

3. 试样制备（T 0602—2011　沥青试样准备方法）

按 T 0602—2011 的方法准备试样：

（1）热沥青试样制备

① 将装有试样的盛样皿带盖放入恒温烘箱中，当石油沥青试样中含有水分时，烘箱温度 80 ℃左右，加热至沥青全部熔化后供脱水用。当石油沥青中无水分时，烘箱温度宜为软化点温度以上 90 ℃，通常为 135 ℃左右。对取来的沥青试验不得直接采用电炉或燃气炉明火加热。

② 当石油沥青试样中含有水分时，将盛样器皿放在可控温的砂浴、油浴、电热套上加热脱水，不得已采用电炉、燃气炉加热脱水时必须加放石棉垫。加热时间不超过 30 min，并用玻璃棒轻轻搅拌，防止局部过热。在沥青温度不超过 100 ℃的条件下，仔细脱水至无泡沫为止，最后的加热温度不宜超过软化点以上 100 ℃（石油沥青）或 50 ℃（煤沥青）。

③ 在盛样皿中的沥青通过 0.6 mm 的滤筛过滤，不等冷却立即一次灌入各项试验的模具中。当温度下降太多时，宜适当加热再灌模。根据需要也可将试样分装入擦拭干净并干燥的一个或数个沥青盛样器皿中，数量应满足一批试验项目所需的沥青样品。

④ 在沥青灌模过程中，如温度下降可放入烘箱中适当加热，试样冷却后反复加热的次数不得超过两次，以防沥青老化影响试验结果。为避免混进气泡，在沥青灌模时不得反复搅动沥青。

⑤ 灌模剩余的沥青应立即清洗干净，不得重复使用。

（2）乳化沥青试样制备

① 将盛有乳化沥青的盛样皿适当晃动，使试样上下均匀。试样数量较少时，宜将盛样器皿上下倒置数次，使上下均匀。

② 将试样倒出要求数量，装入盛样器皿或烧杯中，供试验使用。

③ 当乳化沥青在试验室自行配制时，可按下列步骤进行：

a. 按热沥青制备法制备热沥青。

b. 根据所需制备的沥青乳液质量及沥青、乳化剂、水的比例计算各种材料的数量。

沥青用量 $m_b$ 按下式计算：

$$m_b = m_E \times P_b$$

式中　　$m_b$——所需的沥青质量，g；

$m_E$——乳液总质量，g；

$P_b$——乳液中沥青含量，%。

乳化剂用量 $m_e$ 按下式计算：

拓展资源
沥青试样制备
方法（T 0602—
2011）

$$m_e = m_E \times \frac{P_E}{P_e}$$

式中　$m_e$——乳化剂用量，g；

　　　　$m_E$——乳液总质量，g；

　　　　$P_E$——乳液中乳化剂的含量，%；

　　　　$P_e$——乳化剂浓度（乳化剂中有效成分含量），%。

　　水的用量按下式计算：

$$m_W = m_E - m_E \times P_b$$

式中　$m_W$——配制乳液所需水的质量，g；

　　　　$m_E$——乳液总质量，g；

　　　　$P_b$——乳液中沥青含量，%。

c. 称取所需质量的乳化剂放入 1 000 mL 烧杯中。

d. 向盛有乳化剂的烧杯中加入所需的水（扣除乳化剂中所含水的质量）。

e. 将烧杯放到电炉上加热并不断搅拌，直至乳化剂完全溶解，当需调节 pH 值时可加入适量外加剂，将溶液加热到 40~60 ℃。

f. 在容器中称取准备好的沥青并加热到 120~150 ℃。

g. 开动乳化机，用热水先把乳化机预热几分钟，然后把热水排净。

h. 将预热的乳化剂倒进乳化机中，随即将预热的沥青徐徐倒入，待全部沥青乳液在机中循环 1 min 后放出，进行各项试验或密封保存。

注：在倒入乳化沥青过程中，需随时观察乳化情况。如出现异常，应立即停止倒入乳化沥青，并把乳化机中的沥青乳化剂混合液放出。

④ 按试验要求将恒温水槽调节到要求的试验温度 25 ℃，或 15 ℃、30 ℃（5 ℃），保持稳定。

⑤ 将试样注入盛样皿中，试样高度应超过预计针入度值 10 mm，并盖上盛样皿，以防落入灰尘。盛有试样的盛样皿在 15~30 ℃室温中冷却不少于 1.5 h（小盛样皿）、2 h（大盛样皿）或 3 h（特殊盛样皿）后，应移入保持规定试验温度 ±0.1 ℃的恒温水槽中，并应保温不少于 1.5 h（小盛样皿）、2 h（大盛样皿）或 2.5 h（特殊盛样皿）。

⑥ 调整针入度仪使之水平。检查针连杆和导轨，以确认无水或其他外来物，无明显摩擦，用三氯乙烯或其他溶剂清洗标准针并擦干。将标准针插入针连杆，用螺钉固紧，按试验条件加上附加砝码。

4. 试验步骤

（1）取出达到恒温的盛样皿，并移入水温控制在试验室温度 ±0.1 ℃（可用恒温水槽中的水）的平底玻璃皿中的三角支架上，试样表面以上的水层深度不小于 10 mm。

（2）将盛有试样的平底玻璃皿置于针入度仪的平台上。慢慢放下针连杆，用适当位置的反光镜或灯光反射观察，使针尖恰好与试样表面接触，将位移计或刻度盘指针复位为零。

（3）开始试验，按下释放键，这时计时与标准针落下贯入试样同时开始，至 5 s 时自动停止。

（4）读取位移计或刻度盘指针的读数，精确至 0.1 mm。

（5）同一试样平行试验至少 3 次，各测试点之间及与盛样皿边缘的距离不应小于 10 mm。每次试验后应将盛有盛样皿的平底玻璃皿放入恒温水槽，使平底玻璃皿中水温保持试验温度。每次试验应换一根干净标准针或将标准针取下用蘸有三氯乙烯溶剂的棉花或布揩净，再用干棉花或布擦干。

（6）测定针度大于 200 的沥青试样时，至少用 3 支标准针，每次试验后将针留在试样中，直至 3 次平行试验完成后，才能将标准针取下。

（7）测试针入度指数 PI 时，按同样的方法在 15 ℃、25 ℃、30 ℃（5 ℃）3 个或 3 个以上（必要时增加 10 ℃、20 ℃等）温度条件下分别测定沥青的针入度，但用于仲裁试验温度条件的应为 5 个。

5. 结果计算

根据测试结果可按以下方法计算针入度指数、当量软化点及当量脆点。

（1）公式计算法

① 将 3 个或 3 个以上不同温度条件下测试的针入度值取对数，令 $y = \lg p$，$x = T$，按下式的针入度对数与温度的直线关系，进行 $y = a + bx$ 一元一次方程的直线回归，求取针入度温度指数 $A_{\lg P_{en}}$。

$$\lg P = K + A_{\lg P_{en}} \times T$$

式中　$\lg P$——不同温度条件下测得的针入度值的对数；

　　　　$T$——试验温度，℃；

　　　　$K$——回归方程的常数项 $a$；

　　　　$A_{\lg P_{en}}$——回归方程的常数项 $b$。

回归时必须进行相关性检验，直线回归相关系数 $R$（置信度 95%），否则，试验无效。

② 按下式计算沥青的针入度指数，并记为 PI：

$$PI = \frac{20 - 500 A_{\lg P_{en}}}{1 + 50 A_{\lg P_{en}}}$$

③ 按下式计算沥青的当量软化点 $T_{800}$：

$$T_{800} = \frac{\lg 800 - K}{A_{\lg P_{en}}} = \frac{2.903\ 1 - K}{A_{\lg P_{en}}}$$

④ 按下式确定沥青的当量脆点 $T_{1.2}$：

$$T_{1.2} = \frac{\lg 1.2 - K}{A_{\lg P_{en}}} = \frac{0.079\ 2 - K}{A_{\lg P_{en}}}$$

⑤ 按下式计算沥青的塑性温度范围 $\Delta T$：

$$\Delta T = T_{800} - T_{1.2} = \frac{2.823\ 9}{A_{\lg P_{en}}}$$

（2）诺模图法

将 3 个或 3 个以上不同温度条件下测试的针入度值绘于图 S6-2 的针入度温度关系诺模图中，按最小二乘法法则绘制回归直线，将直线向两端延长，分别与针入度为 800 及 1.2 的水平线相交，交点的温度即为当量软化点 $T_{800}$ 和当量脆点 $T_{1.2}$。以图中 $O$ 点为原点，绘制回归直线的平行线，与 $PI$ 线相交，读取交点处的 $PI$ 值即为该沥青的针入度指数。此法不能检验针入度对数与温度直线回归的相关系数，仅供快速草算时使用。

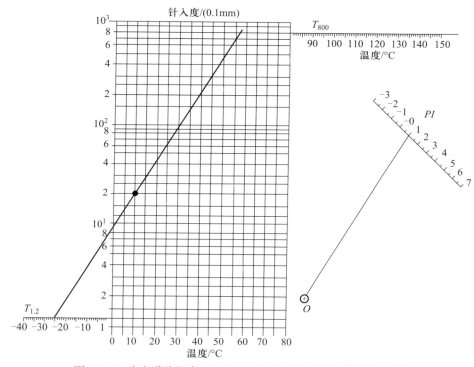

图 S6-2　确定道路沥青 $PI$、$T_{800}$、$T_{1.2}$ 的针入度温度关系诺模图

### 6. 结果评定

（1）同一试样 3 次平行试验结果的最大值和最小值之差在表 S6-1 允许误差范围内时，计算 3 次试验结果的平均值，取整数作为针入度试验结果，以 0.1 mm 计。当试验值不符合此要求时，应重新进行试验。

表 S6-1　针入度允许误差值

| 针入度 /（0.1 mm） | 0~49 | 50~149 | 150~249 | 250~500 |
|---|---|---|---|---|
| 允许误差 /（0.1 mm） | 2 | 4 | 12 | 20 |

（2）重复性允许误差和再现性允许误差见表 S6-2。

表 S6-2　针入度测定的重复性允许误差和再现性允许误差

| 试样针入度 / ( 0.1 mm )，25 ℃ | 重复性允许误差 | 再现性允许误差 |
|---|---|---|
| 小于 50 | 2（0.1 mm） | 4% |
| 大于等于 50 | 4（0.1 mm） | 8% |

## 任务 2　延度测定试验（T 0605—2011）

| 任务导入 | 　　沥青的延度是指规定形态的沥青试样，在规定温度下以一定速度拉伸至断开时的长度，以 cm 计。沥青延度的试验温度与拉伸速率可根据要求采用，通常采用的试验温度为 25 ℃、15 ℃、30 ℃或 5 ℃，拉伸速率为 5 cm/min ± 0.25 cm/min。当低温采用 1 cm/min ± 0.5 cm/min 拉伸速率时，应在报告中注明。通过延度试验获得沥青的塑性。 |
|---|---|
| 任务目标 | 　　掌握沥青的延度试验方法；正确使用仪器与设备，并熟悉其性能；正确、合理记录并处理数据。 |

1. 主要仪器设备

（1）延度仪：延度仪的测量长度不宜大于 150 cm，仪器应有自动控温、控速系统。应满足试件浸没于水中能保持规定的试验温度及规定的拉伸速度拉伸试件，且试验时应无明显振动。该仪器的形状及组成见图 S6-3。

拓展资源
沥青延度试验
（T 0605—2011）

动画扫一扫
沥青延度试验

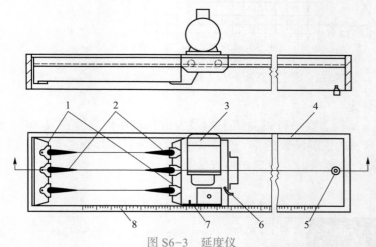

图 S6-3　延度仪

1—试模；2—试样；3—电动机；4—水槽；5—泄水孔；
6—开关柄；7—指针；8—标尺

（2）试模：黄铜制，由两个端模和两个侧模组成，试模内侧表面粗糙度 Ra0.2，其尺寸及形状如图 S6-4 所示。

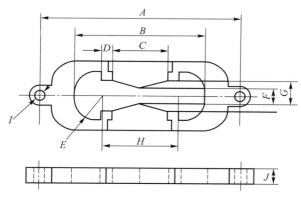

图 S6-4　延度仪试模

*A*—两端模环中心点距离 111.5～113.5 mm；*B*—试件总长 74.5～75.5 mm；*C*—端模间距 29.7～ 30.3 mm；*D*—肩长 6.8～7.2 mm；*E*—半径 15.75～16.25 mm；*F*—最小横断面宽 9.9～10.1 mm；*G*—端模口宽 19.8～20.2 mm；*H*—两半圆心间距离 42.9～43.1 mm；*I*—端模孔直径 6.5～6.7 mm；*J*—厚度 9.9～10.1 mm

（3）试模底板：玻璃板或磨光的铜板、不锈钢板（表面粗糙度 *Ra*0.2）。

（4）恒温水槽：容量不少于 10 L，控制温度的准确度为 0.1 ℃。水槽中应设有带孔搁架，搁架距水槽底不得少于 50 mm。试件浸入水中深度不得小于 100 mm。

（5）温度计：量程 0～50 ℃，分度值 0.1 ℃。

（6）砂浴或其他加热炉具。

（7）甘油滑石粉隔离剂（甘油与滑石粉的质量比 2：1）。

（8）其他：平刮刀、石棉网、酒精、食盐等。

2. 试验前准备

（1）将隔离剂拌和均匀，涂于清洁干燥的试模底板和两个侧模的内侧表面，并将试模在试模底板上装好。

（2）按规程 T 0602—2011 规定的方法准备试样，然后将试样仔细自试模的一端至另一端往返数次缓缓注入模中，最后略高出试模，灌模时不得使气泡混入。

（3）试件在室温中冷却不少于 1.5 h，然后用热刮刀刮除高出试模的沥青，使沥青面与试模面齐平。沥青的刮法应自试模的中间刮向两端，且表面应刮得平滑。将试模连同底板再次放入规定试验温度的水槽中保温 1.5 h。

（4）检查延度仪延伸速度是否符合规定要求，然后移动滑板使其指针正对标尺的零点。将延度仪注水，并保温达到试验温度 ±0.1 ℃。

3. 试验步骤

（1）将保温后的试件连同底板移入延度仪的水槽中，然后将盛有试样的试模自玻璃板或不锈钢板上取下，将试模两端的孔分别套在滑板及槽端固定板的金属柱上，并取下侧模，水面距试件表面应不小于 25 mm。

（2）开动延度仪，并注意观察试样的延伸情况。此时应注意，在试验过程中，水温应始终保持在试验温度规定范围内，且仪器不得有振动，水面不得有晃动，当水槽采用循环水时，应暂时中断循环，停止水流。在试验中，当发现沥青细丝浮于水面或沉入槽底时，应在水中加入酒精或食盐，调整水的密度与试样相近后，重新试验。

（3）试件拉断时，读取指针所指标尺上的读数，以 cm 计。在正常情况下，试件延伸时应成锥尖状，拉断时实际断面接近于零。如不能得到这种结果，则应在报告中注明。

4. 结果评定

同一样品，每次平行试验不少于 3 个，如 3 个测定结果均大于 100 cm，试验结果记作"＞100 cm"；特殊需要也可分别记录实测值。3 个测定结果中，当有一个以上的测定值小于 100 时，若最大值或最小值与平均值之差满足重复性试验要求，则取 3 个测定结果的平均值的整数作为延度试验结果；若平均值大于 100 cm，记作"＞100 cm"；若最大值或最小值与平均值之差不符合重复性试验要求时，试验应重新进行。

注：当试验结果小于 100 cm 时，重复性试验的允许误差为平均值的 20%，再现性试验的允许误差为平均值的 30%。

## 任务 3  软化点测定（环球法，T 0606—2011）

| | |
|---|---|
| 任务导入 | 软化点（环球法）是指沥青试样在规定尺寸的金属环内，上置规定尺寸和质量的钢球，放入水或甘油中，以规定的速度加热，至钢球下沉达规定距离时的温度，以℃计。通过软化点的测定，得到沥青温度敏感性，为沥青工程应用提供技术保障。 |
| 任务目标 | 掌握沥青的软化点测定方法；正确使用仪器与设备，并熟悉其性能；正确、合理记录并处理数据。 |

1. 主要仪器设备

（1）软化点试验仪（图 S6-5），由下列部件组成：

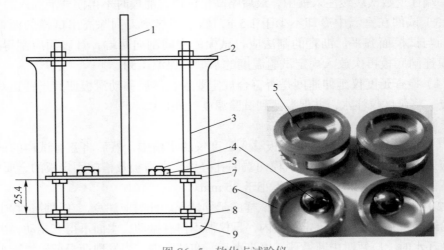

图 S6-5  软化点试验仪

1—温度计；2—上盖板；3—立杆；4—钢球；5—钢球定位环；6—金属环；
7—中层板；8—下底板；9—烧杯

① 钢球：直径 9.53 mm，质量 3.5 g±0.05 g。

② 试样环：黄铜或不锈钢等制成，形状尺寸如图 S6-6 所示。

③ 钢球定位环：黄铜或不锈钢制成，形状和尺寸如图 S6-7 所示。

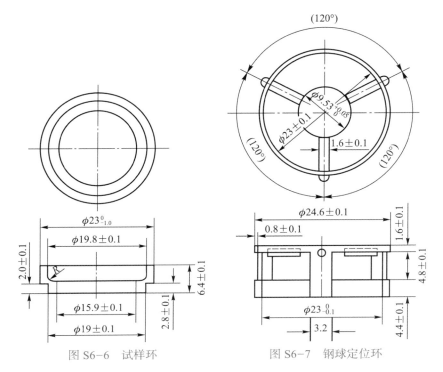

图 S6-6　试样环　　　　　　　图 S6-7　钢球定位环

④ 金属支架：由两个主杆和三层平行的金属板制成。上层为一圆盘，直径略大于烧杯直径，中间有一圆孔，用以插放温度计。中层板形状和尺寸如图 S6-8 所示。板上有两个孔，各放置金属环，中间有一小孔可支持温度计的测温端部。一侧立杆距环上面 51 mm 处刻有水高标记。环下面距下层底板为 25.4 mm，而下底板距烧杯底不小于 12.7 mm，也不得大于 19 mm。三层金属板和两个主杆由两螺母固定在一起。

⑤ 耐热玻璃烧杯：容量 800~1 000 mL，直径不小于 86 mm，高不小于 120 mm。

⑥ 温度计：量程 0~100 ℃，分度值 0.5 ℃。

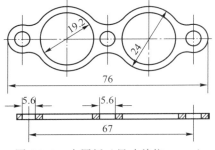

图 S6-8　中层板（尺寸单位：mm）

（2）装有温度调节器的电炉或其他加热炉具（液化石油气、天然气等）。应采用带有振荡搅拌器的加热电炉、振荡子置于烧杯底部。

（3）当采用自动软化点仪时，温度采用温度传感器测定，并能自动显示或记录，且应对自动装置的准确性经常校验。

（4）试样底板：金属板（$Ra0.8$）或玻璃板。

（5）恒温水槽：控温的准确度为 ±0.5 ℃。

（6）平直刮刀。

（7）甘油、滑石粉隔离剂（甘油与滑石粉的质量比为 2∶1）。

（8）蒸馏水或纯净水。

（9）其他：石棉网。

2. 试验前准备

（1）将试样环置于涂有甘油滑石粉隔离剂的试样底板上。按规程 T 0602—2011 规定的方法将制备好的沥青试样徐徐注入试样环内至略高出环面为止。如估计试样软化点高于 120 ℃，则试样环和试样底板（不用玻璃板）均应预热至 80~100 ℃。

（2）试样在室温冷却 30 min 后，用热刮刀刮除环面上的试样，应使其与环面平齐。

3. 试验步骤

（1）试样软化点在 80 ℃以下者：

① 将装有试样的试样环连同试样底板置于装有 5 ℃ ±0.5 ℃水的恒温水槽中至少 15 min；同时将金属支架、钢球、钢球定位环等置于水槽中。

② 烧杯内注入新煮沸并冷却至 5 ℃的蒸馏水或纯净水，水面略低于立杆上的深度标记。

③ 从恒温水槽中取出盛有试样的试样环放置在支架中层板的圆孔中，套上定位环；然后将整个环架放入烧杯中，调整水面至深度标记，并保持水温为 5 ℃ ±0.5 ℃。环架上任何部分不得附有气泡。将 0~100 ℃的温度计由上层板中心孔垂直插入，使端部测温头底部与试样环下面齐平。

④ 将盛有水和环架的烧杯移至放有石棉网的加热炉具上，然后将钢球放在定位环中间的试样中央，立即开动电磁振荡搅拌器，使水微微振荡，并开始加热，使杯子水温在 3 min 内调节至维持每分钟上升 5 ℃ ±0.5 ℃。在加热过程中，应记录每分钟上升的温度值，如温度上升速度超出此范围，则试验应重做。

⑤ 试样受热软化逐渐下坠，至与下层底板表面接触时，立即读取温度，准确至 0.5 ℃。

（2）试样软化点在 80 ℃以上者：

① 将装有试样的试样环连同试样底板置于装有 32 ℃ ±1 ℃甘油的恒温槽中至少 15 min，同时将金属支架、钢球、钢球定位环等置于甘油中。

② 在烧杯内注入预先加热至 32 ℃的甘油，其液面略低于立杆上的深度标记。

③ 从恒温槽中取出装有试样的试样环，仍按上述方法进行测定，准确至 1 ℃。

4. 结果评定

同一试样平行试验两次，当两次测定值的差值符合重复性试验允许误差要求时，取其平均值作为软化点试验结果，准确至 0.5 ℃。允许误差见表 S6-3 所示。

表 S6-3　软化点测定的重复性允许误差和再现性允许误差

| 软化点 /℃ | 重复性允许误差（精确至 0.5 ℃） | 再现性允许误差（精确至 0.5 ℃） |
|---|---|---|
| 小于 80 ℃ | 1 ℃ | 4 ℃ |
| 大于等于 80 ℃ | 2 ℃ | 8 ℃ |

# 学生实（试）验报告

成绩：

实（试）验名称：＿＿＿＿＿＿＿＿＿＿＿＿＿＿＿＿   学生姓名：＿＿＿＿＿＿＿＿＿

组别：＿＿＿＿＿＿＿＿＿＿＿＿　　　　组员：＿＿＿＿＿＿＿＿＿＿＿＿＿＿＿

实（试）验时间：＿＿＿＿＿＿＿＿　　　指导教师：＿＿＿＿＿＿＿＿＿＿＿＿＿

学院：＿＿＿＿＿＿＿＿＿＿＿＿　　　班级：＿＿＿＿＿＿＿＿　　学号：＿＿＿＿

---

一　实（试）验目的与原理

二　主要仪器设备

三　实验步骤

四　实（试）验数据及处理（附在纸上）
五　实（试）验结论

注：各实（试）验参照教材实（试）验部分完成。

# 参 考 文 献

［1］白宪臣. 土木工程材料[M]. 北京：中国建筑工业出版社，2011.

［2］魏鸿汉. 建筑材料[M]. 北京：中国建筑工业出版社，2010.

［3］尹颜丽，安素琴. 建筑装饰材料识别与选购[M]. 北京：高等教育出版社，2014.

［4］钱晓倩，詹树林，金南国. 建筑材料[M]. 北京：中国建筑工业出版社，2009.

［5］李宏斌，任淑霞. 建筑材料[M]. 北京：中国水利水电出版社，2013.

［6］湖南大学，天津大学，同济大学，等. 建筑材料[M]. 北京：中国建筑工业出版社，1997.

［7］钱晓倩. 建筑工程材料[M]. 杭州：浙江大学出版社，2009.

［8］柳俊哲. 土木工程材料[M]. 北京：科学出版社，2009.